经济管理类教材

高等代数

（第二版）

刘丽 编著

JINGJI GUANLILEI JIAOCAI

GAODENG DAISHU

图书在版编目(CIP)数据

高等代数/刘丽编著. —2版. —成都:西南财经大学出版社,2014.12(2018.1重印)
ISBN 978-7-5504-1756-4

Ⅰ.①高… Ⅱ.①刘… Ⅲ.①高等代数—高等学校—教材 Ⅳ.①O15

中国版本图书馆CIP数据核字(2014)第300977号

高等代数(第二版)

刘 丽 编著

责任编辑:王正好
助理编辑:廖术涵
封面设计:穆志坚
责任印制:朱曼丽

出版发行	西南财经大学出版社(四川省成都市光华村街55号)
网 址	http://www.bookcj.com
电子邮件	bookcj@foxmail.com
邮政编码	610074
电 话	028-87353785 87352368
照 排	四川胜翔数码印务设计有限公司
印 刷	成都双流鑫鑫印务有限公司
成品尺寸	170mm×240mm
印 张	20.75
字 数	390千字
版 次	2014年12月第2版
印 次	2018年1月第4次印刷
印 数	7001—10000册
书 号	ISBN 978-7-5504-1756-4
定 价	39.00元

第二版前言

本书自出版以来，得到了广大读者和教师的肯定，同时在使用中也发现了一些问题和错误，特别是西南财经大学代数课程组的教师对本书提出了很多宝贵意见，在此对广大读者和教师表示衷心感谢。这次再版，对在书中发现的问题作了修改，对错误作了勘误。但是书中难免还有不当之处和错误，欢迎大家继续关心本书，并提出宝贵意见。

刘丽

2014 年 9 月

前　　言

本书是根据西南财经大学经济管理类专业高等代数教学大纲并结合编者多年的代数课程教学体会编写而成的。本书可供经济管理类专业本科高等代数或线性代数课程教材使用，还可作为其他专业和工科类高等代数或线性代数课程教材使用，亦可作为经济数学专业高等代数课程教材。本书较之一般经济管理类的线性代数教材在内容上增加了多项式、线性空间的同构、欧氏空间、线性变换、线性变换的像集与核、线性变换的矩阵、正交变换、线性变换的特征值与特征向量等内容，它们是学好经济管理类专业后续课程所需要的，其他专业使用本书时，教师可根据实际情况对这些内容作适当的取舍。

要学好代数课程，做习题是一个重要的环节。本书在各节后均配有相应的习题，这是学习各节后必须掌握的基本题；在各章后还配有 A、B 两组习题，A 组题是填空与单项选择题，B 组题是综合练习题，以供读者学完各章后进行练习。

本书在写作过程中得到了西南财经大学经济数学学院领导的大力支持，经济数学学院高雪梅老师对本书作了认真细致的校对，在此对他们表示衷心的感谢。

由于编者水平有限，加之时间仓促，书中错误在所难免，真诚希望同行和读者批评指正。

编者

2010 年 6 月

目　　录

第一章　行列式

行列式是一个重要的数学工具. 它广泛应用于理、工、农、医、经济等很多领域. 在线性代数中，行列式更是一个不可或缺的重要工具. 本章主要介绍行列式的定义、性质、计算及其在求解线性方程组中的应用——Cramer（克莱姆）法则.

1.1　行列式定义

1.1.1　数域

定义 1.1　设 P 是含有 0 和 1 的一个数集，若 P 中任意两个数的和、差、积、商（除数不为 0）仍在 P 中，则称 P 为一个**数域**.

如果数集 P 中任意两个数作某一运算后的结果仍在 P 中，则称 P 对这个运算封闭. 因此数域的定义也可简单叙述为：含有 0 和 1 且对加法、减法、乘法、除法（除数不为 0）封闭的数集称为数域. 全体有理数组成的集合、全体实数组成的集合、全体复数组成的集合都是数域，分别称为有理数域、实数域、复数域，依次用 Q、R、C 来记. 全体整数组成的集合不是数域，因为任意两个整数的商不一定是整数.

要指出的是所有的数域都包含有理数域. 这是因为如果 P 是一个数域，则 1 在 P 中且由于 P 对加法封闭，所以 $1+1=2$，$2+1=3$，…，$n+1$ 全在 P 中，即 P 包含全体自然数；又因 0 在 P 中且 P 对减法封闭，于是 $0-n=-n$ 在 P 中，所以 P 包含全体整数；因为任意一个有理数都可表为两个整数的商，再由 P 对除法的封闭性知：P 包含全体有理数。即任何一个数域都包含有理数域.

今后本书中所论及的数都是指某一固定数域中的数，书中一般不再特别加以说明.

1.1.2 排列

为了给出 n 阶行列式的定义，先介绍 n 级排列的概念.

定义 1.2 由自然数 1，2，…，n 组成的全排列称为 n 级排列. 记作

$$i_1 i_2 \cdots i_n$$

n 级排列共有 $n!$ 个.

n 级排列中任意两个数，如果大数排在小数之前，则称这两个数构成一个**逆序**，否则称为**顺序**. 一个 n 级排列 $i_1 i_2 \cdots i_n$ 的逆序总数称为此排列的**逆序数**，记作 $\tau(i_1 i_2 \cdots i_n)$. 逆序数为奇数的排列称为**奇排列**；逆序数为偶数的排列称为**偶排列**. 因 $\tau(12\cdots n)=0$，所以排列 $12\cdots n$ 是偶排列。我们称此排列为自然排列.

在计算排列的逆序数时，为了不重复和漏掉，可从排列的第一个数开始计算它与后面的数构成的逆序数，然后再将这些数的逆序数相加即可得排列的逆序数.

例 1 求下列排列的逆序数并确定其奇偶性.

(1) 54213　　(2) 14253

(3) $n(n-1)\cdots 321$　　(4) $135\cdots(2n-1)246\cdots(2n)$

解 (1) 在排列 54213 中，数 5 与后面的数构成 4 个逆序，数 4 与后面的数构成 3 个逆序，数 2 与后面的数构成 1 个逆序，数 1 与后面的数没有构成逆序，数 3 后面没有数. 因此 $\tau(54213)=4+3+1+0+0=8$，该排列为偶排列.

(2) $\tau(14253)=0+2+0+1+0=3$，该排列为奇排列.

(3) $\tau(n(n-1)\cdots 321)=(n-1)+(n-2)+\cdots+2+1=\dfrac{n(n-1)}{2}$

也可根据该排列中任何两个数组成的数对都构成逆序，计算出该排列所以可能组成的数对的个数，它就是排列的逆序数，即

$$\tau(n(n-1)\cdots 321)=C_n^2=\frac{n(n-1)}{2}$$

当 $n=4k(k=1,2,\cdots)$ 或 $n=4k+1(k=0,1,2,\cdots)$ 时此排列为偶排列；当 $n=4k+2$ 或 $n=4k+3(k=0,1,2\cdots)$ 时此排列为奇排列.

(4) $\tau(135\cdots(2n-1)246\cdots(2n))=1+2+\cdots+(n-1)=\dfrac{n(n-1)}{2}$

其奇偶性讨论同 (3) 中排列的奇偶性讨论.

n 级排列中互换两数的位置称为一次**对换**. 若互换的是相邻两数，则称作**相邻对换**.

注意到例 1 中排列 (2) 是由排列 (1) 互换 5 和 1 而得到的. 结果 (1) 与

(2) 两个排列具有不同的奇偶性. 一次对换是否一定改变排列的奇偶性呢? 对此有以下的结论:

定理 1.1 一次对换改变排列的奇偶性.

证 (1) 相邻对换情形.

设 n 级排列

$$\cdots jk\cdots$$

互换 j, k 两数, 经相邻对换后排列变成

$$\cdots kj\cdots$$

其中 "…" 表示那些在变换中不动的数.

显然, 这一变化只使 j, k 两数间的 "序" 发生变化: 若它们原来为逆序, 则变换后为顺序; 若原来为顺序, 则变换后为逆序. 而它们与其余任意数间的序都保持不变. 变换前后两个排列的逆序数只是多 1 或少 1. 从而相邻一次对换改变排列的奇偶性. 由此还可得出: 作奇数次相邻对换改变排列的奇偶性; 作偶数次相邻对换不改变排列的奇偶性.

(2) 不相邻对换情形.

设 n 级排列

$$\cdots ji_1i_2\cdots i_sk\cdots$$

直接互换 j, k 两数后排列变成

$$\cdots ki_1i_2\cdots i_sj\cdots$$

这一结果可通过相邻对换后得到. 首先将原排列中的数 j 依次与其后的 $i_1\cdots i_s\ k$ 作 $s+1$ 次相邻对换后变为

$$\cdots i_1i_2\cdots i_s\ kj\cdots$$

再将数 k 依次与其前面的 $i_s\cdots i_1$ 作 s 次相邻对换后得

$$\cdots ki_1i_2\cdots i_sj\cdots$$

这一结果是经过奇数次 ($2s+1$ 次) 相邻对换所得, 因此排列的奇偶性改变.

推论 在全部 ($n!$ 个) n 级排列中 ($n\geqslant 2$), 奇排列、偶排列各占一半.

证 设全部 n 级排列中, 奇排列、偶排列个数分别为 s 和 t. 因为将每个奇排列的前两个数作对换, 即可得到 s 个不同的偶排列, 从而 $s\leqslant t$; 同理可得 $t\leqslant s$. 于是 $s=t$, 即奇、偶排列各占一半.

容易证明 (证略): 任意 n 级排列都可经有限次对换变成自然排列.

1.1.3 n阶行列式定义

定义 1.3 将 n^2 个数 $a_{ij}(i,j=1,2,\cdots,n)$ 排成 n 行 n 列，记

$$D=\begin{vmatrix} a_{11} & a_{12} & \cdots & a_{1n} \\ a_{21} & a_{22} & \cdots & a_{2n} \\ \cdots & \cdots & \cdots & \cdots \\ a_{n1} & a_{n2} & \cdots & a_{nn} \end{vmatrix}$$

它表示所有位于不同行及不同列的 n 个元素的乘积的代数和，当这 n 个元素的行标按自然排列时，各项以列标排列 $j_1j_2\cdots j_n$ 的逆序数的奇偶性按下式冠以符号

$$(-1)^{\tau(j_1j_2\cdots j_n)}$$

即列标排列为偶排列时带正号，列标排列为奇排列时带负号. 称 D 为 n 阶行列式. 于是 n 阶行列式

$$D=\begin{vmatrix} a_{11} & a_{12} & \cdots & a_{1n} \\ a_{21} & a_{22} & \cdots & a_{2n} \\ \cdots & \cdots & \cdots & \cdots \\ a_{n1} & a_{n2} & \cdots & a_{nn} \end{vmatrix}=\sum_{j_1j_2\cdots j_n}(-1)^{\tau(j_1j_2\cdots j_n)}a_{1j_1}a_{2j_2}\cdots a_{nj_n} \qquad (1.1)$$

其中，符号“$\sum\limits_{j_1j_2\cdots j_n}$”表示对全部 n 级排列求和.

由于全部 n 级排列共 $n!$ 个，所以 n 阶行列式的展开式共有 $n!$ 个项.

当行列式的元素全是数域 P 中的数时，行列式的值也是数域 P 中的数.

当 $n=1$ 时，1 阶行列式 $|a_{11}|=a_{11}$. 为了不与绝对值混淆，今后直接用数表示.

当 $n=2$ 时，2 阶行列式

$$\begin{vmatrix} a_{11} & a_{12} \\ a_{21} & a_{22} \end{vmatrix}=(-1)^{\tau(12)}a_{11}a_{22}+(-1)^{\tau(21)}a_{12}a_{21}=a_{11}a_{22}-a_{12}a_{21}$$

称行列式从左上角至右下角的对角线为**主对角线**，从右上角至左下角的对角线为**副对角线或次对角线**.

2 阶行列式的展开式等于主对角线上两个元素的乘积减去副对角线上两个元素的乘积.

当 $n=3$ 时，3 阶行列式

$$\begin{vmatrix} a_{11} & a_{12} & a_{13} \\ a_{21} & a_{22} & a_{23} \\ a_{31} & a_{32} & a_{33} \end{vmatrix}=(-1)^{\tau(123)}a_{11}a_{22}a_{33}+(-1)^{\tau(231)}a_{12}a_{23}a_{31}+(-1)^{\tau(312)}a_{13}a_{21}a_{32}+$$

$$(-1)^{\tau(321)}a_{13}a_{22}a_{31}+(-1)^{\tau(132)}a_{11}a_{23}a_{32}+(-1)^{\tau(213)}a_{12}a_{21}a_{33}$$
$$=a_{11}a_{22}a_{33}+a_{12}a_{23}a_{31}+a_{13}a_{21}a_{32}-a_{13}a_{22}a_{31}-a_{11}a_{23}a_{32}-a_{12}a_{21}a_{33}$$

例 2 在 4 阶行列式

$$D=\begin{vmatrix} a_{11} & a_{12} & a_{13} & a_{14} \\ a_{21} & a_{22} & a_{23} & a_{24} \\ a_{31} & a_{32} & a_{33} & a_{34} \\ a_{41} & a_{42} & a_{43} & a_{44} \end{vmatrix}$$

中是否有 $a_{12}a_{24}a_{31}a_{42}$ 与 $a_{12}a_{24}a_{31}a_{43}$ 这两项？如果有，应带什么符号？

解 这两个乘积的元素的行标都构成自然排列，于是只需看列标的排列. 因 2412 不是 1，2，3，4 的 4 级排列，即 $a_{12}a_{24}a_{31}a_{42}$ 不是 D 的位于不同行不同列的 4 个元素的乘积，所以 4 阶行列式中没有 $a_{12}a_{24}a_{31}a_{42}$ 这一项；$a_{12}a_{24}a_{31}a_{43}$ 的列标 2413 是 1，2，3，4 的 4 级排列，所以 $a_{12}a_{24}a_{31}a_{43}$ 是 D 的位于不同行不同列的 4 个元素的乘积，因此 4 阶行列式中有 $a_{12}a_{24}a_{31}a_{43}$ 这一项. 由于 $(-1)^{\tau(2413)}=-1$，所以这一项带负号.

例 3 计算下列行列式

(1) $D=\begin{vmatrix} a_{11} & 0 & \cdots & 0 \\ a_{21} & a_{22} & \cdots & 0 \\ \cdots & \cdots & \cdots & \cdots \\ a_{n1} & a_{n2} & \cdots & a_{nn} \end{vmatrix}$；　(2) $D=\begin{vmatrix} 0 & \cdots & 0 & a_{1n} \\ 0 & \cdots & a_{2,n-1} & a_{2n} \\ \cdots & \cdots & \cdots & \cdots \\ a_{n1} & a_{n2} & \cdots & a_{nn} \end{vmatrix}$

分析 因为求和时只需找出非零项，于是，我们只需找出行列式展开式中的可能非零的项.

解 (1) D 的可能的非零项在第一行中的元只能取 a_{11}，在第二行中的元只能取 a_{22}，…，在第 n 行中的元只能取 a_{nn}. 于是行列式 (1) 的可能的非零项只有 1 项：$a_{11}a_{22}\cdots a_{nn}$，从而

$$D=(-1)^{\tau(12\cdots n)}a_{11}a_{22}\cdots a_{nn}=a_{11}a_{22}\cdots a_{nn}$$

(2) 类似于 (1) 的解法，找出行列式展开式的可能不为零的项. 这样的项在第一行中的元只能取 a_{1n}，而在第二行中的元只能取 $a_{2,n-1}$，…，在第 n 行中的元只能取 a_{n1}. 于是行列式 (2) 的可能的非零项只有 1 项：$a_{1n}a_{2,n-1}\cdots a_{n1}$，从而得

$$D=\begin{vmatrix} 0 & \cdots & 0 & a_{1n} \\ 0 & \cdots & a_{2,n-1} & a_{2n} \\ \cdots & \cdots & \cdots & \cdots \\ a_{n1} & a_{n2} & \cdots & a_{nn} \end{vmatrix}$$

$$=(-1)^{\tau(n\overline{n-1}\cdots 21)}a_{1n}a_{2,n-1}\cdots a_{n1}$$

$$=(-1)^{\frac{n(n-1)}{2}}a_{1n}a_{2,n-1}\cdots a_{n1}$$

称主对角线以上的元全为零元的行列式为**下三角行列式**. 主对角线以下的元全为零元的行列式为**上三角行列式**. 上、下三角行列式统称为**三角行列式**.

例3（1）的结果表明：下三角行列式等于其主对角线上元素的乘积.

最后，我们给出 n 阶行列式的另一定义：

定义 1.4

$$D=\begin{vmatrix} a_{11} & a_{12} & \cdots & a_{1n} \\ a_{21} & a_{22} & \cdots & a_{2n} \\ \cdots & \cdots & \cdots & \cdots \\ a_{n1} & a_{n2} & \cdots & a_{nn} \end{vmatrix}=\sum_{i_1 i_2\cdots i_n}(-1)^{\tau(i_1 i_2\cdots i_n)}a_{i_1 1}a_{i_2 2}\cdots a_{i_n n} \qquad (1.2)$$

可以证明行列式的两个定义等价.

习题 1.1

1. 求以下排列的逆序数，并指出排列的奇偶性：

（1）23157846

（2）528497631

（3）$24\cdots(2n)13\cdots(2n-1)$

（4）$24\cdots(2n)(2n-1)(2n-3)\cdots 31$

2. 确定 i，j，使下面的 8 级排列为奇排列：

（1）$62i418j3$　　（2）$4i13j765$

3. 如果排列 $i_1 i_2\cdots i_{n-1}i_n$ 的逆序数为 k，求排列 $i_n i_{n-1}\cdots i_2 i_1$ 的逆序数.

4. 确定 i，j

（1）使 $a_{13}a_{29}a_{37}a_{42}a_{5i}a_{61}a_{75}a_{8j}a_{94}$ 为 9 阶行列式 $|a_{ij}|$ 带正号的项；

（2）使 $a_{12}a_{21}a_{3i}a_{43}a_{57}a_{68}a_{7j}a_{84}a_{96}$ 为 9 阶行列式 $|a_{ij}|$ 带负号的项.

5. 计算下列行列式：

（1）$\begin{vmatrix} 1 & -1 & 0 \\ 2 & x & -1 \\ 3 & 0 & x \end{vmatrix}$　　（2）$\begin{vmatrix} a & 0 & 0 & 0 & 0 \\ 0 & 0 & 0 & b & 0 \\ 0 & 0 & 0 & 0 & c \\ 0 & 0 & d & 0 & 0 \\ 0 & e & 0 & 0 & 0 \end{vmatrix}$

(3) $\begin{vmatrix} 0 & 0 & 0 & 1 & 0 \\ 0 & 0 & 2 & 5 & 0 \\ 0 & 3 & 7 & 4 & 0 \\ 4 & 5 & 3 & -2 & 0 \\ -1 & 1 & 3 & 8 & 5 \end{vmatrix}$ (4) $\begin{vmatrix} a_{11} & a_{12} & a_{13} & a_{14} & a_{15} \\ a_{21} & a_{22} & a_{23} & a_{24} & a_{25} \\ a_{31} & a_{32} & 0 & 0 & 0 \\ a_{41} & a_{42} & 0 & 0 & 0 \\ a_{51} & a_{52} & 0 & 0 & 0 \end{vmatrix}$

(5) $\begin{vmatrix} 0 & 1 & 0 & \cdots & 0 \\ 0 & 0 & 2 & \cdots & 0 \\ \cdots & \cdots & \cdots & \cdots & \vdots \\ 0 & 0 & 0 & \cdots & n-1 \\ n & 0 & 0 & \cdots & 0 \end{vmatrix}$

1.2 行列式的性质

一个 n 阶行列式的展开式有 $n!$ 项. 当 n 较大时，用定义计算行列式很繁琐且相当困难. 因此还须寻求行列式的其他计算方法. 本节讨论行列式的性质，并利用行列式的性质计算行列式.

设 n 阶行列式 $D=\begin{vmatrix} a_{11} & a_{12} & \cdots & a_{1n} \\ a_{21} & a_{22} & \cdots & a_{2n} \\ \cdots & \cdots & \cdots & \cdots \\ a_{n1} & a_{n2} & \cdots & a_{nn} \end{vmatrix}$，将 D 中的行、列依次互换后所成的行列式称为 D 的**转置行列式**. 记作 D^T. 即

$$D^T=\begin{vmatrix} a_{11} & a_{21} & \cdots & a_{n1} \\ a_{12} & a_{22} & \cdots & a_{n2} \\ \cdots & \cdots & \cdots & \cdots \\ a_{1n} & a_{2n} & \cdots & a_{nn} \end{vmatrix}$$

性质 1 $D^T=D$.

证 设

$$D^T=\begin{vmatrix} a_{11} & a_{21} & \cdots & a_{n1} \\ a_{12} & a_{22} & \cdots & a_{n2} \\ \cdots & \cdots & \cdots & \cdots \\ a_{1n} & a_{2n} & \cdots & a_{nn} \end{vmatrix} \xlongequal{\text{记作}} \begin{vmatrix} b_{11} & b_{12} & \cdots & b_{1n} \\ b_{21} & b_{22} & \cdots & b_{2n} \\ \cdots & \cdots & \cdots & \cdots \\ b_{n1} & b_{n2} & \cdots & b_{nn} \end{vmatrix}$$

则有

$$b_{ij}=a_{ji} \qquad (i,j=1,2,\cdots,n)$$

由1.1式

$$\begin{aligned} D^T &= \sum_{j_1j_2\cdots j_n}(-1)^{\tau(j_1j_2\cdots j_n)}b_{1j_1}b_{2j_2}\cdots b_{nj_n} \\ &= \sum_{j_1j_2\cdots j_n}(-1)^{\tau(j_1j_2\cdots j_n)}a_{j_11}a_{j_22}\cdots a_{j_nn} \\ &= D \end{aligned}$$

根据性质1，行列式有关行的性质对列亦成立.

由于上三角行列式 D 的转置行列式 D^T 恰是下三角行列式，因 $D=D^T$，于是上、下三角行列式都等于其主对角线上元素的乘积.

性质2 互换行列式中两行（列）的位置，行列式反号.

证 设

$$D=\begin{vmatrix} a_{11} & a_{12} & \cdots & a_{1n} \\ \cdots & \cdots & \cdots & \cdots \\ a_{s1} & a_{s2} & \cdots & a_{sn} \\ \cdots & \cdots & \cdots & \cdots \\ a_{t1} & a_{t2} & \cdots & a_{tn} \\ \cdots & \cdots & \cdots & \cdots \\ a_{n1} & a_{n2} & \cdots & a_{nn} \end{vmatrix}$$

将 D 的第 s 行与第 t 行（$1\leqslant s<t\leqslant n$）互换（记为 $r_s\leftrightarrow r_t$，若互换两列，则只需将 r 换为 c）得

$$D_1=\begin{vmatrix} a_{11} & a_{12} & \cdots & a_{1n} \\ \cdots & \cdots & \cdots & \cdots \\ a_{t1} & a_{t2} & \cdots & a_{tn} \\ \cdots & \cdots & \cdots & \cdots \\ a_{s1} & a_{s2} & \cdots & a_{sn} \\ \cdots & \cdots & \cdots & \cdots \\ a_{n1} & a_{n2} & \cdots & a_{nn} \end{vmatrix} \underline{\underline{\text{记作}}} \begin{vmatrix} b_{11} & b_{12} & \cdots & b_{1n} \\ \cdots & \cdots & \cdots & \cdots \\ b_{s1} & b_{s2} & \cdots & b_{sn} \\ \cdots & \cdots & \cdots & \cdots \\ b_{t1} & b_{t2} & \cdots & b_{tn} \\ \cdots & \cdots & \cdots & \cdots \\ b_{n1} & b_{n2} & \cdots & b_{nn} \end{vmatrix}$$

则有 $b_{sj}=a_{tj}$，$b_{tj}=a_{sj}$，$b_{ij}=a_{ij}$（$i\neq s, t$；$j=1, 2, \cdots, n$）.

由1.1式

$$\begin{aligned} D_1 &= \sum_{j_1j_2\cdots j_n}(-1)^{\tau(j_1\cdots j_s\cdots j_t\cdots j_n)}b_{1j_1}\cdots b_{sj_s}\cdots b_{tj_t}\cdots b_{nj_n} \\ &= \sum_{j_1j_2\cdots j_n}(-1)^{\tau(j_1\cdots j_s\cdots j_t\cdots j_n)}a_{1j_1}\cdots a_{tj_s}\cdots a_{sj_t}\cdots a_{nj_n} \end{aligned}$$

$$= \sum_{j_1 j_2 \cdots j_n} (-1)^{\tau(j_1 \cdots j_s \cdots j_t \cdots j_n)} a_{1j_1} \cdots a_{sj_t} \cdots a_{tj_s} \cdots a_{nj_n}$$

$$= -\sum_{j_1 j_2 \cdots j_n} (-1)^{\tau(j_1 \cdots j_t \cdots j_s \cdots j_n)} a_{1j_1} \cdots a_{sj_t} \cdots a_{tj_s} \cdots a_{nj_n}$$

$$= -D$$

推论 有两行（列）相同的行列式等于零.

证明 设行列式 D 中有两行相同，互换 D 中这相同的两行，得 $D = -D$，从而 $D=0$.

性质3 行列式中某行（列）的公因子可以提到行列式外面来. 即

$$\begin{vmatrix} a_{11} & a_{12} & \cdots & a_{1n} \\ \cdots & \cdots & \cdots & \cdots \\ ka_{i1} & ka_{i2} & \cdots & ka_{in} \\ \cdots & \cdots & \cdots & \cdots \\ a_{n1} & a_{n2} & \cdots & a_{nn} \end{vmatrix} = k \begin{vmatrix} a_{11} & a_{12} & \cdots & a_{1n} \\ \cdots & \cdots & \cdots & \cdots \\ a_{i1} & a_{i2} & \cdots & a_{in} \\ \cdots & \cdots & \cdots & \cdots \\ a_{n1} & a_{n2} & \cdots & a_{nn} \end{vmatrix}$$

证 设

$$D = \begin{vmatrix} a_{11} & a_{12} & \cdots & a_{1n} \\ \cdots & \cdots & \cdots & \cdots \\ ka_{i1} & ka_{i2} & \cdots & ka_{in} \\ \cdots & \cdots & \cdots & \cdots \\ a_{n1} & a_{n2} & \cdots & a_{nn} \end{vmatrix}, \quad D_1 = \begin{vmatrix} a_{11} & a_{12} & \cdots & a_{1n} \\ \cdots & \cdots & \cdots & \cdots \\ a_{i1} & a_{i2} & \cdots & a_{in} \\ \cdots & \cdots & \cdots & \cdots \\ a_{n1} & a_{n2} & \cdots & a_{nn} \end{vmatrix}$$

由1.1式

$$D = \sum_{j_1 j_2 \cdots j_n} (-1)^{\tau(j_1 \cdots j_i \cdots j_n)} a_{1j_1} \cdots (ka_{ij_i}) \cdots a_{nj_n}$$

$$= k \sum_{j_1 j_2 \cdots j_n} (-1)^{\tau(j_1 \cdots j_i \cdots j_n)} a_{1j_1} \cdots a_{ij_i} \cdots a_{nj_n} = kD_1$$

推论1 有一行元素（列）全为零的行列式等于零.

推论2 有两行元素（列）成比例的行列式等于零.

性质4 若行列式 D 中某行的每个元素都是两数之和，则 D 可拆分成两个行列式：

$$D = \begin{vmatrix} a_{11} & a_{12} & \cdots & a_{1n} \\ \cdots & \cdots & \cdots & \cdots \\ b_{i1}+c_{i1} & b_{i2}+c_{i2} & \cdots & b_{in}+c_{in} \\ \cdots & \cdots & \cdots & \cdots \\ a_{n1} & a_{n2} & \cdots & a_{nn} \end{vmatrix}$$

$$
= \begin{vmatrix} a_{11} & a_{12} & \cdots & a_{1n} \\ \cdots & \cdots & \cdots & \cdots \\ b_{i1} & b_{i2} & \cdots & b_{in} \\ \cdots & \cdots & \cdots & \cdots \\ a_{n1} & a_{n2} & \cdots & a_{nn} \end{vmatrix} + \begin{vmatrix} a_{11} & a_{12} & \cdots & a_{1n} \\ \cdots & \cdots & \cdots & \cdots \\ c_{i1} & c_{i2} & \cdots & c_{in} \\ \cdots & \cdots & \cdots & \cdots \\ a_{n1} & a_{n2} & \cdots & a_{nn} \end{vmatrix} = D_1 + D_2
$$

其中

$$
D_1 = \begin{vmatrix} a_{11} & a_{12} & \cdots & a_{1n} \\ \cdots & \cdots & \cdots & \cdots \\ b_{i1} & b_{i2} & \cdots & b_{in} \\ \cdots & \cdots & \cdots & \cdots \\ a_{n1} & a_{n2} & \cdots & a_{nn} \end{vmatrix}, \quad D_2 = \begin{vmatrix} a_{11} & a_{12} & \cdots & a_{1n} \\ \cdots & \cdots & \cdots & \cdots \\ c_{i1} & c_{i2} & \cdots & c_{in} \\ \cdots & \cdots & \cdots & \cdots \\ a_{n1} & a_{n2} & \cdots & a_{nn} \end{vmatrix}
$$

证

$$
D = \begin{vmatrix} a_{11} & a_{12} & \cdots & a_{1n} \\ \cdots & \cdots & \cdots & \cdots \\ b_{i1} + c_{i1} & b_{i2} + c_{i2} & \cdots & b_{in} + c_{in} \\ \cdots & \cdots & \cdots & \cdots \\ a_{n1} & a_{n2} & \cdots & a_{nn} \end{vmatrix}
$$

$$
= \sum_{j_1 j_2 \cdots j_n} (-1)^{\tau(j_1 \cdots j_i \cdots j_n)} a_{1j_1} \cdots (b_{ij_i} + c_{ij_i}) \cdots a_{nj_n}
$$

$$
= \sum_{j_1 j_2 \cdots j_n} (-1)^{\tau(j_1 \cdots j_i \cdots j_n)} a_{1j_1} \cdots b_{ij_i} \cdots a_{nj_n} + \sum_{j_1 j_2 \cdots j_n} (-1)^{\tau(j_1 \cdots j_i \cdots j_n)} a_{1j_1} \cdots c_{ij_i} \cdots a_{nj_n}
$$

$$
= \begin{vmatrix} a_{11} & a_{12} & \cdots & a_{1n} \\ \cdots & \cdots & \cdots & \cdots \\ b_{i1} & b_{i2} & \cdots & b_{in} \\ \cdots & \cdots & \cdots & \cdots \\ a_{n1} & a_{n2} & \cdots & a_{nn} \end{vmatrix} + \begin{vmatrix} a_{11} & a_{12} & \cdots & a_{1n} \\ \cdots & \cdots & \cdots & \cdots \\ c_{i1} & c_{i2} & \cdots & c_{in} \\ \cdots & \cdots & \cdots & \cdots \\ a_{n1} & a_{n2} & \cdots & a_{nn} \end{vmatrix} = D_1 + D_2
$$

性质5 将行列式中某行（列）元素的 k 倍加到另一行（列）的对应元素上，行列式的值不变．即

$$\begin{vmatrix} a_{11} & a_{12} & \cdots & a_{1n} \\ \cdots & \cdots & \cdots & \cdots \\ a_{s1} & a_{s2} & \cdots & a_{sn} \\ \cdots & \cdots & \cdots & \cdots \\ a_{t1} & a_{t2} & \cdots & a_{tn} \\ \cdots & \cdots & \cdots & \cdots \\ a_{n1} & a_{n2} & \cdots & a_{nn} \end{vmatrix} \xlongequal{r_s + kr_t} \begin{vmatrix} a_{11} & a_{12} & \cdots & a_{1n} \\ \cdots & \cdots & \cdots & \cdots \\ a_{s1}+ka_{t1} & a_{s2}+ka_{t2} & \cdots & a_{sn}+ka_{tn} \\ \cdots & \cdots & \cdots & \cdots \\ a_{t1} & a_{t2} & \cdots & a_{tn} \\ \cdots & \cdots & \cdots & \cdots \\ a_{n1} & a_{n2} & \cdots & a_{nn} \end{vmatrix}$$

证

$$\begin{vmatrix} a_{11} & a_{12} & \cdots & a_{1n} \\ \cdots & \cdots & \cdots & \cdots \\ a_{s1}+ka_{t1} & a_{s2}+ka_{t2} & \cdots & a_{sn}+ka_{tn} \\ \cdots & \cdots & \cdots & \cdots \\ a_{t1} & a_{t2} & \cdots & a_{tn} \\ \cdots & \cdots & \cdots & \cdots \\ a_{n1} & a_{n2} & \cdots & a_{nn} \end{vmatrix}$$

$$= \begin{vmatrix} a_{11} & a_{12} & \cdots & a_{1n} \\ \cdots & \cdots & \cdots & \cdots \\ a_{s1} & a_{s2} & \cdots & a_{sn} \\ \cdots & \cdots & \cdots & \cdots \\ a_{t1} & a_{t2} & \cdots & a_{tn} \\ \cdots & \cdots & \cdots & \cdots \\ a_{n1} & a_{n2} & \cdots & a_{nn} \end{vmatrix} + k \begin{vmatrix} a_{11} & a_{12} & \cdots & a_{1n} \\ \cdots & \cdots & \cdots & \cdots \\ a_{t1} & a_{t2} & \cdots & a_{tn} \\ \cdots & \cdots & \cdots & \cdots \\ a_{t1} & a_{t2} & \cdots & a_{tn} \\ \cdots & \cdots & \cdots & \cdots \\ a_{n1} & a_{n2} & \cdots & a_{nn} \end{vmatrix}$$

$$= \begin{vmatrix} a_{11} & a_{12} & \cdots & a_{1n} \\ \cdots & \cdots & \cdots & \cdots \\ a_{s1} & a_{s2} & \cdots & a_{sn} \\ \cdots & \cdots & \cdots & \cdots \\ a_{t1} & a_{t2} & \cdots & a_{tn} \\ \cdots & \cdots & \cdots & \cdots \\ a_{n1} & a_{n2} & \cdots & a_{nn} \end{vmatrix} + k \cdot 0 = \begin{vmatrix} a_{11} & a_{12} & \cdots & a_{1n} \\ \cdots & \cdots & \cdots & \cdots \\ a_{s1} & a_{s2} & \cdots & a_{sn} \\ \cdots & \cdots & \cdots & \cdots \\ a_{t1} & a_{t2} & \cdots & a_{tn} \\ \cdots & \cdots & \cdots & \cdots \\ a_{n1} & a_{n2} & \cdots & a_{nn} \end{vmatrix}$$

在性质5中我们使用 $r_s + kr_t$ 表示将第 t 行的 k 倍加到第 s 行的运算，$r_4 + r_1 + r_2 + r_3$ 表示将第1、2、3行都加到第4行，若将其中的 r 换为 c，即表示相应的列的运算. 读者可使用这些记号来反映行列式的变化过程.

由于三角行列式等于其主对角线上元素的乘积，因此应用行列式的性质将行列式化为三角行列式就能容易地算出结果.

例 1　计算行列式

$$D=\begin{vmatrix}0&1&1&3\\1&-1&0&2\\1&-2&3&0\\2&1&1&0\end{vmatrix}$$

解

$$D=\begin{vmatrix}0&1&1&3\\1&-1&0&2\\1&-2&3&0\\2&1&1&0\end{vmatrix}\xlongequal{r_1\leftrightarrow r_2}-\begin{vmatrix}1&-1&0&2\\0&1&1&3\\1&-2&3&0\\2&1&1&0\end{vmatrix}\xlongequal[r_4-2r_1]{r_3-r_1}$$

$$-\begin{vmatrix}1&-1&0&2\\0&1&1&3\\0&-1&3&-2\\0&3&1&-4\end{vmatrix}\xlongequal[r_4-3r_2]{r_3+r_2}-\begin{vmatrix}1&-1&0&2\\0&1&1&3\\0&0&4&1\\0&0&-2&-13\end{vmatrix}\xlongequal[r_4+2r_3]{r_3\leftrightarrow r_4}\begin{vmatrix}1&-1&0&2\\0&1&1&3\\0&0&-2&-13\\0&0&0&-25\end{vmatrix}=50$$

例 2　计算行列式

$$D=\begin{vmatrix}x&1&\cdots&1\\1&x&\cdots&1\\\cdots&\cdots&\cdots&\cdots\\1&1&\cdots&x\end{vmatrix}$$

分析　在计算行列式时要注意观察其元素的特点，如果行列式每行元素之和相等，则可先将行列式的各列加在一起再提取公因子. 这个行列式每行元素之和都是 $x+n-1$，于是可按此法进行计算.

解　$$D=\begin{vmatrix}x&1&\cdots&1\\1&x&\cdots&1\\\cdots&\cdots&\cdots&\cdots\\1&1&\cdots&x\end{vmatrix}\xlongequal{c_1+c_2+\cdots+c_n}\begin{vmatrix}x+n-1&1&\cdots&1\\x+n-1&x&\cdots&1\\\cdots&\cdots&\cdots&\cdots\\x+n-1&1&\cdots&x\end{vmatrix}$$

$$=(x+n-1)\begin{vmatrix}1&1&\cdots&1\\1&x&\cdots&1\\\cdots&\cdots&\cdots&\cdots\\1&1&\cdots&x\end{vmatrix}\xlongequal{r_i-r_1,\ (i=2,3,\cdots,n)}(x+n-1)\begin{vmatrix}1&1&\cdots&1\\0&x-1&\cdots&0\\\cdots&\cdots&\cdots&\cdots\\0&0&\cdots&x-1\end{vmatrix}$$

$$=(x+n-1)(x-1)^{n-1}$$

习题 1.2

1. 用行列式性质求 $f(x)=\begin{vmatrix}1&1&2&3\\1&2-x^2&2&3\\2&3&1&5\\2&3&1&9-x^2\end{vmatrix}$ 的根.

2. 计算行列式:

(1) $\begin{vmatrix}1&1&-1&2\\-1&-1&-4&1\\2&4&-6&1\\1&2&4&2\end{vmatrix}$　　(2) $\begin{vmatrix}4&1&1&1\\1&4&1&1\\1&1&4&1\\1&1&1&4\end{vmatrix}$

(3) $\begin{vmatrix}-ab&ac&ae\\bd&-cd&de\\bf&cf&-ef\end{vmatrix}$　　(4) $\begin{vmatrix}c&a&d&b\\a&c&d&b\\a&c&b&d\\c&a&b&d\end{vmatrix}$

(5) $\begin{vmatrix}a&b&b+c&b+c+d\\a&a+b&a+b+c&a+b+c+d\\a&2a+b&3a+b+c&4a+b+c+d\\a&3a+b&6a+b+c&10a+b+c+d\end{vmatrix}$　　(6) $\begin{vmatrix}1&x&y&z\\x&1&0&0\\y&0&2&0\\z&0&0&3\end{vmatrix}$

(7) $\begin{vmatrix}-a_1&a_1&0&\cdots&0&0\\0&-a_2&a_2&\cdots&0&0\\\cdots&\cdots&\cdots&\cdots&\cdots&\cdots\\0&0&0&\cdots&-a_n&a_n\\1&1&1&\cdots&1&1\end{vmatrix}$　(8) $\begin{vmatrix}a_1-b&a_2&a_3&\cdots&a_n\\a_1&a_2-b&a_3&\cdots&a_n\\a_1&a_2&a_3-b&\cdots&a_n\\\cdots&\cdots&\cdots&\cdots&\cdots\\a_1&a_2&a_3&\cdots&a_n-b\end{vmatrix}$

(9) $\begin{vmatrix}a_1+b_1&a_1+b_2&\cdots&a_1+b_n\\a_2+b_1&a_2+b_2&\cdots&a_2+b_n\\\cdots&\cdots&\cdots&\cdots\\a_n+b_1&a_n+b_2&\cdots&a_n+b_n\end{vmatrix}$

3. 解方程:

(1) $$\begin{vmatrix} 1 & 1 & 1 & \cdots & 1 \\ 1 & 1-x & 1 & \cdots & 1 \\ 1 & 1 & 2-x & \cdots & 1 \\ \cdots & \cdots & \cdots & \cdots & \cdots \\ 1 & 1 & 1 & \cdots & (n-1)-x \end{vmatrix}=0$$

(2) $$\begin{vmatrix} x & a_1 & a_2 & \cdots & a_{n-1} & 1 \\ a_1 & x & a_2 & \cdots & a_{n-1} & 1 \\ a_1 & a_2 & x & \cdots & a_{n-1} & 1 \\ \cdots & \cdots & \cdots & \cdots & \cdots & \cdots \\ a_1 & a_2 & a_3 & \cdots & x & 1 \\ a_1 & a_2 & a_3 & \cdots & a_n & 1 \end{vmatrix}=0$$

4. 证明：

(1) $$\begin{vmatrix} (a_1+1)^2 & a_1^2 & a_1 & 1 \\ (a_2+1)^2 & a_2^2 & a_2 & 1 \\ (a_3+1)^2 & a_3^2 & a_3 & 1 \\ (a_4+1)^2 & a_4^2 & a_4 & 1 \end{vmatrix}=0$$

(2) $$\begin{vmatrix} x_1+y_1 & y_1+z_1 & z_1+x_1 \\ x_2+y_2 & y_2+z_2 & z_2+x_2 \\ x_3+y_3 & y_3+z_3 & z_3+x_3 \end{vmatrix}=2\begin{vmatrix} x_1 & y_1 & z_1 \\ x_2 & y_2 & z_2 \\ x_3 & y_3 & z_3 \end{vmatrix}$$

5. 若 n 阶行列式 D_n 中的元素满足 $a_{ij}=-a_{ji}(i, j=1, 2, \cdots, n)$，则称 D_n 为反对称行列式．即

$$D_n=\begin{vmatrix} 0 & a_{12} & \cdots & a_{1n} \\ -a_{12} & 0 & \cdots & a_{2n} \\ \cdots & \cdots & \cdots & \cdots \\ -a_{1n} & -a_{2n} & \cdots & 0 \end{vmatrix}$$

证明：奇数阶反对称行列式的值等于0.

1.3　行列式按行（列）展开定理

低阶行列式较高阶行列式更易计算．本节讨论如何将高阶行列式转化为低阶行列式计算.

1.3.1 行列式按一行（列）展开定理

定义 1.5 划去 n 阶行列式中元素 a_{ij} 所在的行和列，其余 $(n-1)^2$ 个元素按原来的顺序组成的 $n-1$ 阶行列式称为元素 a_{ij} 的余子式，记作 M_{ij}；记 $A_{ij}=(-1)^{i+j}M_{ij}$，称 A_{ij} 为元素 a_{ij} 的代数余子式.

$$M_{ij}=\begin{vmatrix} a_{11} & \cdots & a_{1,j-1} & a_{1,j+1} & \cdots & a_{1n} \\ \cdots & \cdots & \cdots & \cdots & \cdots & \cdots \\ a_{i-1,1} & \cdots & a_{i-1,j-1} & a_{i-1,j+1} & \cdots & a_{i-1,n} \\ a_{i+1,1} & \cdots & a_{i+1,j-1} & a_{i+1,j+1} & \cdots & a_{i+1,n} \\ \cdots & \cdots & \cdots & \cdots & \cdots & \cdots \\ a_{n1} & \cdots & a_{n,j-1} & a_{n,j+1} & \cdots & a_{nn} \end{vmatrix}$$

例如四阶行列式

$$D=\begin{vmatrix} a_{11} & a_{12} & a_{13} & a_{14} \\ a_{21} & a_{22} & a_{23} & a_{24} \\ a_{31} & a_{32} & a_{33} & a_{34} \\ a_{41} & a_{42} & a_{43} & a_{44} \end{vmatrix}$$

中，元素 a_{23} 的余子式和代数余子式分别为

$$M_{23}=\begin{vmatrix} a_{11} & a_{12} & a_{14} \\ a_{31} & a_{32} & a_{34} \\ a_{41} & a_{42} & a_{44} \end{vmatrix}$$

$$A_{23}=(-1)^{2+3}M_{23}=-M_{23}$$

为给出行列式按行（列）展开定理的证明，先介绍下面的引理.

引理 若 n 阶行列式 D 的第 i 行元素中除 a_{ij} 外全为零，则此行列式等于元素 a_{ij} 与它的代数余子式 A_{ij} 的乘积．即

$$D=\begin{vmatrix} a_{11} & a_{12} & \cdots & a_{1j} & \cdots & a_{1n} \\ a_{21} & a_{22} & \cdots & a_{2j} & \cdots & a_{2n} \\ \cdots & \cdots & \cdots & \cdots & \cdots & \cdots \\ 0 & 0 & \cdots & a_{ij} & \cdots & 0 \\ \cdots & \cdots & \cdots & \cdots & \cdots & \cdots \\ a_{n1} & a_{n2} & \cdots & a_{nj} & \cdots & a_{nn} \end{vmatrix}=a_{ij}A_{ij}$$

证 (1) $i=j=n$ 的情形

此时

$$D=\begin{vmatrix} a_{11} & a_{12} & \cdots & a_{1,n-1} & a_{1n} \\ a_{21} & a_{22} & \cdots & a_{2,n-1} & a_{2n} \\ \cdots & \cdots & \cdots & \cdots & \cdots \\ a_{n-1,1} & a_{n-1,2} & \cdots & a_{n-1,n-1} & a_{n-1,n} \\ 0 & 0 & \cdots & 0 & a_{nn} \end{vmatrix}$$

因 D 的第 n 行元素中除 a_{nn} 外都为零，故在 D 的展开式中含有因子 $a_{nj_n}(j_n \neq n)$ 的项都为零．于是

$$\begin{aligned} D &= \sum_{j_1\cdots j_{n-1}n} (-1)^{\tau(j_1\cdots j_{n-1}n)} a_{1j_1}\cdots a_{n-1,j_{n-1}} a_{nn} \\ &= a_{nn} \sum_{j_1\cdots j_{n-1}} (-1)^{\tau(j_1\cdots j_{n-1})} a_{1j_1}\cdots a_{n-1,j_{n-1}} \\ &= a_{nn}M_{nn} = a_{nn}(-1)^{n+n}M_{nn} = a_{nn}A_{nn} \end{aligned}$$

（2）一般情形

此时

$$D=\begin{vmatrix} a_{11} & a_{12} & \cdots & a_{1j} & \cdots & a_{1n} \\ a_{21} & a_{22} & \cdots & a_{2j} & \cdots & a_{2n} \\ \cdots & \cdots & \cdots & \cdots & \cdots & \cdots \\ 0 & 0 & \cdots & a_{ij} & \cdots & 0 \\ \cdots & \cdots & \cdots & \cdots & \cdots & \cdots \\ a_{n1} & a_{n2} & \cdots & a_{nj} & \cdots & a_{nn} \end{vmatrix}$$

先将 D 的第 i 行依次与其下面的第 $i+1$ 行，第 $i+2$ 行，…，第 n 行互换，直到将它换到第 n 行为止，互换次数为 $n-i$，然后再将第 j 列依次与其后面的第 $j+1$ 列，第 $j+2$ 列，…，第 n 列互换，直到将它换到第 n 行为止，互换次数为 $n-j$；于是有

$$D=\begin{vmatrix} a_{11} & a_{12} & \cdots & a_{1j} & \cdots & a_{1n} \\ a_{21} & a_{22} & \cdots & a_{2j} & \cdots & a_{2n} \\ \cdots & \cdots & \cdots & \cdots & \cdots & \cdots \\ 0 & 0 & \cdots & a_{ij} & \cdots & 0 \\ \cdots & \cdots & \cdots & \cdots & \cdots & \cdots \\ a_{n1} & a_{n2} & \cdots & a_{nj} & \cdots & a_{nn} \end{vmatrix}$$

$$=(-1)^{n-i}(-1)^{n-j}\begin{vmatrix} a_{11} & \cdots & a_{1,j-1} & a_{1,j+1} & \cdots & a_{1n} & a_{1j} \\ \cdots & \cdots & \cdots & \cdots & \cdots & \cdots & \cdots \\ a_{i-1,1} & \cdots & a_{i-1,j-1} & a_{i-1,j+1} & \cdots & a_{i-1,n} & a_{i-1,j} \\ a_{i+1,1} & \cdots & a_{i+1,j-1} & a_{i+1,j+1} & \cdots & a_{i+1,n} & a_{i+1,j} \\ \cdots & \cdots & \cdots & \cdots & \cdots & \cdots & \cdots \\ a_{n1} & \cdots & a_{n,j-1} & a_{n,j+1} & \cdots & a_{nn} & a_{nj} \\ 0 & \cdots & 0 & 0 & \cdots & 0 & a_{ij} \end{vmatrix}$$

$$=(-1)^{i+j}a_{ij}M_{ij}=a_{ij}A_{ij}$$

定理 1.2 n 阶行列式 D 等于它的任意一行（列）的元素与其代数余子式的乘积之和. 即

$$D=a_{i1}A_{i1}+a_{i2}A_{i2}+\cdots+a_{in}A_{in} \qquad (i=1,\ 2,\ \cdots,\ n) \tag{1.3}$$

或

$$D=a_{1j}A_{1j}+a_{2j}A_{2j}+\cdots+a_{nj}A_{nj} \qquad (j=1,\ 2,\ \cdots,\ n) \tag{1.4}$$

证

$$D=\begin{vmatrix} a_{11} & a_{12} & \cdots & a_{1n} \\ \cdots & \cdots & \cdots & \cdots \\ a_{i1} & a_{i2} & \cdots & a_{in} \\ \cdots & \cdots & \cdots & \cdots \\ a_{n1} & a_{n2} & \cdots & a_{nn} \end{vmatrix}$$

$$=\begin{vmatrix} a_{11} & a_{12} & \cdots & a_{1n} \\ \cdots & \cdots & \cdots & \cdots \\ a_{i1}+0+\cdots+0 & 0+a_{i2}+\cdots+0 & \cdots & 0+0+\cdots+a_{in} \\ \cdots & \cdots & \cdots & \cdots \\ a_{n1} & a_{n2} & \cdots & a_{nn} \end{vmatrix}$$

$$=\begin{vmatrix} a_{11} & a_{12} & \cdots & a_{1n} \\ \cdots & \cdots & \cdots & \cdots \\ a_{i1} & 0 & \cdots & 0 \\ \cdots & \cdots & \cdots & \cdots \\ a_{n1} & a_{n2} & \cdots & a_{nn} \end{vmatrix}+\begin{vmatrix} a_{11} & a_{12} & \cdots & a_{1n} \\ \cdots & \cdots & \cdots & \cdots \\ 0 & a_{i2} & \cdots & 0 \\ \cdots & \cdots & \cdots & \cdots \\ a_{n1} & a_{n2} & \cdots & a_{nn} \end{vmatrix}+\cdots+\begin{vmatrix} a_{11} & a_{12} & \cdots & a_{1n} \\ \cdots & \cdots & \cdots & \cdots \\ 0 & 0 & \cdots & a_{in} \\ \cdots & \cdots & \cdots & \cdots \\ a_{n1} & a_{n2} & \cdots & a_{nn} \end{vmatrix}$$

$$=a_{i1}A_{i1}+a_{i2}A_{i2}+\cdots+a_{in}A_{in} \qquad (i=1,\ 2,\ \cdots,\ n)$$

类似可证列的情形.

推论 n 阶行列式 D 中任意一行（列）元素与其他行（列）对应元素的代

数余子式的乘积之和为零. 即

$$a_{s1}A_{i1}+a_{s2}A_{i2}+\cdots+a_{sn}A_{in}=0 \qquad (s\neq i) \tag{1.5}$$

$$a_{1s}A_{1j}+a_{2s}A_{2j}+\cdots+a_{ns}A_{nj}=0 \qquad (s\neq j) \tag{1.6}$$

证 由定理1.2有

$$a_{i1}A_{i1}+a_{i2}A_{i2}+\cdots+a_{in}A_{in}=\begin{vmatrix} a_{11} & a_{12} & \cdots & a_{1n}\\ \cdots & \cdots & \cdots & \cdots\\ a_{s1} & a_{s2} & \cdots & a_{sn}\\ \cdots & \cdots & \cdots & \cdots\\ a_{i1} & a_{i2} & \cdots & a_{in}\\ \cdots & \cdots & \cdots & \cdots\\ a_{n1} & a_{n2} & \cdots & a_{nn}\end{vmatrix}$$

将上式两端中的元素 a_{i1}，a_{i2}，…，a_{in}分别换成右端行列式的第 s 行元素a_{s1}，a_{s2}，…，$a_{sn}(s\neq i)$，换后的右端的第 i 行和第 s 行完全相同，故换后的右端为0. 于是换后左端

$$a_{s1}A_{i1}+a_{s2}A_{i2}+\cdots+a_{sn}A_{in}=0$$

类似可证列的情形.

定理1.2及其推论可合起来表示成如下形式:

$$\sum_{j=1}^{n}a_{sj}A_{ij}=\begin{cases}D, & s=i\\ 0, & s\neq i\end{cases} \tag{1.7}$$

及

$$\sum_{i=1}^{n}a_{is}A_{ij}=\begin{cases}D, & s=j\\ 0, & s\neq j\end{cases} \tag{1.8}$$

定理1.2表明，n 阶行列式 D 按一行（列）展开后即降为 $n-1$ 阶行列式来计算. 特别地，当 D 的某行（列）有很多元素为零时，将 D 按此行（列）展开，则零元素对应的项为零，于是只需算非零元对应的项，这样可使计算量大大减少.

例1 计算行列式

$$D=\begin{vmatrix} 1 & 1 & 2 & 1\\ 2 & -1 & 1 & 0\\ 1 & 0 & 0 & 3\\ -1 & 0 & 2 & 1\end{vmatrix}$$

解

$$D=\begin{vmatrix}1&1&2&1\\2&-1&1&0\\1&0&0&3\\-1&0&2&1\end{vmatrix}$$

$$\xlongequal{按第三行展开}1\times(-1)^{3+1}\begin{vmatrix}1&2&1\\-1&1&0\\0&2&1\end{vmatrix}+3\times(-1)^{3+4}\begin{vmatrix}1&1&2\\2&-1&1\\-1&0&2\end{vmatrix}$$

$$=(-1)^{1+1}\begin{vmatrix}1&0\\2&1\end{vmatrix}+(-1)\times(-1)^{2+1}\begin{vmatrix}2&1\\2&1\end{vmatrix}-3\Big[-1\times(-1)^{3+1}$$

$$\begin{vmatrix}1&2\\-1&1\end{vmatrix}+2\times(-1)^{3+3}\begin{vmatrix}1&1\\2&-1\end{vmatrix}\Big]$$

$$=1+0-3[-3-6]=28$$

以上计算先选择零元素较多的行展开，然后再选择零元素较多的列展开，从而将 D 两次降阶，大大地简化了行列式的计算，这种方法称为展开降阶法. 其实，还可以利用行列式的性质先化出更多的零后再展开降阶，特别是将一行（列）除一个非零元而外，其余元素都化成零元素后再展开，这样会使计算更为简便. 如上例第 3 行已有两个零元素，可先用行列式的性质再化出一个零元素后展开：

$$D=\begin{vmatrix}1&1&2&1\\2&-1&1&0\\1&0&0&3\\-1&0&2&1\end{vmatrix}\xlongequal{c_4-3c_1}\begin{vmatrix}1&1&2&-2\\2&-1&1&-6\\1&0&0&0\\-1&0&2&4\end{vmatrix}$$

$$=1\times(-1)^{3+1}\begin{vmatrix}1&2&-2\\-1&1&-6\\0&2&4\end{vmatrix}$$

$$\xlongequal{r_2+r_1}\begin{vmatrix}1&2&-2\\0&3&-8\\0&2&4\end{vmatrix}=1\times(-1)^{1+1}\begin{vmatrix}3&-8\\2&4\end{vmatrix}=12+16=28$$

例 2 计算行列式

$$D=\begin{vmatrix}0&a&b&a\\a&0&a&b\\b&a&0&a\\a&b&a&0\end{vmatrix}$$

解

$$D=\begin{vmatrix}0&a&b&a\\a&0&a&b\\b&a&0&a\\a&b&a&0\end{vmatrix}\xlongequal[(i=2,3,4)]{c_1+c_i}\begin{vmatrix}2a+b&a&b&a\\2a+b&0&a&b\\2a+b&a&0&a\\2a+b&b&a&0\end{vmatrix}$$

$$=(2a+b)\begin{vmatrix}1&a&b&a\\1&0&a&b\\1&a&0&a\\1&b&a&0\end{vmatrix}\xlongequal[(i=2,3,4)]{r_i-r_1}(2a+b)\begin{vmatrix}1&a&b&a\\0&-a&a-b&b-a\\0&0&-b&0\\0&b-a&a-b&-a\end{vmatrix}$$

$$=(2a+b)\begin{vmatrix}-a&a-b&b-a\\0&-b&0\\b-a&a-b&-a\end{vmatrix}=(2a+b)(-b)\begin{vmatrix}-a&b-a\\b-a&-a\end{vmatrix}$$

$$=(2a+b)(-b)[a^2-(b-a)^2]=b^2(b^2-4a^2)$$

例3 设

$$D=\begin{vmatrix}1&2&1&-1\\-1&-1&-4&1\\2&4&-6&1\\1&2&4&2\end{vmatrix}$$

计算：(1) $A_{11}+A_{12}-A_{13}+2A_{14}$

(2) $A_{21}+2A_{22}+4A_{23}+2A_{24}$

(3) $M_{13}+M_{23}+M_{33}+M_{43}$

其中，M_{ij}为D中元素a_{ij}的余子式，A_{ij}为D中元素a_{ij}的代数余子式.（i，$j=1$，2，3，4）

解（1）此式等于将原行列式的第一行元素换成系数1，1，−1，2以后的行列式.

$$A_{11}+A_{12}-A_{13}+2A_{14}$$

$$=1\times A_{11}+1\times A_{12}+(-1)\times A_{13}+2\times A_{14}$$

$$=\begin{vmatrix}1&1&-1&2\\-1&-1&-4&1\\2&4&-6&1\\1&2&4&2\end{vmatrix}\xlongequal{\substack{r_2+r_1\\r_3-2r_1\\r_4-r_1}}\begin{vmatrix}1&1&-1&2\\0&0&-5&3\\0&2&-4&-3\\0&1&5&0\end{vmatrix}=\begin{vmatrix}0&-5&3\\2&-4&-3\\1&5&0\end{vmatrix}$$

$$\xlongequal{r_2-2r_3}\begin{vmatrix}0 & -5 & 3\\0 & -14 & -3\\1 & 5 & 0\end{vmatrix}=(-1)^{3+1}\begin{vmatrix}-5 & 3\\-14 & -3\end{vmatrix}=15+42=57$$

（2）$A_{21}+2A_{22}+4A_{23}+2A_{24}$是 D 中第四行元素与 D 中第二行元素的代数余子式的乘积之和，由定理 1.2 的推论知，此和等于零. 即

$$A_{21}+2A_{22}+4A_{23}+2A_{24}=0$$

（3）$M_{13}+M_{23}+M_{33}+M_{43}=A_{13}-A_{23}+A_{33}-A_{43}$

$$=\begin{vmatrix}1 & 2 & 1 & -1\\-1 & -1 & -1 & 1\\2 & 4 & 1 & 1\\1 & 2 & -1 & 2\end{vmatrix}\xlongequal[(i=1,\ 2,\ 3)]{c_i+c_4}\begin{vmatrix}0 & 1 & 0 & -1\\0 & 0 & 0 & 1\\3 & 5 & 2 & 1\\3 & 4 & 1 & 2\end{vmatrix}$$

$$=1\times(-1)^{2+4}\begin{vmatrix}0 & 1 & 0\\3 & 5 & 2\\3 & 4 & 1\end{vmatrix}=1\times(-1)^{1+2}\begin{vmatrix}3 & 2\\3 & 1\end{vmatrix}=3$$

例 4 设 $A(x_1,\ y_1)$、$B(x_2,\ y_2)$、$C(x_3,\ y_3)$是平面上的三个点（如图），求三角形 ABC 的面积.

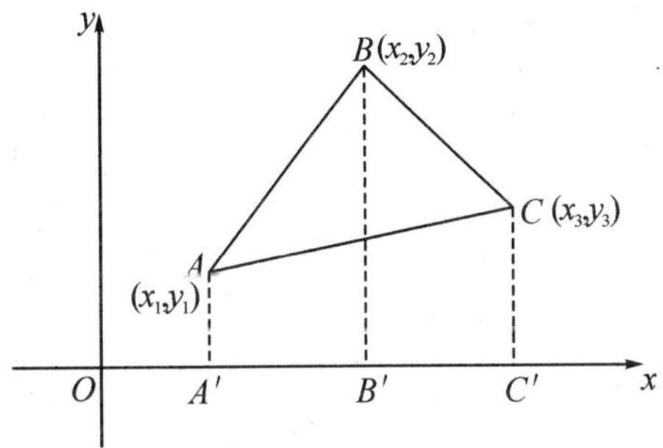

解 如图有

$$\text{梯形 } ABB'A' \text{的面积}=\frac{1}{2}(y_1+y_2)(x_2-x_1)$$

$$\text{梯形 } BCC'B' \text{的面积}=\frac{1}{2}(y_2+y_3)(x_3-x_2)$$

$$\text{梯形 } ACC'A' \text{的面积}=\frac{1}{2}(y_1+y_3)(x_3-x_1)$$

三角形 ABC 的面积为下式的绝对值：

$$\frac{1}{2}[(y_1+y_2)(x_2-x_1)+(y_2+y_3)(x_3-x_2)-(y_1+y_3)(x_3-x_1)]$$

$$= -\frac{1}{2}[x_2y_3 - x_3y_2 - (x_1y_3 - x_3y_1) + x_1y_2 - x_2y_1]$$

$$= -\frac{1}{2}\left[\begin{vmatrix} x_2 & y_2 \\ x_3 & y_3 \end{vmatrix} - \begin{vmatrix} x_1 & y_1 \\ x_3 & y_3 \end{vmatrix} + \begin{vmatrix} x_1 & y_1 \\ x_2 & y_2 \end{vmatrix}\right]$$

$$= -\frac{1}{2}\begin{vmatrix} 1 & x_1 & y_1 \\ 1 & x_2 & y_2 \\ 1 & x_3 & y_3 \end{vmatrix}$$

由上例可知三角形的面积可由行列式计算，由此还可得到 $A(x_1, y_1)$、$B(x_2, y_2)$、$C(x_3, y_3)$ 三点共线的充要条件是

$$\begin{vmatrix} 1 & x_1 & y_1 \\ 1 & x_2 & y_2 \\ 1 & x_3 & y_3 \end{vmatrix} = 0$$

1.3.2 行列式按 k 行（列）展开定理——拉普拉斯（Laplace）定理

定义 1.6 在 n 阶行列式 D 中任取 k 行、k 列 $(1 \leqslant k \leqslant n)$，由这 k 行、k 列的交叉点处的 k^2 个元素按原来的顺序组成的 k 阶行列式 N 称为 D 的一个 **k 阶子式**；在 D 中划去这 k 行、k 列后余下的元素按原来的顺序组成的 $n-k$ 阶行列式 M 称为 N 的**余子式**；设这 k 行、k 列的行标与列标分别为 $i_1, i_2, \cdots, i_k$ 及 $j_1, j_2, \cdots, j_k$，称

$$(-1)^{(i_1+i_2+\cdots+i_k)+(j_1+j_2+\cdots+j_k)}M$$

为 N 的**代数余子式**，记作 A.

例 5 设

$$D = \begin{vmatrix} 1 & 2 & 3 & 4 \\ 0 & -1 & 3 & 2 \\ 4 & 0 & 4 & 2 \\ 3 & -2 & 0 & 1 \end{vmatrix}$$

取 D 的第 1、3 行，第 2、3 列得到 D 的一个 2 阶子式为

$$N_1 = \begin{vmatrix} 2 & 3 \\ 0 & 4 \end{vmatrix}$$

N_1 的代数余子式为

$$A_1 = (-1)^{(1+3)+(2+3)}\begin{vmatrix} 0 & 2 \\ 3 & 1 \end{vmatrix}$$

取 D 的第 1、2、4 行，第 2、3、4 列得到 D 的一个 3 阶子式为

$$N_2=\begin{vmatrix}2&3&4\\-1&3&2\\-2&0&1\end{vmatrix}$$

N_2 的代数余子式为

$$A_2=(-1)^{(1+2+4)+(2+3+4)}\cdot 4$$

当 k 个行确定后，取 n 阶行列式 D 的这 k 行所得的 k 阶子式共有 C_n^k 个.

定理 1.3 （Laplace）n 阶行列式 D 等于其取定的 k 行（列）的所有 k 阶子式与其对应的代数余子式的乘积之和.

设取定 D 的 k 行所得的所有 k 阶子式为 N_1，N_2，…，N_t，其对应的代数余子式为 A_1，A_2，…，A_t，则

$$D=\sum_{i=1}^{t}N_iA_i \tag{1.9}$$

其中 $t=C_n^k$.

证略.

显然，定理 1.2 是定理 1.3 中 $k=1$ 时的特例. 一般行列式按多个行（列）展开计算似乎很繁，但当行列式的某些行（列）集中有很多零时，使用拉普拉斯展开定理却是很简便的.

例 6 计算行列式

$$D=\begin{vmatrix}2&1&-1&1\\0&1&3&0\\1&2&2&4\\0&2&1&0\end{vmatrix}$$

解 因 D 中第 2、4 行的 $C_4^2=6$ 个 2 阶子式中只有一个是非零的. 故按第 2、4 行展开得

$$D=\begin{vmatrix}1&3\\2&1\end{vmatrix}\cdot(-1)^{(2+4)+(2+3)}\begin{vmatrix}2&1\\1&4\end{vmatrix}=35$$

例 7 计算行列式

$$D=\begin{vmatrix}a_{11}&\cdots&a_{1m}&c_{11}&\cdots&c_{1n}\\\cdots&\cdots&\cdots&\cdots&\cdots&\cdots\\a_{m1}&\cdots&a_{mm}&c_{m1}&\cdots&c_{mn}\\0&\cdots&0&b_{11}&\cdots&b_{1n}\\\cdots&\cdots&\cdots&\cdots&\cdots&\cdots\\0&\cdots&0&b_{n1}&\cdots&b_{nn}\end{vmatrix}$$

分析 同行列式按一行（列）展开计算时一样，我们只须找出展开公式中的非零项或可能的非零项即可. 如果取定前 m 列，则它的所有 m 阶子式中只有取第1，2，…，m 行的子式可能非零，于是乘积中只有一个可能的非零项.

解 按前 m 列展开，得

$$D=\begin{vmatrix} a_{11} & \cdots & a_{1m} \\ \cdots & \cdots & \cdots \\ a_{m1} & \cdots & a_{mm} \end{vmatrix}(-1)^{(1+2+\cdots+m)+(1+2+\cdots+m)}\begin{vmatrix} b_{11} & \cdots & b_{1n} \\ \cdots & \cdots & \cdots \\ b_{n1} & \cdots & b_{nn} \end{vmatrix}$$

$$=\begin{vmatrix} a_{11} & \cdots & a_{1m} \\ \cdots & \cdots & \cdots \\ a_{m1} & \cdots & a_{mm} \end{vmatrix}\begin{vmatrix} b_{11} & \cdots & b_{1n} \\ \cdots & \cdots & \cdots \\ b_{n1} & \cdots & b_{nn} \end{vmatrix}$$

类似可得：

$$\begin{vmatrix} 0 & \cdots & 0 & a_{11} & \cdots & a_{1m} \\ \cdots & \cdots & \cdots & \cdots & \cdots & \cdots \\ 0 & \cdots & 0 & a_{m1} & \cdots & a_{mm} \\ b_{11} & \cdots & b_{1n} & c_{11} & \cdots & c_{1m} \\ \cdots & \cdots & \cdots & \cdots & \cdots & \cdots \\ b_{n1} & \cdots & b_{nn} & c_{n1} & \cdots & c_{nm} \end{vmatrix}=(-1)^{mn}\begin{vmatrix} a_{11} & \cdots & a_{1m} \\ \cdots & \cdots & \cdots \\ a_{m1} & \cdots & a_{mm} \end{vmatrix}\begin{vmatrix} b_{11} & \cdots & b_{1n} \\ \cdots & \cdots & \cdots \\ b_{n1} & \cdots & b_{nn} \end{vmatrix}$$

这两个结论今后可直接用于计算相应形式的行列式.

习题 1.3

1. 设 n 阶行列式

$$D=|a_{ij}|=\begin{vmatrix} 5 & 2 & 4 & -3 \\ 1 & 2 & 3 & 4 \\ 1 & 3 & 6 & -1 \\ 1 & 4 & 10 & 20 \end{vmatrix}$$

A_{ij}为元素 a_{ij}的代数余子式（i，$j=1$，2，3，4），求

（1）$A_{11}+2A_{12}+3A_{13}+4A_{14}$

（2）$A_{11}+A_{12}+A_{13}+A_{14}$

2. 设 n 阶行列式

$$D=|a_{ij}|=\begin{vmatrix} 5 & 5 & 5 & \cdots & 5 \\ 0 & 1 & 1 & \cdots & 1 \\ 0 & 0 & 1 & & 1 \\ \cdots & \cdots & \cdots & \cdots & \cdots \\ 0 & 0 & 0 & \cdots & 1 \end{vmatrix}$$

A_{ij}为元素 a_{ij}的代数余子式(i, $j=1$, 2, …, n). 计算 $\sum\limits_{i=1}^{n}\sum\limits_{j=1}^{n}A_{ij}$.

3. 设多项式

$$f(x)=\begin{vmatrix} 1 & 1 & 1 & 1 & 1 \\ 1 & 2 & 3 & 4 & x \\ 1 & 4 & 9 & 16 & x^2 \\ 1 & 9 & 5 & -2 & x^3 \\ 1 & 8 & 27 & 64 & x^4 \end{vmatrix}$$

求$f(x)$中 x^3 的系数.

4. 计算行列式

(1) $\begin{vmatrix} 2 & 1 & -3 & -1 \\ 3 & 1 & 0 & 7 \\ -1 & 2 & 4 & -2 \\ 1 & 0 & -1 & 5 \end{vmatrix}$

(2) $\begin{vmatrix} 1 & 1 & 2 & 3 & 1 \\ 3 & -1 & -1 & 2 & 2 \\ 2 & 3 & -1 & -1 & 0 \\ 1 & 2 & 3 & 0 & 1 \\ -1 & 2 & 1 & 1 & 0 \end{vmatrix}$

(3) $\begin{vmatrix} 1 & 2 & 3 & 4 \\ -2 & 1 & -4 & 3 \\ 3 & -4 & -1 & 2 \\ 4 & 3 & -2 & -1 \end{vmatrix}$

(4) $\begin{vmatrix} a & b & b & b \\ a & b & a & b \\ a & a & b & a \\ b & b & b & a \end{vmatrix}$

5. 计算行列式

(1) $\begin{vmatrix} 1 & 2 & 3 & 0 & 0 \\ 4 & 5 & 6 & 0 & 0 \\ 7 & 8 & 9 & 0 & 0 \\ 0 & 0 & 0 & 1 & 3 \\ 0 & 0 & 0 & 5 & 7 \end{vmatrix}$

(2) $\begin{vmatrix} a_1 & 0 & 0 & b_1 \\ 0 & a_2 & b_2 & 0 \\ 0 & b_3 & a_3 & 0 \\ b_4 & 0 & 0 & a_4 \end{vmatrix}$

1.4 行列式的计算

我们已经知道由定义、性质、展开定理可以计算行列式，但是 n 阶行列式的计算是一个难点，本节系统地介绍一些 n 阶行列式计算的常用方法.

1.4.1 定义法

按行列式的定义计算行列式的方法称为定义法.

n 阶行列式按定义的展开式中共有 $n!$ 个项，其中每一项都是取自不同行及不同列的 n 个元素的乘积，求和时只需找出非零项即可，因此，如果行列式中有很多零元素，则展开式中非零项就很少，这种类型的行列式适合用定义计算.

例 1 计算行列式

$$D=\begin{vmatrix} 0 & \cdots & 0 & 1 & 0 \\ 0 & \cdots & 2 & 0 & 0 \\ \cdots & \cdots & \cdots & \cdots & \cdots \\ n-1 & \cdots & 0 & 0 & 0 \\ 0 & \cdots & 0 & 0 & n \end{vmatrix}$$

解 该行列式中的非零元素只有 n 个，它们恰来自不同的行与列，因此该行列式只有一个非零项，故

$$D=\begin{vmatrix} 0 & \cdots & 0 & 1 & 0 \\ 0 & \cdots & 2 & 0 & 0 \\ \cdots & \cdots & \cdots & \cdots & \cdots \\ n-1 & \cdots & 0 & 0 & 0 \\ 0 & \cdots & 0 & 0 & n \end{vmatrix}=(-1)^{\tau[(n-1)(n-2)\cdots 21]}n! \ =(-1)^{\frac{(n-1)(n-2)}{2}}n!$$

1.4.2 降阶法

利用行列式按行（列）展开定理计算行列式的方法称为展开降阶法，简称降阶法.

例 2 计算 n 阶行列式

$$D=\begin{vmatrix} a & b & 0 & \cdots & 0 & 0 \\ 0 & a & b & \cdots & 0 & 0 \\ \cdots & \cdots & \cdots & \cdots & \cdots & \cdots \\ 0 & 0 & 0 & \cdots & a & b \\ b & 0 & 0 & \cdots & 0 & a \end{vmatrix}$$

解

$$\begin{vmatrix} a & b & 0 & \cdots & 0 & 0 \\ 0 & a & b & \cdots & 0 & 0 \\ \cdots & \cdots & \cdots & \cdots & \cdots & \cdots \\ 0 & 0 & 0 & \cdots & a & b \\ b & 0 & 0 & \cdots & 0 & a \end{vmatrix} \xlongequal{\text{按第1列展开}} a\times a^{n-1}+(-1)^{n+1}b\times b^{n-1}=a^n+(-1)^{n+1}b^n$$

1.4.3 三角形法

将行列式化为三角形行列式计算的方法称为三角形法.

例 3 计算 n 阶行列式

$$D=\begin{vmatrix} a-b & a & a & \cdots & a \\ a & a-b & a & \cdots & a \\ a & a & a-b & \cdots & a \\ \cdots & \cdots & \cdots & \cdots & \cdots \\ a & a & a & \cdots & a-b \end{vmatrix}$$

分析 这个行列式的特点是各列元素之和相同，因此将第 2，3，…，n 列加到第一列，然后提取公因子，再化为三角形.

解

$$D\xlongequal{c_1+c_2+c_3+\cdots+c_n}\begin{vmatrix} na-b & a & a & \cdots & a \\ na-b & a-b & a & \cdots & a \\ na-b & a & a-b & \cdots & a \\ \cdots & \cdots & \cdots & \cdots & \cdots \\ na-b & a & a & \cdots & a-b \end{vmatrix}$$

$$=(na-b)\begin{vmatrix} 1 & a & a & \cdots & a \\ 1 & a-b & a & \cdots & a \\ 1 & a & a-b & \cdots & a \\ \cdots & \cdots & \cdots & \cdots & \cdots \\ 1 & a & a & \cdots & a-b \end{vmatrix}$$

$$\xlongequal[(i=2,\ 3,\ \cdots,\ n)]{r_i-r_1}(na-b)\begin{vmatrix} 1 & a & a & \cdots & a \\ 0 & -b & 0 & \cdots & 0 \\ 0 & 0 & -b & \cdots & 0 \\ \cdots & \cdots & \cdots & \cdots & \cdots \\ 0 & 0 & 0 & \cdots & -b \end{vmatrix}=(-b)^{n-1}(na-b)$$

例 4

$$D=\begin{vmatrix}1&1&1&\cdots&1\\1&2&0&\cdots&0\\1&0&3&\cdots&0\\\cdots&\cdots&\cdots&\cdots&\cdots\\1&0&0&\cdots&n\end{vmatrix}$$

分析 这种行列式称为爪形行列式，它的算法是化为三角形行列式.

解

$$\begin{vmatrix}1&1&1&\cdots&1\\1&2&0&\cdots&0\\1&0&3&\cdots&0\\\cdots&\cdots&\cdots&\cdots&\cdots\\1&0&0&\cdots&n\end{vmatrix}\xlongequal[(i=2,\ 3,\ \cdots,\ n)]{c_1-\frac{1}{i}c_i}\begin{vmatrix}1-\sum\limits_{i=2}^{n}\frac{1}{i}&1&1&\cdots&1\\0&2&0&\cdots&0\\0&0&3&\cdots&0\\\cdots&\cdots&\cdots&\cdots&\cdots\\0&0&0&\cdots&n\end{vmatrix}$$

$$=\left(1-\sum_{i=2}^{n}\frac{1}{i}\right)n!$$

例 5 计算 n 阶行列式

$$D=\begin{vmatrix}x_1&a_2&a_3&\cdots&a_n\\a_1&x_2&a_3&\cdots&a_n\\\cdots&\cdots&\cdots&\cdots&\cdots\\a_1&a_2&a_3&\cdots&x_n\end{vmatrix}(x_i\neq a_i,\ i=1,\ 2,\ \cdots,\ n)$$

分析 该行列式的各列只有对角线上的元不同. 这种行列式可先化为爪形，然后再化为三角形.

解

$$\begin{vmatrix}x_1&a_2&a_3&\cdots&a_n\\a_1&x_2&a_3&\cdots&a_n\\\cdots&\cdots&\cdots&\cdots&\cdots\\a_1&a_2&a_3&\cdots&x_n\end{vmatrix}\xlongequal{r_i-r_1,(i=2,\ \cdots,\ n)}\begin{vmatrix}x_1&a_2&a_3&\cdots&a_n\\a_1-x_1&x_2-a_2&0&\cdots&0\\a_1-x_1&0&x_3-a_3&\cdots&0\\\cdots&\cdots&\cdots&\cdots&\cdots\\a_1-x_1&0&0&\cdots&x_n-a_n\end{vmatrix}$$

$$\xlongequal{\text{第}i\text{列提}x_i-a_i,\ (i=1,\ \cdots,\ n)}\prod_{i=1}^{n}(x_i-a_i)\begin{vmatrix}\frac{x_1}{x_1-a_1}&\frac{a_2}{x_2-a_2}&\frac{a_3}{x_3-a_3}&\cdots&\frac{a_n}{x_n-a_n}\\-1&1&0&\cdots&0\\-1&0&1&\cdots&0\\\cdots&\cdots&\cdots&\cdots&\cdots\\-1&0&0&\cdots&1\end{vmatrix}$$

$$\xlongequal{c_1+c_2+\cdots+c_n}\prod_{i=1}^{n}(x_i-a_i)\begin{vmatrix}1+\sum_{i=1}^{n}\frac{a_i}{x_i-a_i} & \frac{a_2}{x_2-a_2} & \frac{a_3}{x_3-a_3} & \cdots & \frac{a_n}{x_n-a_n}\\0 & 1 & 0 & \cdots & 0\\0 & 0 & 1 & \cdots & 0\\\cdots & \cdots & \cdots & \cdots & \cdots\\0 & 0 & 0 & \cdots & 1\end{vmatrix}$$

$$=\left(1+\sum_{i=1}^{n}\frac{a_i}{x_i-a_i}\right)\prod_{i=1}^{n}(x_i-a_i)$$

1.4.4 递推法

利用行列式按行（列）展开定理将行列式展开降阶后，得到 n 阶行列式与具有和它相同结构的较低阶行列式的线性关系式，即递推公式，然后反复利用递推公式将 n 阶行列式降至二阶，再将二阶行列式算出代入从而最终将行列式计算出来，这种方法称为递推法.

例 6 计算 n 阶行列式

$$D_n=\begin{vmatrix}1-a & a & 0 & \cdots & 0 & 0\\-1 & 1-a & a & \cdots & 0 & 0\\0 & -1 & 1-a & \cdots & 0 & 0\\\cdots & \cdots & \cdots & \cdots & \cdots & \cdots\\0 & 0 & 0 & \cdots & 1-a & a\\0 & 0 & 0 & \cdots & -1 & 1-a\end{vmatrix}$$

解

$$D_n=\begin{vmatrix}1-a & a & 0 & \cdots & 0 & 0\\-1 & 1-a & a & \cdots & 0 & 0\\0 & -1 & 1-a & \cdots & 0 & 0\\\cdots & \cdots & \cdots & \cdots & \cdots & \cdots\\0 & 0 & 0 & \cdots & 1-a & a\\0 & 0 & 0 & \cdots & -1 & 1-a\end{vmatrix}$$

$$\xlongequal{r_1+r_2+\cdots+r_n}\begin{vmatrix}-a & 0 & 0 & \cdots & 0 & 1\\-1 & 1-a & a & \cdots & 0 & 0\\0 & -1 & 1-a & \cdots & 0 & 0\\\cdots & \cdots & \cdots & \cdots & \cdots & \cdots\\0 & 0 & 0 & \cdots & 1-a & a\\0 & 0 & 0 & \cdots & -1 & 1-a\end{vmatrix}$$

$\underline{\text{按第一行展开}}\quad -aD_{n-1}+(-1)^{1+n}(-1)^{n-1}=1-aD_{n-1}$

即得到递推公式：

$$D_n=1-aD_{n-1}$$

反复使用递推公式得

$$\begin{aligned}D_n&=1-a(1-aD_{n-2})\\&=1-a+a^2D_{n-2}=1-a+a^2-a^3D_{n-3}\\&=\cdots=1-a+a^2+\cdots+(-1)^{n-2}a^{n-2}D_2\\&=1-a+a^2+\cdots+(-1)^{n-2}a^{n-2}(1-a+a^2)\\&=1-a+a^2+\cdots+(-1)^{n-2}a^{n-2}[1-a+(-1)^2a^2]\\&=1-a+a^2+\cdots+(-1)^{n-2}a^{n-2}+(-1)^{n-1}a^{n-1}+(-1)^na^n=\sum_{i=0}^{n}(-1)^ia^i\end{aligned}$$

这里 D_{n-1}，D_{n-2}，…，D_2 是与 D_n 具有相同结构的 $n-1$，$n-2$，…，2 阶行列式.

例 7 计算 $2n$ 阶行列式

$$D_{2n}=\begin{vmatrix}a_n&&&&&&b_n\\&a_{n-1}&&&&b_{n-1}&\\&&\ddots&&\iddots&&\\&&&a_1\quad b_1&&&\\&&&c_1\quad d_1&&&\\&&\iddots&&\ddots&&\\&c_{n-1}&&&&d_{n-1}&\\c_n&&&&&&d_n\end{vmatrix}$$

行列式中空白位置的元素皆为零.

解 按第 1、$2n$ 行展开，因位于这两行的全部 2 阶子式中只有一个（即位于第 1、$2n$ 列的 $\begin{vmatrix}a_n&b_n\\c_n&d_n\end{vmatrix}$）

可能非零，它的余子式为 $D_{2(n-1)}$，故得

$$D_{2n}=\begin{vmatrix}a_n&b_n\\c_n&d_n\end{vmatrix}\cdot(-1)^{(1+2n)+(1+2n)}\begin{vmatrix}a_{n-1}&&&&b_{n-1}\\&\ddots&&\iddots&\\&&a_1\quad b_1&&\\&&c_1\quad d_1&&\\&\iddots&&\ddots&\\c_{n-1}&&&&d_{n-1}\end{vmatrix}$$

$$=(a_nd_n-b_nc_n)D_{2(n-1)}$$

即得递推公式

$$D_{2n}=(a_nd_n-b_nc_n)D_{2(n-1)}$$

从而

$$\begin{aligned}D_{2n}&=(a_nd_n-b_nc_n)D_{2(n-1)}=(a_nd_n-b_nc_n)(a_{n-1}d_{n-1}-b_{n-1}c_{n-1})D_{2(n-2)}\\&=\cdots=(a_nd_n-b_nc_n)(a_{n-1}d_{n-1}-b_{n-1}c_{n-1})\cdots(a_2d_2-b_2c_2)D_2\\&=(a_nd_n-b_nc_n)(a_{n-1}d_{n-1}-b_{n-1}c_{n-1})\cdots(a_2d_2-b_2c_2)(a_1d_1-b_1c_1)\\&=\prod_{i=1}^{n}(a_id_i-b_ic_i)\end{aligned}$$

1.4.5 数学归纳法

例 8 证明范德蒙（Vandermonde）行列式

$$V_n=\begin{vmatrix}1&1&1&\cdots&1\\a_1&a_2&a_3&\cdots&a_n\\a_1^2&a_2^2&a_3^2&\cdots&a_n^2\\\cdots&\cdots&\cdots&\cdots&\cdots\\a_1^{n-1}&a_2^{n-1}&a_3^{n-1}&\cdots&a_n^{n-1}\end{vmatrix}=\prod_{1\leqslant j<i\leqslant n}(a_i-a_j)\tag{1.10}$$

证 对行列式的阶数 n 使用数学归纳法.

1° 当 $n=2$ 时

$$V_2=\begin{vmatrix}1&1\\a_1&a_2\end{vmatrix}=a_2-a_1=\prod_{1\leqslant j<i\leqslant 2}(a_i-a_j)$$

结论成立.

2° 假设结论对 $n-1$ 阶范德蒙行列式成立.

3° n 阶时

$$V_n=\begin{vmatrix}1&1&1&\cdots&1\\a_1&a_2&a_3&\cdots&a_n\\a_1^2&a_2^2&a_3^2&\cdots&a_n^2\\\cdots&\cdots&\cdots&\cdots&\cdots\\a_1^{n-1}&a_2^{n-1}&a_3^{n-1}&\cdots&a_n^{n-1}\end{vmatrix}$$

$$\xlongequal[(i=n,n-1,\cdots 2)]{r_i-a_1r_{i-1}}\begin{vmatrix}1&1&1&\cdots&1\\0&a_2-a_1&a_3-a_1&\cdots&a_n-a_1\\0&a_2(a_2-a_1)&a_3(a_3-a_1)&\cdots&a_n(a_n-a_1)\\\cdots&\cdots&\cdots&\cdots&\cdots\\0&a_2^{n-2}(a_2-a_1)&a_3^{n-2}(a_3-a_1)&\cdots&a_n^{n-2}(a_n-a_1)\end{vmatrix}$$

按第 1 列展开并提取公因子，得

$$V_n=(a_2-a_1)(a_3-a_1)\cdots(a_n-a_1)\begin{vmatrix}1&1&\cdots&1\\a_2&a_3&\cdots&a_n\\\cdots&\cdots&\cdots&\cdots\\a_2^{n-2}&a_3^{n-2}&\cdots&a_n^{n-2}\end{vmatrix}$$

上式右端的行列式是 $n-1$ 阶范德蒙行列式，故由归纳法假设，得

$$V_n=(a_2-a_1)(a_3-a_1)\cdots(a_n-a_1)\prod_{2\leqslant j<i\leqslant n}(a_i-a_j)=\prod_{1\leqslant j<i\leqslant n}(a_i-a_j)$$

于是，对任意 n 阶范德蒙行列式，结论成立.

1.4.6 化为范德蒙行列式计算

有的行列式可利用范德蒙行列式的结论计算，因此记住范德蒙行列式的结论是必要的.

例 9 计算行列式

$$\begin{vmatrix}a_1^n&a_1^{n-1}b_1&\cdots&a_1b_1^{n-1}&b_1^n\\a_2^n&a_2^{n-1}b^2&\cdots&a_2b_2^{n-1}&b_2^n\\\cdots&\cdots&\cdots&\cdots&\cdots\\a_n^n&a_n^{n-1}b^n&\cdots&a_nb_n^{n-1}&b_n^n\\a_{n+1}^n&a_{n+1}^{n-1}b^{n+1}&\cdots&a_{n+1}b_{n+1}^{n-1}&b_{n+1}^n\end{vmatrix}$$

其中 $a_i\neq0$，$b_i\neq0$，$i=1，2，\cdots，n+1$

解

$$\begin{vmatrix}a_1^n&a_1^{n-1}b_1&\cdots&a_1b_1^{n-1}&b_1^n\\a_2^n&a_2^{n-1}b^2&\cdots&a_2b_2^{n-1}&b_2^n\\\cdots&\cdots&\cdots&\cdots&\cdots\\a_n^n&a_n^{n-1}b^n&\cdots&a_nb_n^{n-1}&b_n^n\\a_{n+1}^n&a_{n+1}^{n-1}b_{n+1}&\cdots&a_{n+1}b_{n+1}^{n-1}&b_{n+1}^n\end{vmatrix}\underline{\underline{\text{第 } i \text{ 行提公因子 } a_i^n,(i=1,2,\cdots,n+1)}}$$

$$= \prod_{i=1}^{n+1} a_i^n \begin{vmatrix} 1 & \frac{b_1}{a_1} & \cdots & \left(\frac{b_1}{a_1}\right)^{n-1} & \left(\frac{b_1}{a_1}\right)^n \\ 1 & \frac{b_2}{a_2} & \cdots & \left(\frac{b_2}{a_2}\right)^{n-1} & \left(\frac{b_2}{a_2}\right)^n \\ \cdots & \cdots & \cdots & \cdots & \cdots \\ 1 & \frac{b_n}{a_n} & \cdots & \left(\frac{b_n}{a_n}\right)^{n-1} & \left(\frac{b_n}{a_n}\right)^n \\ 1 & \frac{b_{n+1}}{a_{n+1}} & \cdots & \left(\frac{b_{n+1}}{a_{n+1}}\right)^{n-1} & \left(\frac{b_{n+1}}{a_{n+1}}\right)^n \end{vmatrix}$$

$$= \prod_{i=1}^{n+1} a_i^n \prod_{1 \leqslant j < i \leqslant n+1} \left(\frac{b_i}{a_i} - \frac{b_j}{a_j}\right) = \prod_{1 \leqslant j < i \leqslant n+1} (a_j b_i - a_i b_j)$$

1.4.7 升阶（加边）法

给行列式加上一行和一列从而阶数升高，然后再对行列式进行化简计算的方法称为升阶法. 升阶法一般适合各列中只有对角线元不同的行列式.

例 10 用升阶法计算例 5 的行列式

$$D = \begin{vmatrix} x_1 & a_2 & a_3 & \cdots & a_n \\ a_1 & x_2 & a_3 & \cdots & a_n \\ \cdots & \cdots & \cdots & \cdots & \cdots \\ a_1 & a_2 & a_3 & \cdots & x_n \end{vmatrix} (x_i \neq a_i,\ i=1,\ 2,\ \cdots,\ n)$$

解

$$D = \begin{vmatrix} 1 & a_1 & a_2 & a_3 & \cdots & a_n \\ 0 & x_1 & a_2 & a_3 & \cdots & a_n \\ 0 & a_1 & x_2 & a_3 & \cdots & a_n \\ 0 & a_1 & a_2 & x_3 & \cdots & a_n \\ \cdots & \cdots & \cdots & \cdots & \cdots & \cdots \\ 0 & a_1 & a_2 & a_3 & \cdots & x_n \end{vmatrix}$$

$$\underline{\underline{r_i - r_1, (i=2,\cdots,n)}} \begin{vmatrix} 1 & a_1 & a_2 & a_3 & \cdots & a_n \\ -1 & x_1 - a_1 & 0 & 0 & \cdots & 0 \\ -1 & 0 & x_2 - a_2 & 0 & \cdots & 0 \\ -1 & 0 & 0 & x_3 - a_3 & \cdots & 0 \\ \cdots & \cdots & \cdots & \cdots & \cdots & \cdots \\ -1 & 0 & 0 & 0 & \cdots & x_n - a_n \end{vmatrix}$$

$$
=\prod_{i=1}^{n}(x_i-a_i)\begin{vmatrix} 1 & \frac{a_1}{x_1-a_1} & \frac{a_2}{x_2-a_2} & \frac{a_3}{x_3-a_3} & \cdots & \frac{a_n}{x_n-a_n} \\ -1 & 1 & 0 & 0 & \cdots & 0 \\ -1 & 0 & 1 & 0 & \cdots & 0 \\ -1 & 0 & 0 & 1 & \cdots & 0 \\ \cdots & \cdots & \cdots & \cdots & \cdots & \cdots \\ -1 & 0 & 0 & 0 & \cdots & 1 \end{vmatrix}
$$

$$
\xlongequal[(i=2,\ 3,\ \cdots,\ n+1)]{c_1+c_i}\prod_{i=1}^{n}(x_i-a_i)\begin{vmatrix} 1+\sum\limits_{i=1}^{n}\frac{a_i}{x_i-a_i} & \frac{a_1}{x_1-a_1} & \frac{a_2}{x_2-a_2} & \frac{a_3}{x_3-a_3} & \cdots & \frac{a_n}{x_n-a_n} \\ 0 & 1 & 0 & 0 & \cdots & 0 \\ 0 & 0 & 1 & 0 & \cdots & 0 \\ 0 & 0 & 0 & 1 & \cdots & 0 \\ \cdots & \cdots & \cdots & \cdots & \cdots & \cdots \\ 0 & 0 & 0 & 0 & \cdots & 1 \end{vmatrix}
$$

$$
=\left(1+\sum_{i=1}^{n}\frac{a_i}{x_i-a_i}\right)\prod_{i=1}^{n}(x_i-a_i)
$$

习题 1.4

1. 计算行列式

(1) $\begin{vmatrix} 1 & 1 & \cdots & 0 & 0 \\ 0 & 1 & \cdots & 0 & 0 \\ \cdots & \cdots & \cdots & \cdots & \cdots \\ 0 & 0 & \cdots & 1 & 1 \\ 1 & 0 & \cdots & 0 & 1 \end{vmatrix}$

(2) $\begin{vmatrix} 1 & 2 & 3 & \cdots & n-1 & n \\ 1 & -1 & 0 & \cdots & 0 & 0 \\ 0 & 2 & -2 & \cdots & 0 & 0 \\ \cdots & \cdots & \cdots & \cdots & \cdots & \cdots \\ 0 & 0 & 0 & \cdots & -(n-2) & 0 \\ 0 & 0 & 0 & \cdots & n-1 & -(n-1) \end{vmatrix}$

(3) $\begin{vmatrix} a_1 & b_1 & & & \\ & a_2 & b_2 & & \\ & & \ddots & \ddots & \\ & & & a_{n-1} & b_{n-1} \\ b_n & & & & a_n \end{vmatrix}$

(4) $\begin{vmatrix} 1+a_1 & 1 & 1 & \cdots & 1 \\ 1 & 1+a_2 & 1 & \cdots & 1 \\ 1 & 1 & 1+a_3 & \cdots & 1 \\ \cdots & \cdots & \cdots & \cdots & \cdots \\ 1 & 1 & 1 & \cdots & 1+a_n \end{vmatrix}$. $a_i \neq 0$, $(i=1, 2, \cdots, n)$

(5) $\begin{vmatrix} 1 & 0 & 0 & \cdots & 0 & b_1 \\ 0 & 1 & 0 & \cdots & 0 & b_2 \\ 0 & 0 & 1 & \cdots & 0 & b_3 \\ \cdots & \cdots & \cdots & \cdots & \cdots & \cdots \\ 0 & 0 & 0 & \cdots & 1 & b_n \\ a_1 & a_2 & a_3 & \cdots & a_n & 0 \end{vmatrix}$.

(6) $\begin{vmatrix} a_0 & 1 & 1 & \cdots & 1 \\ 1 & a_1 & 0 & \cdots & 0 \\ 1 & 0 & a_2 & \cdots & 0 \\ \cdots & \cdots & \cdots & \cdots & \cdots \\ 1 & 0 & 0 & \cdots & a_n \end{vmatrix}$ $a_i \neq 0$, $(i=1, 2, \cdots, n)$

(7) $\begin{vmatrix} x & 0 & 0 & \cdots & 0 & a_0 \\ -1 & x & 0 & \cdots & 0 & a_1 \\ 0 & -1 & x & \cdots & 0 & a_2 \\ \cdots & \cdots & \cdots & \cdots\cdots & \cdots & \cdots \\ 0 & 0 & 0 & \cdots & x & a_{n-2} \\ 0 & 0 & 0 & \cdots & -1 & x+a_{n-1} \end{vmatrix}$

(8) $\begin{vmatrix} a^n & (a-1)^n & (a-2)^n & \cdots & (a-n)^n \\ a^{n-1} & (a-1)^{n-1} & (a-2)^{n-1} & \cdots & (a-n)^{n-1} \\ \cdots & \cdots & \cdots & \cdots & \cdots \\ a & a-1 & a-2 & \cdots & a-n \\ 1 & 1 & 1 & \cdots & 1 \end{vmatrix}$

(9) $\begin{vmatrix} \lambda+a_1 & a_2 & a_3 & \cdots & a_n \\ a_1 & \lambda+a_2 & a_3 & \cdots & a_n \\ a_1 & a_2 & \lambda+a_3 & \cdots & a_n \\ \cdots & \cdots & \cdots & \cdots & \cdots \\ a_1 & a_2 & a_3 & \cdots & \lambda+a_n \end{vmatrix}$

(10) $D_{2n}=\begin{vmatrix} a & & & & & b \\ & \ddots & & & \iddots & \\ & & a & b & & \\ & & b & a & & \\ & \iddots & & & \ddots & \\ b & & & & & a \end{vmatrix}$

2. 证明 n 阶行列式

$$D_n=\begin{vmatrix} \alpha+\beta & \alpha\beta & 0 & \cdots & 0 & 0 \\ 1 & \alpha+\beta & \alpha\beta & \cdots & 0 & 0 \\ 0 & 1 & \alpha+\beta & \cdots & 0 & 0 \\ \cdots & \cdots & \cdots & \cdots & \cdots & \cdots \\ 0 & 0 & 0 & \cdots & \alpha+\beta & \alpha\beta \\ 0 & 0 & 0 & \cdots & 1 & \alpha+\beta \end{vmatrix}=\frac{\alpha^{n+1}-\beta^{n+1}}{\alpha-\beta}.\quad(\alpha\neq\beta)$$

1.5 克莱姆法则

本节我们将介绍行列式应用于含有 n 个未知数 n 个方程的线性方程组的唯一解的判定与求解的方法——克莱姆（Cramer）法则.

定理 1. 4 （克莱姆（Cramer）法则）若线性方程组

$$\begin{cases} a_{11}x_1+a_{12}x_2+\cdots+a_{1n}x_n=b_1 \\ a_{21}x_1+a_{22}x_2+\cdots+a_{2n}x_n=b_2 \\ \cdots\cdots\cdots\cdots\cdots\cdots \\ a_{n1}x_1+a_{n2}x_2+\cdots+a_{nn}x_n=b_n \end{cases}\tag{1.10}$$

的系数行列式

$$D=\begin{vmatrix} a_{11} & a_{12} & \cdots & a_{1n} \\ a_{21} & a_{22} & \cdots & a_{2n} \\ \cdots & \cdots & \cdots & \cdots \\ a_{n1} & a_{n2} & \cdots & a_{nn} \end{vmatrix}\neq 0$$

则它有唯一解

$$x_1=\frac{D_1}{D},\ x_2=\frac{D_2}{D},\ \cdots,\ x_n=\frac{D_n}{D} \tag{1.11}$$

其中 $D_j(j=1,2,\cdots,n)$ 是将 D 中的第 j 列元素依次换成（1. 10）的常数项所得到的行列式. 即

$$D_j=\begin{vmatrix} a_{11} & \cdots & a_{1,j-1} & b_1 & a_{1,j+1} & \cdots & a_{1n} \\ a_{21} & \cdots & a_{2,j-1} & b_2 & a_{2,j+1} & \cdots & a_{2n} \\ \cdots & \cdots & \cdots & \cdots & \cdots & \cdots & \cdots \\ a_{n1} & \cdots & a_{n,j-1} & b_n & a_{n,j+1} & \cdots & a_{nn} \end{vmatrix} \qquad (j=1,2,\cdots,n)$$

证 首先证明（1. 11）式是方程组（1. 10）的解，这只需将它们代入方程组中每个方程进行验证即可. 为代入时方便，将方程组简写为：

$$\sum_{j=1}^{n} a_{ij}x_j=b_i \qquad (i=1,2,\cdots,n) \tag{1.12}$$

将 D_j 按第 j 列展开：

$$D_j=\sum_{k=1}^{n} b_kA_{kj}$$

于是

$$x_j=\frac{D_j}{D}=\frac{1}{D}\sum_{k=1}^{n} b_kA_{kj}$$

将 x_j（$j=1,2,\cdots,n$）代入（1. 12）左端，得

$$\begin{aligned}\sum_{j=1}^{n} a_{ij}\frac{1}{D}\sum_{k=1}^{n} b_kA_{kj}&=\frac{1}{D}\sum_{j=1}^{n} a_{ij}\Big(\sum_{k=1}^{n} b_kA_{kj}\Big)=\frac{1}{D}\sum_{j=1}^{n}\sum_{k=1}^{n} a_{ij}b_kA_{kj}\\&=\frac{1}{D}\sum_{k=1}^{n}\sum_{j=1}^{n} a_{ij}b_kA_{kj}=\frac{1}{D}\sum_{k=1}^{n} b_k\sum_{j=1}^{n} a_{ij}A_{kj}\\&=\frac{1}{D}b_iD=b_i \qquad (i=1,2,\cdots,n)\end{aligned}$$

即（1. 11）是方程组（1. 10）的解.

再证明解的唯一性.

设 $x_j=c_j(j=1,2,\cdots,n)$ 是（1. 10）的解，故有

$$a_{i1}c_1+a_{i2}c_2+\cdots+a_{in}c_n=b_i \qquad (i=1,\ 2,\ \cdots,\ n)$$

以 A_{i1} 乘上式两端，得

$$A_{i1}a_{i1}c_1+A_{i1}a_{i2}c_2+\cdots+A_{i1}a_{in}c_n=A_{i1}b_i \qquad (i=1,\ 2,\ \cdots,\ n)$$

两边对 i 求和，有

$$c_1\sum_{i=1}^{n}A_{i1}a_{i1}+c_2\sum_{i=1}^{n}A_{i1}a_{i2}+\cdots+c_n\sum_{i=1}^{n}A_{i1}a_{in}=\sum_{i=1}^{n}A_{i1}b_i$$

由行列式按一行（列）展开定理及其推论有

$$c_1D+c_20+\cdots+c_n0=D_1$$

即

$$c_1D=D_1$$

于是

$$c_1=\frac{D_1}{D}$$

同理可得

$$c_2=\frac{D_2}{D},\ \cdots,\ c_n=\frac{D_n}{D}$$

即

$$c_j=\frac{D_j}{D} \qquad (j=1,\ 2,\ \cdots,\ n)$$

例 1 用克莱姆法则解方程组

$$\begin{cases}2x_1+x_2-5x_3+x_4=8\\ x_1-3x_2-6x_4=9\\ 2x_2-x_3+2x_4=-5\\ x_1+4x_2-7x_3+6x_4=0\end{cases}$$

解 因方程组的系数行列式

$$D=\begin{vmatrix}2&1&-5&1\\1&-3&0&-6\\0&2&-1&2\\1&4&-7&6\end{vmatrix}=27\neq0$$

故方程组有唯一解.

计算得

$$D_1=\begin{vmatrix}8&1&-5&1\\9&-3&0&-6\\-5&2&-1&2\\0&4&-7&6\end{vmatrix}=81$$

$$D_2=\begin{vmatrix}2&8&-5&1\\1&9&0&-6\\0&-5&-1&2\\1&0&-7&6\end{vmatrix}=-108$$

$$D_3=\begin{vmatrix}2&1&8&1\\1&-3&9&-6\\0&2&-5&2\\1&4&0&6\end{vmatrix}=-27$$

$$D_4=\begin{vmatrix}2&1&-5&8\\1&-3&0&9\\0&2&-1&-5\\1&4&-7&0\end{vmatrix}=27$$

于是方程组的解为

$$x_1=\frac{D_1}{D}=3,\ x_2=\frac{D_2}{D}=-4,\ x_3=\frac{D_3}{D}=-1,\ x_4=\frac{D_4}{D}=1$$

例 2 试讨论当 λ 取何值时线性方程组

$$\begin{cases}(\lambda-6)x_1+2x_2-2x_3=5\\2x_1+(\lambda-3)x_2-4x_3=-1\\-2x_1-4x_2+(\lambda-3)x_3=2\end{cases}$$

有唯一解.

解 系数行列式

$$D=\begin{vmatrix}\lambda-6&2&-2\\2&\lambda-3&-4\\-2&-4&\lambda-3\end{vmatrix}\overset{r_3+r_2}{=\!=}\begin{vmatrix}\lambda-6&2&-2\\2&\lambda-3&-4\\0&\lambda-7&\lambda-7\end{vmatrix}$$

$$=(\lambda-7)\begin{vmatrix}\lambda-6&2&-2\\2&\lambda-3&-4\\0&1&1\end{vmatrix}$$

$$\underline{\underline{c_3-c_2}}(\lambda-7)\begin{vmatrix}\lambda-6 & 2 & -4\\ 2 & \lambda-3 & -\lambda-1\\ 0 & 1 & 0\end{vmatrix}=(\lambda-7)\left(-\begin{vmatrix}\lambda-6 & 4\\ 2 & -\lambda-1\end{vmatrix}\right)$$

$$=(\lambda-7)(\lambda^2-5\lambda-14)=(\lambda-7)^2(\lambda+2)$$

故当$\lambda\neq7$且$\lambda\neq-2$时方程组有唯一解.

定义 1.7 若方程组（1.10）右边的常数项全为零：

$$\begin{cases}a_{11}x_1+a_{12}x_2+\cdots+a_{1n}x_n=0\\ a_{21}x_1+a_{22}x_2+\cdots+a_{2n}x_n=0\\ \cdots\cdots\cdots\cdots\cdots\cdots\cdots\cdots\cdots\cdots\cdots\\ a_{n1}x_1+a_{n2}x_2+\cdots+a_{nn}x_n=0\end{cases}\tag{1.13}$$

则称它为齐次线性方程组.

齐次线性方程组显然有零解：

$$x_1=x_2=\cdots=x_n=0$$

若x_1，x_2，…，x_n不全为零且使（1.13）成立，则称x_1，x_2，…，x_n为（1.13）的非零解. 下面我们要解决齐次线性方程组（1.13）除了零解外，是否还有非零解的问题.

若$D\neq0$，因n元齐次线性方程组（1. 13）的右边的常数全为零，于是$D_j=0$，由 Cramer 法则有

$$x_j=\frac{D_j}{D}=0 \qquad j=1,\ 2,\ \cdots,\ n$$

即齐次线性方程组（1.13）只有零解. 由此得到

推论 1 若n元齐次线性方程组（1.13）的系数行列式$D\neq0$，则（1.13）只有零解.

推论 2 若n元齐次线性方程组（1.13）有非零解，则其系数行列式$D=0$.

推论 2 是推论 1 的逆否命题. 它表明，$D=0$是齐次线性方程组（1.13）有非零解的必要条件. 在第三章我们将证明它亦是（1.13）有非零解的充分条件. 也就是说齐次线性方程组（1.13）有非零解的充要条件是系数行列式$D=0$；只有零解的充要条件是系数行列式$D\neq0$.

例 3 a，b，c满足什么条件时，线性方程组

$$\begin{cases}x_1+ax_2+a^2x_3=0\\ x_1+bx_2+b^2x_3=0\\ x_1+cx_2+c^2x_3=0\end{cases}$$

只有零解?

解 该方程组是齐次线性方程组，其系数行列式是3阶范德蒙行列式：

$$D=\begin{vmatrix}1 & a & a^2\\ 1 & b & b^2\\ 1 & c & c^2\end{vmatrix}=(b-a)(c-a)(c-b)$$

当$D\neq 0$时即a，b，c互不相同时原方程组只有零解.

应当指出，用克莱姆法则讨论线性方程组的解时，必须具备方程个数等于未知数个数这个条件.

习题1.5

1. 用克莱姆法则解下列方程组

(1) $\begin{cases}x_1+x_2+x_3+x_4=1\\ x_1+2x_2+3x_3+4x_4=5\\ x_1+2^2x_2+3^2x_3+4^2x_4=5^2\\ x_1+2^3x_2+3^3x_3+4^3x_4=5^3\end{cases}$

(2) $\begin{cases}x_1-x_2+x_3+5x_4=10\\ 2x_1+3x_2-x_3=-3\\ -x_1-4x_3+2x_4=-4\\ x_2+x_3+4x_4=3\end{cases}$

2. 讨论λ，μ为何值时，线性方程组$\begin{cases}\lambda x_1+x_2+x_3=1\\ x_1+\mu x_2+x_3=2\\ x_1+2\mu x_2+x_3=3\end{cases}$有唯一解.

3. a、b取何值时线性方程组$\begin{cases}ax_1+2x_2+3x_3=8\\ 2ax_1+2x_2+3x_3=10\\ x_1+2x_2+bx_3=5\end{cases}$有唯一解，并求出这个解.

4. 已知非齐次线性方程组

$$\begin{cases}x_1-x_2+3x_3=4\\ 2x_1+3x_2+x_3=1\\ 3x_1+2x_2+\mu x_3=5\end{cases}$$

有多个解，求μ的值.

5. 讨论a取何值时齐次线性方程组只有零解：

(1) $\begin{cases} ax_1+2x_2+2x_3=0 \\ 2x_1+ax_2+2x_3=0 \\ 2x_1+2x_2+ax_3=0 \end{cases}$

(2) $\begin{cases} (3-a)x_1+x_2+x_3=0 \\ (2-a)x_2-x_3=0 \\ 4x_1-2x_2+(1-a)x_3=0 \end{cases}$

习题一

（A）

一、填空题

1. 当i，j分别为________时，$3972i15j4$为偶排列.

2. $\begin{vmatrix} a_{11} & a_{12} & a_{13} \\ a_{21} & a_{22} & a_{23} \\ a_{31} & a_{32} & a_{33} \end{vmatrix}=d$，则$\begin{vmatrix} 4a_{31} & 4a_{32} & 4a_{33} \\ 2a_{21} & 2a_{22} & 2a_{23} \\ -a_{11} & -a_{12} & -a_{13} \end{vmatrix}=$________.

3. 设n阶行列式

$$D=|a_{ij}|=\begin{vmatrix} x & a & \cdots & a \\ a & x & \cdots & a \\ \cdots & \cdots & \cdots & \cdots \\ a & a & \cdots & x \end{vmatrix}$$

A_{ij}为元素a_{ij}的代数余子式（i，$j=1$，2，…，n）.

则$A_{n1}+A_{n2}+\cdots+A_{nn}=$________.

4. 已知4阶行列式的值为91，它的第一行元素为2，3，$t+1$，-5. 第一行元素的余子式依次为-1，0，6，9. 则$t=$________.

5. $\begin{vmatrix} 1 & -1 & 1 & x-1 \\ 1 & -1 & x+1 & -1 \\ 1 & x-1 & 1 & -1 \\ x+1 & -1 & 1 & -1 \end{vmatrix}=$________.

6. $\begin{vmatrix} z & y & x & 1 \\ 0 & 0 & 1 & x \\ 0 & 1 & 0 & y \\ 1 & 0 & 0 & z \end{vmatrix}=$________.

7. 5 阶行列式中，项 $a_{21}a_{14}a_{45}a_{52}a_{33}$ 所带的符号为________号.

8. 已知 n 阶行列式 D 某一行的元素都是4，且 $D=-12$，则 D 中所有元素的代数余子式之和 $\sum_{i=1}^{n}\sum_{j=1}^{n}A_{ij}=$________.

9. 方程 $f(x)=\begin{vmatrix} 1 & 1 & 1 & 1 \\ 1 & 2 & 3 & x \\ 1 & 4 & 9 & x^2 \\ 1 & 8 & 27 & x^3 \end{vmatrix}=0$ 的全部根为________.

10. 设

$$f(\lambda)=\begin{vmatrix} \lambda-a_{11} & -a_{12} & \cdots & -a_{1n} \\ -a_{21} & \lambda-a_{22} & \cdots & -a_{2n} \\ \cdots & \cdots & \cdots & \cdots \\ -a_{n1} & -a_{n2} & \cdots & \lambda-a_{nn} \end{vmatrix}$$

且

$$\begin{vmatrix} a_{11} & a_{12} & \cdots & a_{1n} \\ a_{21} & a_{22} & \cdots & a_{2n} \\ \cdots & \cdots & \cdots & \cdots \\ a_{n1} & a_{n2} & \cdots & a_{nn} \end{vmatrix}=a$$

则 $f(\lambda)$ 中，λ^n 的系数为________，λ^{n-1} 的系数为________，常数项为________.

二、单项选择题

1. 设 $\begin{vmatrix} a_{11} & a_{12} & \cdots & a_{1n} \\ a_{21} & a_{22} & \cdots & a_{2n} \\ \cdots & \cdots & \cdots & \cdots \\ a_{n1} & a_{n2} & \cdots & a_{nn} \end{vmatrix}=a$，则 $\begin{vmatrix} ka_{11} & ka_{12} & \cdots & ka_{1n} \\ ka_{21} & ka_{22} & \cdots & ka_{2n} \\ \cdots & \cdots & \cdots & \cdots \\ ka_{n1} & ka_{n2} & \cdots & ka_{nn} \end{vmatrix}=$（　　）

(A) a　　(B) ka　　(C) $k^n a$　　(D) 0

2. 设行列式 $D=\begin{vmatrix} a_{11} & a_{12} & \cdots & a_{1n} \\ a_{21} & a_{22} & \cdots & a_{2n} \\ \cdots & \cdots & \cdots & \cdots \\ a_{n1} & a_{n2} & \cdots & a_{nn} \end{vmatrix}=a$,则行列式

$$D_1=\begin{vmatrix} a_{1n} & a_{1,n-1} & \cdots & a_{11} \\ a_{2n} & a_{2,n-1} & \cdots & a_{21} \\ \cdots & \cdots & \cdots & \cdots \\ a_{nn} & a_{n,n-1} & \cdots & a_{n1} \end{vmatrix}=\_\_\_\_\_\_.$$

(A) a　(B) $-a$　(C) $(-1)^n a$　(D) $(-1)^{\frac{n(n-1)}{2}} a$

3. 各行元素之和为零的行列式的值（　　）.

(A) 一定为0 (B) 不一定为0 (C) 一定不为0　(D) 一定大于0

4. $\begin{vmatrix} 1 & 1 & \cdots & 1 & 1 & a_0 \\ 0 & 0 & \cdots & 0 & a_1 & 1 \\ 0 & 0 & \cdots & a_2 & 0 & 1 \\ \cdots & \cdots & \cdots & \cdots & \cdots & \cdots \\ 0 & a_{n-1} & \cdots & 0 & 0 & 1 \\ a_n & 0 & \cdots & 0 & 0 & 1 \end{vmatrix}=$（　　）. 其中 $a_1a_2\cdots a_n\neq 0$

(A) $\left(a_0-\sum_{i=1}^{n}\frac{1}{a_i}\right)a_1a_2\cdots a_n$

(B) $-\left(a_0-\sum_{i=1}^{n}\frac{1}{a_i}\right)a_1a_2\cdots a_n$

(C) $(-1)^n\left(a_0-\sum_{i=1}^{n}\frac{1}{a_i}\right)a_1a_2\cdots a_n$

(D) $(-1)^{\frac{n(n+1)}{2}}\left(a_0-\sum_{i=1}^{n}\frac{1}{a_i}\right)a_1a_2\cdots a_n$

5. 方程 $\begin{vmatrix} a_1 & a_2 & a_3 & a_4+x \\ a_1 & a_2 & a_3+x & a_4 \\ a_1 & a_2+x & a_3 & a_4 \\ a_1+x & a_2 & a_3 & a_4 \end{vmatrix}=0$ 的根为______.

(A) a_1+a_2, a_3+a_4　(B) 0, $a_1+a_2+a_3+a_4$

(C) $a_1a_2a_3a_4$, 0　(D) 0, $-a_1-a_2-a_3-a_4$

高等代数

6. $\begin{vmatrix} 1 & -1 & 0 & 1 \\ -1 & 0 & 2 & 1 \\ 1 & 1 & -1 & -2 \\ 3 & 0 & 1 & 2 \end{vmatrix}$，则 $3A_{31}-A_{32}+A_{33}+2A_{34}=$（　　）.

（A）4　　（B）-4　　（C）1　　（D）-1

7. 设 D 为 n 阶行列式，下列命题中错误的是________.

（A）若 D 中至少有 n^2-n+1 个元素为 0，则 $D=0$

（B）若 D 中每列元素之和均为 0，则 $D=0$

（C）若 D 中位于某 k 行及某 l 列的交点处的元素都为 0，且 $k+l>n$，则 $D=0$

（D）若 D 的主对角线和次对角线上的元素都为 0，则 $D=0$

8. 已知方程组

$$\begin{cases} tx_1+x_2=0 \\ 2x_1+x_3+x_4=0 \\ x_3+2x_4=0 \\ x_1+tx_3=0 \end{cases}$$

有非零解，则 $t=$（　　）.

（A）4　　（B）$\frac{1}{4}$　　（C）2　　（D）$\frac{1}{2}$

（B）

1. 求行列式 $\begin{vmatrix} 1 & 2 & 3 & \cdots & n \\ 1 & 2 & 0 & \cdots & 0 \\ 1 & 0 & 3 & \cdots & 0 \\ \cdots & \cdots & \cdots & \cdots & \cdots \\ 1 & 0 & 0 & \cdots & n \end{vmatrix}$ 中第一行元素的代数余子式之和 $A_{11}+A_{12}+\cdots+A_{1n}$.

2. 计算行列式

（1）$\begin{vmatrix} a_1+b_1 & a_2 & \cdots & a_n \\ a_1 & a_2+b_2 & \cdots & a_n \\ \cdots & \cdots & \cdots & \cdots \\ a_1 & a_2 & \cdots & a_n+b_n \end{vmatrix}$，$b_1b_2\cdots b_n\neq0$

(2) $\begin{vmatrix} x_1^2+1 & x_1x_2 & \cdots & x_1x_n \\ x_2x_1 & x_2^2+1 & \cdots & x_2x_n \\ \cdots & \cdots & \cdots & \cdots \\ x_nx_1 & x_nx_2 & \cdots & x_n^2+1 \end{vmatrix}$

(3) $\begin{vmatrix} a_1 & a_2 & a_3 & \cdots & a_n \\ b_2 & 1 & 0 & \cdots & 0 \\ b_3 & 0 & 1 & \cdots & 0 \\ \cdots & \cdots & \cdots & \cdots & \cdots \\ b_n & 0 & 0 & \cdots & 1 \end{vmatrix}$

(4) $\begin{vmatrix} 2 & -1 & & & & \\ -1 & 2 & -1 & & & \\ & -1 & 2 & \ddots & & \\ & & \ddots & \ddots & \ddots & \\ & & & \ddots & 2 & -1 \\ & & & & -1 & 2 \end{vmatrix}$

(5) $\begin{vmatrix} 2a & a^2 & 0 & \cdots & 0 & 0 \\ 1 & 2a & a^2 & \cdots & 0 & 0 \\ 0 & 1 & 2a & \cdots & 0 & 0 \\ \cdots & \cdots & \cdots & \cdots & \cdots & \cdots \\ 0 & 0 & 0 & \cdots & 2a & a^2 \\ 0 & 0 & 0 & \cdots & 1 & 2a \end{vmatrix}$

(6) $\begin{vmatrix} 1 & 1 & 1 & \cdots & 1 \\ a_1+1 & a_2+1 & a_3+1 & \cdots & a_n+1 \\ a_1^2+a_1 & a_2^2+a_2 & a_3^2+a_3 & \cdots & a_n^2+a_n \\ \cdots & \cdots & \cdots & \cdots & \cdots \\ a_1^{n-1}+a_1^{n-2} & a_2^{n-1}+a_2^{n-2} & a_3^{n-1}+a_3^{n-2} & \cdots & a_n^{n-1}+a_n^{n-2} \end{vmatrix}$

(7) $\begin{vmatrix} 1 & 2 & 3 & \cdots & n \\ 2 & 3 & 4 & \cdots & 1 \\ 3 & 4 & 5 & \cdots & 2 \\ \cdots & \cdots & \cdots & \cdots & \cdots \\ n & 1 & 2 & \cdots & n-1 \end{vmatrix}$

3. 判断下述线性方程组是否有唯一解：

$$\begin{cases} a_1x_1+a_2x_2+\cdots+a_nx_n=b_1 \\ a_1^2x_1+a_2^2x_2+\cdots+a_n^2x_n=b_2 \\ \cdots\cdots\cdots\cdots\cdots\cdots \\ a_1^nx_1+a_2^nx_2+\cdots+a_n^nx_n=b_n \end{cases}$$

其中 a_1，a_2，…，a_n 是互不相同的数，$a_i\neq 0(i=1,2,\cdots,n)$.

4. 解方程组

$$\begin{cases} x_1+a_1x_2+a_1^2x_3+\cdots+a_1^{n-1}x_n=b \\ x_1+a_2x_2+a_2^2x_3+\cdots+a_2^{n-1}x_n=b \\ \cdots\cdots\cdots\cdots\cdots\cdots \\ x_1+a_nx_2+a_n^2x_3+\cdots+a_n^{n-1}x_n=b \end{cases}$$

其中 a_1，a_2，…，a_n 是互不相同的数.

5. 证明一元 n 次函数由其图象上横坐标互不相同的 $n+1$ 个点唯一确定.

6. 已知 $f(x)=a_0+a_1x+a_2x^2+\cdots+a_nx^n$ 有 $n+1$ 个互不相同的零点，证明 $f(x)=0$.

第二章　矩阵

矩阵是线性代数的重要内容之一，它贯穿线性代数的各个部分. 同时它也是自然科学、工程技术和经济管理中应用十分广泛的数学工具. 本章主要介绍矩阵的概念、运算、初等变换和矩阵的秩.

2.1　矩阵及其运算

2.1.1　矩阵的概念

定义 2.1　由数域 P 中的 $m\times n$ 个数排成的 m 行 n 列的矩形数表：

$$\begin{pmatrix} a_{11} & a_{12} & \cdots & a_{1n} \\ a_{21} & a_{22} & \cdots & a_{2n} \\ \cdots & \cdots & \cdots & \cdots \\ a_{m1} & a_{m2} & \cdots & a_{mn} \end{pmatrix} \tag{2.1}$$

称为数域 P 上的 $m\times n$ 矩阵. 其中 $a_{ij}(i=1,2,\cdots,m;j=1,2,\cdots,n)$ 称为矩阵的第 i 行第 j 列的元素，i 称为元素的行标，j 称为元素的列标.

实数域上的矩阵称为实矩阵，复数域上的矩阵称为复矩阵. 本书只讨论实矩阵. 矩阵（2.1）可简写为 (a_{ij}) 或 $(a_{ij})_{m\times n}$，亦可用大写字母 A，B，C 或 $A_{m\times n}$，$B_{m\times n}$，$C_{m\times n}$ 等表示.

$m=n$ 时矩阵（2.1）称为 n **阶矩阵**或**方阵**. 方阵

$$A=\begin{pmatrix} a_{11} & a_{12} & \cdots & a_{1n} \\ a_{21} & a_{22} & \cdots & a_{2n} \\ \cdots & \cdots & \cdots & \cdots \\ a_{n1} & a_{n2} & \cdots & a_{nn} \end{pmatrix} \tag{2.2}$$

中由左上角至右下角的直线称为**主对角线**，$a_{ii}(i=1,2,\cdots,n)$称为**主对角元**. 由右上角至左下角的直线称为**副对角线**.

方阵中主对角线以外的元素全为零的矩阵

$$A=\begin{pmatrix} a_{11} & 0 & \cdots & 0 \\ 0 & a_{22} & \cdots & 0 \\ \cdots & \cdots & \cdots & \cdots \\ 0 & 0 & \cdots & a_{nn} \end{pmatrix}$$

称为**对角阵**，对角阵亦可记为 $\mathrm{diag}(a_{11},a_{22},\cdots,a_{nn})$. 今后在表示对角阵时，主对角元以外的零元可以不写，即简单地用

$$\begin{pmatrix} a_{11} & & & \\ & a_{22} & & \\ & & \ddots & \\ & & & a_{nn} \end{pmatrix}$$

来表示对角阵.

主对角元相等的对角阵

$$\begin{pmatrix} a & & & \\ & a & & \\ & & \ddots & \\ & & & a \end{pmatrix}$$

称为**数量矩阵**.

主对角元全为 1 的对角阵

$$\begin{pmatrix} 1 & & & \\ & 1 & & \\ & & \ddots & \\ & & & 1 \end{pmatrix}$$

称为 n **阶单位矩阵**. 记作 E(或 E_n)

$n=1$ 时，矩阵（2.1）称为**列矩阵**. 此时

$$A=\begin{pmatrix} a_{11} \\ a_{21} \\ \vdots \\ a_{m1} \end{pmatrix}$$

$m=1$ 时，矩阵（2.1）称为**行矩阵**. 此时

$$A=(a_{11}\quad a_{12}\quad \cdots\quad a_{1n})$$

$m=n=1$ 时，1 阶矩阵 $A=(a_{11})=a_{11}$ 为一个数.

元素全为零的矩阵称为**零矩阵**，记作 $O_{m\times n}$ 或 O，列矩阵中的零矩阵也常用 $\mathbf{0}$ 来记.

实际应用中有很多问题都可用矩阵来表示.

例 1　（运输问题）将某种产品从 m 个产地运到 n 个销地，设 a_{ij} 为由产地 $A_i(i=1, 2, \cdots, m)$ 到销地 $B_j(j=1, 2, \cdots, n)$ 的运量，则调运方案如下表：

调运量 \ 销地 \ 产地	B_1	B_2	$\cdots$	B_n
A_1	a_{11}	a_{12}	$\cdots$	a_{1n}
A_2	a_{21}	a_{22}	$\cdots$	a_{2n}
$\cdots$	$\cdots$	$\cdots$	$\cdots$	$\cdots$
A_m	a_{m1}	a_{m2}	$\cdots$	a_{mn}

上述调运方案可用矩阵简略地表示为：

$$\begin{pmatrix} a_{11} & a_{12} & \cdots & a_{1n} \\ a_{21} & a_{22} & \cdots & a_{2n} \\ \cdots & \cdots & \cdots & \cdots \\ a_{m1} & a_{m2} & \cdots & a_{mn} \end{pmatrix}$$

例 2　线性方程组

$$\begin{cases} a_{11}x_1+a_{12}x_2+\cdots+a_{1n}x_n=b_1 \\ a_{21}x_1+a_{22}x_2+\cdots+a_{2n}x_n=b_2 \\ \cdots\cdots\cdots\cdots\cdots\cdots\cdots\cdots\cdots\cdots \\ a_{m1}x_1+a_{m2}x_2+\cdots+a_{mn}x_n=b_m \end{cases} \tag{2.3}$$

的未知数的系数构成的矩阵

$$A=\begin{pmatrix} a_{11} & a_{12} & \cdots & a_{1n} \\ a_{21} & a_{22} & \cdots & a_{2n} \\ \cdots & \cdots & \cdots & \cdots \\ a_{m1} & a_{m2} & \cdots & a_{mn} \end{pmatrix}$$

是 $m\times n$ 矩阵，称为线性方程组（2.3）的系数矩阵.

将（2.3）的常数项添加到系数矩阵 A 中构成的矩阵

$$\begin{pmatrix} a_{11} & a_{12} & \cdots & a_{1n} & b_1 \\ a_{21} & a_{22} & \cdots & a_{2n} & b_2 \\ \cdots & \cdots & \cdots & \cdots & \cdots \\ a_{m1} & a_{m2} & \cdots & a_{mn} & b_m \end{pmatrix}$$

是 $m\times(n+1)$ 矩阵，称为线性方程组（2.3）的增广矩阵，记作 $\bar{A}$.

线性方程组（2.3）的第 i 个方程的未知数的系数及常数项构成行矩阵

$$(a_{i1},\ a_{i2},\ \cdots,\ a_{in},\ b_i)$$

线性方程组（2.3）的常数项构成列矩阵

$$B=\begin{pmatrix} b_1 \\ b_2 \\ \vdots \\ b_m \end{pmatrix}$$

方程组（2.3）的 n 个未知数构成列矩阵

$$X=\begin{pmatrix} x_1 \\ x_2 \\ \vdots \\ x_n \end{pmatrix}$$

2.1.2 矩阵的运算

两个具有相同行数和相同列数的矩阵称为同型矩阵.

定义 2.2 设两个同型矩阵 $A=(a_{ij})_{m\times n}$，$B=(b_{ij})_{m\times n}$，若它们的对应元素相等，即

$$a_{ij}=b_{ij}\quad (i=1,\ 2,\ \cdots,\ m;\ j=1,\ 2,\ \cdots,\ n)$$

则称矩阵 A 与 B 相等，记作 $A=B$.

1. 矩阵的加法

定义 2.3 设两个同型矩阵 $A=(a_{ij})_{m\times n}$，$B=(b_{ij})_{m\times n}$. 称矩阵 $(a_{ij}+b_{ij})_{m\times n}$ 为矩阵 A 与 B 的和，记作 $A+B$. 即

$$A+B=\begin{pmatrix} a_{11}+b_{11} & a_{12}+b_{12} & \cdots & a_{1n}+b_{1n} \\ a_{21}+b_{21} & a_{22}+b_{22} & \cdots & a_{2n}+b_{2n} \\ \cdots & \cdots & \cdots & \cdots \\ a_{m1}+b_{m1} & a_{m2}+b_{m2} & \cdots & a_{mn}+b_{mn} \end{pmatrix} \tag{2.4}$$

定义 2.4 设 $A=(a_{ij})_{m\times n}$，称矩阵 $(-a_{ij})_{m\times n}$ 为 A 的负矩阵，记作 $-A$. 即

$$-A=\begin{pmatrix} -a_{11} & -a_{12} & \cdots & -a_{1n} \\ -a_{21} & -a_{22} & \cdots & -a_{2n} \\ \cdots & \cdots & \cdots & \cdots \\ -a_{m1} & -a_{m2} & \cdots & -a_{mn} \end{pmatrix} \tag{2.5}$$

利用负矩阵可定义矩阵的减法：$A-B=A+(-B)$.

矩阵的加法满足运算律：

(1) $A+B=B+A$ （交换律）

(2) $(A+B)+C=A+(B+C)$ （结合律）

(3) $A+O=A$

(4) $A+(-A)=O$

2. **数与矩阵的乘法**

定义 2.5 设 $A=(a_{ij})_{m\times n}$，k 为数. 称矩阵 $(ka_{ij})_{m\times n}$ 为数 k 与矩阵 A 的数量乘积，简称数乘，记作 kA. 即

$$kA=\begin{pmatrix} ka_{11} & ka_{12} & \cdots & ka_{1n} \\ ka_{21} & ka_{22} & \cdots & ka_{2n} \\ \cdots & \cdots & \cdots & \cdots \\ ka_{m1} & ka_{m2} & \cdots & ka_{mn} \end{pmatrix} \tag{2.6}$$

由数乘运算定义，数量矩阵可记为

$$\begin{pmatrix} a & & & \\ & a & & \\ & & \ddots & \\ & & & a \end{pmatrix}=aE$$

矩阵的数乘运算满足运算律：

(1) $1A=A$

(2) $k(lA)=(kl)A=l(kA)$

(3) $(k+l)A=kA+lA$

(4) $k(A+B)=kA+kB$

其中 k, l 为数.

矩阵的加法与数乘运算统称为矩阵的**线性运算**.

例 3 设

$$A=\begin{pmatrix} 3 & 2 & 1 \\ 0 & -1 & 2 \end{pmatrix},\ B=\begin{pmatrix} 2 & 1 & 1 \\ 3 & 1 & 2 \end{pmatrix}$$

求 $2A+3B$

解

$$2A+3B=2\begin{pmatrix}3&2&1\\0&-1&2\end{pmatrix}+3\begin{pmatrix}2&1&1\\3&1&2\end{pmatrix}$$

$$=\begin{pmatrix}6&4&2\\0&-2&4\end{pmatrix}+\begin{pmatrix}6&3&3\\9&3&6\end{pmatrix}=\begin{pmatrix}12&7&5\\9&1&10\end{pmatrix}$$

3. 矩阵的乘法

定义 2.6 设 $A=(a_{ik})_{m\times s}$，$B=(b_{kj})_{s\times n}$，矩阵 $C=(c_{ij})_{m\times n}$ 称为矩阵 A 与 B 的乘积，即

$$C=(c_{ij})_{m\times n}=AB$$

其中

$$c_{ij}=\sum_{k=1}^{s}a_{ik}b_{kj}\qquad(i=1,2,\cdots,m;\ j=1,2,\cdots,n)\tag{2.7}$$

注：1° 只有当矩阵 A 的列数与矩阵 B 的行数相等时 AB 才有意义；

2° $A_{m\times s}$ 与 $B_{s\times n}$ 的乘积是一个 $m\times n$ 矩阵 $C=(c_{ij})_{m\times n}$，其位于第 i 行第 j 列的元素 c_{ij} 等于前一因子 A 的第 i 行元素与后一因子 B 的第 j 列的对应元素乘积之和.

例 4 设

$$A=\begin{pmatrix}1&-1&0\\2&1&1\end{pmatrix},\ B=\begin{pmatrix}1&1&0&-1\\0&-1&2&3\\3&1&1&1\end{pmatrix}$$

求 AB.

解 因 A 为 2×3 矩阵，B 为 3×4 矩阵，故 AB 有意义，且 AB 为 2×4 矩阵：

$$AB=\begin{pmatrix}1&-1&0\\2&1&1\end{pmatrix}\begin{pmatrix}1&1&0&-1\\0&-1&2&3\\3&1&1&1\end{pmatrix}=$$

$$\begin{pmatrix}1\times1+(-1)\times0+0\times3&1\times1+(-1)\times(-1)+0\times1&1\times0+(-1)\times2+0\times1&1\times(-1)+(-1)\times3+0\times1\\2\times1+1\times0+1\times3&2\times1+1\times(-1)+1\times1&2\times0+1\times2+1\times1&2\times(-1)+1\times3+1\times1\end{pmatrix}$$

$$=\begin{pmatrix}1&2&-2&-4\\5&2&3&2\end{pmatrix}$$

本例中，因 B 的列数不等于 A 的行数，所以 BA 无意义.

例5 计算 AB 与 BA，其中

（1）$A=\begin{pmatrix}2&-1&1\\1&0&1\end{pmatrix}$，$B=\begin{pmatrix}1&0\\1&1\\0&-1\end{pmatrix}$；

（2）$A=\begin{pmatrix}1&-1\\1&1\end{pmatrix}$，$B=\begin{pmatrix}2&1\\0&1\end{pmatrix}$.

解（1）
$$AB=\begin{pmatrix}2&-1&1\\1&0&1\end{pmatrix}\begin{pmatrix}1&0\\1&1\\0&-1\end{pmatrix}=\begin{pmatrix}1&-2\\1&-1\end{pmatrix}$$

$$BA=\begin{pmatrix}1&0\\1&1\\0&-1\end{pmatrix}\begin{pmatrix}2&-1&1\\1&0&1\end{pmatrix}=\begin{pmatrix}2&-1&1\\3&-1&2\\-1&0&-1\end{pmatrix}$$

（2）
$$AB=\begin{pmatrix}1&-1\\1&1\end{pmatrix}\begin{pmatrix}2&1\\0&1\end{pmatrix}=\begin{pmatrix}2&0\\2&2\end{pmatrix}$$

$$BA=\begin{pmatrix}2&1\\0&1\end{pmatrix}\begin{pmatrix}1&-1\\1&1\end{pmatrix}=\begin{pmatrix}3&-1\\1&1\end{pmatrix}$$

例4中，因 B 的列数不等于 A 的行数，故 BA 无意义；例5（1）中，即使 AB、BA 都有意义，但它们的阶数不相同；例5（2）中，AB 与 BA 都有意义且阶数也相同，但 $AB\neq BA$. 可见矩阵乘法不满足交换律. 因此用一个矩阵去乘另一个矩阵时一定要指明是“左乘”还是“右乘”.

许多对于数的乘法满足的运算律，对矩阵乘法不再成立. 在矩阵乘法中要注意以下几点：

1° 一般情况下交换律不成立. 即 AB 不一定等于 BA；

2° 一般情况下，消去律不成立. 即便 $AB=AC$，$A\neq O$，也不一定有 $B=C$.

例如，取

$$A=\begin{pmatrix}1&-1\\-1&1\end{pmatrix},\ B=\begin{pmatrix}2&1\\-1&1\end{pmatrix},\ C=\begin{pmatrix}1&2\\-2&2\end{pmatrix}$$

计算知：$AB=AC$，但 $B\neq C$.

3° 两个非零矩阵的乘积也可能是零矩阵. 换一句话说，即便 $AB=O$ 也不一定有 $A=O$ 或 $B=O$.

例如，取

$$A=\begin{pmatrix}1&-1\\-1&1\end{pmatrix},\ B=\begin{pmatrix}2&2\\2&2\end{pmatrix}$$

计算知：$AB=O$，但 $A\neq O$ 且 $B\neq O$.

虽然一般而言交换律不成立，但对某些特殊矩阵来说，仍然可能有 $AB=BA$. 例如对于两个 n 阶对角矩阵

$$A=\begin{pmatrix} a_1 & & & \\ & a_2 & & \\ & & \ddots & \\ & & & a_n \end{pmatrix} \text{及 } B=\begin{pmatrix} b_1 & & & \\ & b_2 & & \\ & & \ddots & \\ & & & b_n \end{pmatrix}$$

显然有

$$AB=BA=\begin{pmatrix} a_1b_1 & & & \\ & a_2b_2 & & \\ & & \ddots & \\ & & & a_nb_n \end{pmatrix}$$

若 $AB=BA$ 则称矩阵 A 与 B 可交换. 上式说明：两个同阶对角矩阵可交换.

容易验证：

$$E_mA_{m\times n}=A_{m\times n}E_n \tag{2.8}$$

即单位矩阵在矩阵乘法中所起的作用与数 1 在数的乘法中所起的作用相当，显然，当 $m=n$ 时，单位矩阵与同阶方阵可交换.

对于数量矩阵，有

$$(aE)A=A(aE)=aA$$

即 n 阶数量矩阵与 n 阶方阵可交换，且乘积的结果等于数乘矩阵.

矩阵的乘法运算满足运算律：

(1) $(AB)C=A(BC)$ （结合律）

(2) $A(B+C)=AB+AC$ （左分配律）

(3) $(B+C)A=BA+CA$ （右分配律）

(4) $k(AB)=(kA)B=A(kB)$ （数乘结合律）

利用定义容易验证上述运算律. 下面仅给出 (1) 的证明.

证 设

$$A=(a_{ik})_{m\times s},\quad B=(b_{kl})_{s\times t},\quad C=(c_{lj})_{t\times n}$$

则$(AB)C$与$A(BC)$都是 $m\times n$ 矩阵. 下证$(AB)C$与$A(BC)$的位于第 i 行第 j 列的元素相等.

记

$$V=AB=(v_{il})_{m\times t},\quad W=BC=(w_{kj})_{s\times n}$$

则

$$v_{il}=\sum_{k=1}^{s}a_{ik}b_{kl}$$

$$w_{kj}=\sum_{l=1}^{t}b_{kl}c_{lj}$$

将矩阵的第 i 行第 j 列的元素简记为 (i,j) 元.

$(AB)C$ 的 (i,j) 元为

$$\sum_{l=1}^{t}v_{il}c_{lj}=\sum_{l=1}^{t}\left(\sum_{k=1}^{s}a_{ik}b_{kl}\right)c_{lj}=\sum_{l=1}^{t}\sum_{k=1}^{s}a_{ik}b_{kl}c_{lj}$$

$A(BC)$ 的 (i,j) 元为

$$\sum_{k=1}^{s}a_{ik}w_{kj}=\sum_{k=1}^{s}a_{ik}\left(\sum_{l=1}^{t}b_{kl}c_{lj}\right)=\sum_{k=1}^{s}\sum_{l=1}^{t}a_{ik}b_{kl}c_{lj}=\sum_{l=1}^{t}\sum_{k=1}^{s}a_{ik}b_{kl}c_{lj}$$

即

$(AB)C$ 的 $(i,\ j)$ 元 $=A(BC)$ 的 $(i,\ j)$ 元

于是

$$(AB)C=A(BC)$$

例 6 根据矩阵乘法及矩阵相等的定义，线性方程组

$$\begin{cases}a_{11}x_1+a_{12}x_2+\cdots+a_{1n}x_n=b_1\\a_{21}x_1+a_{22}x_2+\cdots+a_{2n}x_n=b_2\\\cdots\cdots\cdots\cdots\cdots\cdots\cdots\cdots\cdots\cdots\cdots\\a_{m1}x_1+a_{m2}x_2+\cdots+a_{mn}x_n=b_m\end{cases}$$

可表示为矩阵形式

$$AX=B$$

其中

$$A=\begin{pmatrix}a_{11}&a_{12}&\cdots&a_{1n}\\a_{21}&a_{22}&\cdots&a_{2n}\\\cdots&\cdots&\cdots&\cdots\\a_{m1}&a_{m2}&\cdots&a_{mn}\end{pmatrix},\ X=\begin{pmatrix}x_1\\x_2\\\vdots\\x_n\end{pmatrix},\ B=\begin{pmatrix}b_1\\b_2\\\vdots\\b_m\end{pmatrix}$$

分别为系数矩阵，未知数矩阵，右端常数项矩阵.

例 7 在空间坐标变换公式

$$\begin{cases}x_1=a_{11}y_1+a_{12}y_2+a_{13}y_3\\x_2=a_{21}y_1+a_{22}y_2+a_{23}y_3\\x_3=a_{31}y_1+a_{32}y_2+a_{33}y_3\end{cases}\quad 与\quad\begin{cases}y_1=b_{11}z_1+b_{12}z_2+b_{13}z_3\\y_2=b_{21}z_1+b_{22}z_2+b_{23}z_3\\y_3=b_{31}z_1+b_{32}z_2+b_{33}z_3\end{cases}$$

中，令

$$A=\begin{pmatrix}a_{11}&a_{12}&a_{13}\\a_{21}&a_{22}&a_{23}\\a_{31}&a_{32}&a_{33}\end{pmatrix},B=\begin{pmatrix}b_{11}&b_{12}&b_{13}\\b_{21}&b_{22}&b_{23}\\b_{31}&b_{32}&b_{33}\end{pmatrix},X=\begin{pmatrix}x_1\\x_2\\x_3\end{pmatrix},Y=\begin{pmatrix}y_1\\y_2\\y_3\end{pmatrix},Z=\begin{pmatrix}z_1\\z_2\\z_3\end{pmatrix}$$

其中 A，B 分别称为坐标变换矩阵. 类似于例 6，上述两个坐标变换公式可依次表示为矩阵形式

$$X=AY,\quad Y=BZ$$

由矩阵乘法容易得到由 X 到 Z 的变换公式为

$$X=AY=A(BZ)=(AB)Z=CZ$$

其中变换矩阵为

$$C=AB$$

有了矩阵乘法，下面来定义方阵的乘幂.

定义 2.7 设 A 为 n 阶方阵，k 为正整数. 称 k 个 A 的连乘积为 A 的 k 次幂，记作 A^k. 即

$$A^k=AA\cdots A \tag{2.9}$$

并规定

$$A^0=E$$

容易验证方阵的幂满足下列运算律：

(1) $A^kA^l=A^{k+l}$

(2) $(A^k)^l=A^{kl}$

其中 k、l 为正整数.

由于矩阵乘法不满足交换律，所以对于同阶方阵 A、B，一般 $(AB)^k\neq A^kB^k$.

初等数学中一些熟知的乘法公式，在矩阵运算中一般也不成立. 例如

$$\begin{aligned}(A+B)^2&=(A+B)(A+B)=A(A+B)+B(A+B)\\&=A^2+AB+BA+B^2\end{aligned}$$

而一般

$$AB\neq BA$$

所以一般情况下

$$(A+B)^2\neq A^2+2AB+B^2$$

但容易证明：$AB=BA$ 是乘法公式

$$(A+B)^2=A^2+2AB+B^2$$

成立的充要条件.

设

$$f(x)=a_mx^m+a_{m-1}x^{m-1}+\cdots+a_1x+a_0(a_m\neq 0)$$

为 m 次多项式，A 为 n 阶矩阵，则称

$$f(A)=a_mA^m+a_{m-1}A^{m-1}+\cdots+a_1A+a_0E$$

为矩阵多项式.

例 8 设

$$f(x)=x^2-3x+5,\ A=\begin{pmatrix}2&1\\1&-1\end{pmatrix}$$

求 $f(A)$.

解

$$f(A)=A^2-3A+5E=\begin{pmatrix}2&1\\1&-1\end{pmatrix}^2-3\begin{pmatrix}2&1\\1&-1\end{pmatrix}+5\begin{pmatrix}1&0\\0&1\end{pmatrix}$$

$$=\begin{pmatrix}5&1\\1&2\end{pmatrix}-\begin{pmatrix}6&3\\3&-3\end{pmatrix}+\begin{pmatrix}5&0\\0&5\end{pmatrix}=\begin{pmatrix}4&-2\\-2&10\end{pmatrix}$$

例 9 设

$$A=\begin{pmatrix}1&0\\\lambda&1\end{pmatrix}$$

求 A^n.

解 对矩阵的阶数 n 使用数学归纳法：

1° $n=2$ 时

$$A^2=\begin{pmatrix}1&0\\\lambda&1\end{pmatrix}\begin{pmatrix}1&0\\\lambda&1\end{pmatrix}=\begin{pmatrix}1&0\\2\lambda&1\end{pmatrix}$$

2° 设 $n-1$ 阶时

$$A^{n-1}=\begin{pmatrix}1&0\\(n-1)\lambda&1\end{pmatrix}$$

3° n 阶时

$$A^n=A^{n-1}A=\begin{pmatrix}1&0\\(n-1)\lambda&1\end{pmatrix}\begin{pmatrix}1&0\\\lambda&1\end{pmatrix}=\begin{pmatrix}1&0\\n\lambda&1\end{pmatrix}$$

例 10 设

$$P=\begin{pmatrix}1\\0\\-1\end{pmatrix},\ Q=(3,1,1),\ A=PQ$$

求 A^n.

解 因为

$$PQ=\begin{pmatrix}1\\0\\-1\end{pmatrix}(3,1,1)=\begin{pmatrix}3&1&1\\0&0&0\\-3&-1&-1\end{pmatrix}$$

$$QP=(3,1,1)\begin{pmatrix}1\\0\\-1\end{pmatrix}=2$$

所以

$$\begin{aligned}A^n&=(PQ)^n=PQ\cdot PQ\cdot\cdots\cdot PQ=P(QP)(QP)\cdots(QP)Q\\&=P(QP)^{n-1}Q=(QP)^{n-1}PQ=2^{n-1}\begin{pmatrix}3&1&1\\0&0&0\\-3&-1&-1\end{pmatrix}\end{aligned}$$

4. **矩阵的转置**

定义 2.8 将

$$A=(a_{ij})_{m\times n}=\begin{pmatrix}a_{11}&a_{12}&\cdots&a_{1n}\\a_{21}&a_{22}&\cdots&a_{2n}\\\cdots&\cdots&\cdots&\cdots\\a_{m1}&a_{m2}&\cdots&a_{mn}\end{pmatrix}$$

的行依次排为列、列排为行所得的 $n\times m$ 矩阵

$$\begin{pmatrix}a_{11}&a_{21}&\cdots&a_{m1}\\a_{12}&a_{22}&\cdots&a_{m2}\\\cdots&\cdots&\cdots&\cdots\\a_{1n}&a_{2n}&\cdots&a_{mn}\end{pmatrix}$$

称为 A 的转置矩阵，记作 A^T. 即

$$A^T=\begin{pmatrix}a_{11}&a_{21}&\cdots&a_{m1}\\a_{12}&a_{22}&\cdots&a_{m2}\\\cdots&\cdots&\cdots&\cdots\\a_{1n}&a_{2n}&\cdots&a_{mn}\end{pmatrix}\tag{2.10}$$

显然，A^T 的第 i 行第 j 列元素等于 A 的第 j 行第 i 列元素.

矩阵的转置运算满足运算律:

(1) $(A^T)^T=A$

(2) $(A+B)^T=A^T+B^T$

(3) $(kA)^T=kA^T$ (k 为常数)

(4) $(AB)^T=B^TA^T$

利用矩阵转置的定义，运算律(1),(2),(3)容易验证. 以下只证 (4).

证 设

$$A=(a_{ik})_{m\times s},\ B=(b_{kj})_{s\times n}$$

易知 $(AB)^T$ 和 B^TA^T 都是 $n\times m$ 矩阵. 于是只需证 $(AB)^T$ 和 B^TA^T 的位于第 i 行第 j 列的元素相等.

因 $(AB)^T$ 的 (i, j) 元就是 AB 的 (j, i) 元即是 A 的第 j 行与 B 的第 i 列的对应元素乘积之和:

$$a_{j1}b_{1i}+a_{j2}b_{2i}+\cdots+a_{js}b_{si} \tag{2.11}$$

B^TA^T 的 (i, j) 元是 B^T 的第 i 行与 A^T 的第 j 列对应元素乘积之和，即是 B 的第 i 列与 A 的第 j 行的对应元素乘积之和:

$$b_{1i}a_{j1}+b_{2i}a_{j2}+\cdots+b_{si}a_{js} \tag{2.12}$$

显然 (2.11) 与 (2.12) 两式相等即 $(AB)^T$ 和 B^TA^T 的位于第 i 行第 j 列的元素相等，所以 (4) 成立.

2.1.3 对称与反对称矩阵

定义 2.9 设 A 为 n 阶矩阵，若 $A^T=A$，则称 A 为对称矩阵；若 $A^T=-A$，则称 A 为反对称矩阵.

根据上述定义容易得到以下结论:

n 阶矩阵 $A=(a_{ij})$ 为对称矩阵的充要条件是 $a_{ij}=a_{ji}(i, j=1, 2, \cdots, n)$.

n 阶矩阵 $A=(a_{ij})$ 为反对称矩阵的充要条件是 $a_{ij}=-a_{ji}(i, j=1, 2, \cdots, n)$.

即对称矩阵为

$$\begin{pmatrix} a_{11} & a_{12} & \cdots & a_{1n} \\ a_{12} & a_{22} & \cdots & a_{2n} \\ \cdots & \cdots & \cdots & \cdots \\ a_{1n} & a_{2n} & \cdots & a_{nn} \end{pmatrix}$$

反对称矩阵为

$$\begin{pmatrix} 0 & a_{12} & \cdots & a_{1n} \\ -a_{12} & 0 & \cdots & a_{2n} \\ \cdots & \cdots & \cdots & \cdots \\ -a_{1n} & -a_{2n} & \cdots & 0 \end{pmatrix}$$

容易证明对称矩阵与反对称矩阵的性质：

设 A，B 都是 n 阶对称矩阵，则

（1）$A \pm B$ 为对称矩阵；

（2）kA 为对称矩阵（k 为数）；

（3）A^m 为对称阵（m 为正整数）；

设 A，B 都是 n 阶反对称矩阵，则

（1）$A \pm B$ 为反对称矩阵；

（2）kA 为反对称矩阵（k 为数）；

（3）当 m 为奇数时，A^m 为反对称矩阵；当 m 为偶数时，A^m 为对称矩阵.

例 11 设 A 为 n 阶方阵，证明：

（1）$A + A^T$ 为对称矩阵，$A - A^T$ 为反对称矩阵；

（2）任一 n 阶方阵 A 都可表示为一个对称矩阵与一个反对称矩阵之和.

证（1）因

$$A + A^T = (A + A^T)^T = A^T + A = A + A^T$$

故 $A + A^T$ 为对称矩阵.

因

$$(A - A^T)^T = A^T + (-A^T)^T = A^T - A = -(A - A^T)$$

故 $A - A^T$ 为反对称矩阵.

（2）由(1)易知$\dfrac{A + A^T}{2}$是对称矩阵，$\dfrac{A - A^T}{2}$是反对称矩阵，于是

$$A = \frac{A + A^T}{2} + \frac{A - A^T}{2}$$

即 A 等于一个对称矩阵与一个反对称矩阵之和.

习题 2.1

1. 求 X，使

$$\begin{pmatrix} 2 & 1 & 1 \\ 3 & 1 & 2 \\ 1 & 0 & 1 \end{pmatrix} + X - 2\begin{pmatrix} 2 & 3 & 0 \\ -1 & 0 & -1 \\ 2 & -1 & 1 \end{pmatrix} = \begin{pmatrix} 1 & 2 & 3 \\ 4 & 5 & 6 \\ -3 & -1 & 2 \end{pmatrix}$$

2. 设$\begin{pmatrix} a & -1 \\ 2 & b+c \end{pmatrix} - \begin{pmatrix} 0 & 1 \\ 2 & -1 \end{pmatrix} = \begin{pmatrix} 2 & d-a \\ b & 1 \end{pmatrix}$，求 a，b，c，d 的值.

3. 计算

(1) $(3,\ 1,\ -1)\begin{pmatrix}2\\0\\1\end{pmatrix}$

(2) $\begin{pmatrix}1\\0\\2\end{pmatrix}(0,\ 1,\ -1)$

(3) $\begin{pmatrix}1 & -4 & 2\\-1 & 4 & -2\end{pmatrix}\begin{pmatrix}1 & 2\\-1 & 3\\5 & -2\end{pmatrix}$

(4) $\begin{pmatrix}8 & 0 & -1\\2 & 4 & 1\\-3 & -2 & 1\end{pmatrix}\begin{pmatrix}1\\-2\\3\end{pmatrix}$

(5) $(x_1,\ x_2,\ x_3)\begin{pmatrix}a_{11} & a_{12} & a_{13}\\a_{21} & a_{22} & a_{23}\\a_{31} & a_{32} & a_{33}\end{pmatrix}\begin{pmatrix}x_1\\x_2\\x_3\end{pmatrix}$ $(a_{ij}=a_{ji},\ i,\ j=1,\ 2,\ 3)$

(6) $\begin{pmatrix}a_{11} & a_{12} & a_{13}\\a_{21} & a_{22} & a_{23}\\a_{31} & a_{32} & a_{33}\end{pmatrix}\begin{pmatrix}1\\1\\1\end{pmatrix}$

(7) $(1,\ 1,\ 1)\begin{pmatrix}a_{11} & a_{12} & a_{13}\\a_{21} & a_{22} & a_{23}\\a_{31} & a_{32} & a_{33}\end{pmatrix}$

4. 计算

(1) $\begin{pmatrix}1 & -1\\1 & -1\end{pmatrix}^2$ (2) $\begin{pmatrix}1 & 1\\0 & 0\end{pmatrix}^2$ (3) $\begin{pmatrix}1 & 1\\0 & 1\end{pmatrix}^n$

(4) $\begin{pmatrix}\lambda & 1 & 0\\0 & \lambda & 1\\0 & 0 & \lambda\end{pmatrix}^n$ (5) $\begin{pmatrix}1 & -1 & -1 & -1\\-1 & 1 & -1 & -1\\-1 & -1 & 1 & -1\\-1 & -1 & -1 & 1\end{pmatrix}^n$

5. 设$f(x)=x^2-5x+6$，$A=\begin{pmatrix}1 & -2\\1 & 4\end{pmatrix}$，求$f(A)$.

6. 设

$$A=\begin{pmatrix}1 & 1\\ 0 & 1\end{pmatrix}$$

求所有与 A 可交换的矩阵.

7. 设 A、B 为同阶方阵. 证明：$(A+B)^2=A^2+2AB+B^2$ 的充分必要条件是 A、B 可交换.

8. 证明：

(1) 若 B_1，B_2 都与 A 可交换，则 B_1+B_2，B_1B_2 都与 A 可交换；

(2) 若 B 与 A 可交换，则 B 的多项式 $f(B)$ 与 A 可交换.

其中 $f(x)=a_nx^n+a_{n-1}x^{n-1}+\cdots+ax+a_0$，$(n\neq 0)$

9. 若 $A=\frac{1}{2}(B+E)$. 证明：$A^2=A$ 的充要条件是 $B^2=E$.

10. 设 A 为 n 阶对称矩阵，B 为 n 阶反对称矩阵. 证明：

(1) $AB-BA$ 是对称矩阵；

(2) $AB+BA$ 是反对称矩阵.

11. 设

$$\alpha=(1,\ 2,\ 3),\ \beta=\left(1,\ \frac{1}{2},\ \frac{1}{3}\right)$$

(1) 计算 $\alpha\beta^T$；

(2) 设 $A=\alpha^T\beta$，求 A^n.

2.2 逆矩阵

在上一节中我们定义了矩阵的加法、减法、数乘、乘法、转置运算，那么，我们自然会想到矩阵是否具有除法运算呢？回答是否定的，即矩阵没有除法运算. 矩阵没有除法运算，那么矩阵方程例如 $AX=B$ 又如何求解呢？我们知道，数是具有除法运算的，如果 $ab=c$，当 $a\neq 0$ 时，就有 $b=\frac{c}{a}$，或者用 a^{-1} 乘两边：$a^{-1}ab=a^{-1}c$，得 $b=a^{-1}c$，这里 a^{-1} 是 a 的倒数亦称为 a 的逆，它满足 $aa^{-1}=a^{-1}a=1$. 由于矩阵没有除法运算，因此矩阵运算不能出现除法的形式 $\frac{A}{B}$！但是矩阵 A 是否具有类似于数的逆的矩阵 A^{-1}，它满足 $AA^{-1}=A^{-1}A=E$，如果是的话，那么矩阵方程 $AX=B$ 的解就容易得到了. 为解决这一问题，本节将讨论矩阵的逆矩阵的定义、性质、求法与应用.

2.2.1 方阵的行列式

定义 2.10 设 A 为 n 阶方阵，A 的元素保持其原有位置不变所构成的 n 阶行列式称为方阵 A 的行列式，记作 $|A|$ 或 $\det A$. 如果

$$A=\begin{pmatrix} a_{11} & a_{12} & \cdots & a_{1n} \\ a_{21} & a_{22} & \cdots & a_{2n} \\ \cdots & \cdots & \cdots & \cdots \\ a_{n1} & a_{n2} & \cdots & a_{nn} \end{pmatrix}$$

则

$$|A|=\begin{vmatrix} a_{11} & a_{12} & \cdots & a_{1n} \\ a_{21} & a_{22} & \cdots & a_{2n} \\ \cdots & \cdots & \cdots & \cdots \\ a_{n1} & a_{n2} & \cdots & a_{nn} \end{vmatrix}$$

显然，方阵 A 与行列式 $|A|$ 是两个不同的概念. A 是一个数表，而 $|A|$ 是一个数.

可以证明（证略）方阵的行列式有以下性质（设 A，B 为 n 阶方阵，k 为数）：

（1） $|A^T|=|A|$；

（2） $|kA|=k^n|A|$；

（3） $|AB|=|A||B|$.

由方阵的行列式的性质（3）可以得到：$|AB|=|BA|$. 这就是说，即便 $AB\neq BA$，但它们的行列式却是相等的.

定义 2.11 称行列式不为零的矩阵为**非奇异矩阵**，行列式为零的矩阵为**奇异矩阵**.

2.2.2 可逆矩阵与逆矩阵

定义 2.12 设 A 为 n 阶矩阵，若存在 n 阶矩阵 B，使得

$$AB=BA=E$$

则称 A 为**可逆矩阵**，并称 B 为 A 的**逆矩阵**.

上述定义中由 A，B 的对称性知：若 B 是 A 的逆阵，则 A 亦是 B 的逆阵.

定理 2.1 若矩阵 A 可逆，则其逆矩阵是唯一的.

证明 设 B、C 都是 A 的逆矩阵，则有

$$AB=BA=E,\ AC=CA=E$$

于是

$$B=BE=B(AC)=(BA)C=EC=C$$

即 A 的逆矩阵唯一.

将 A 的唯一逆矩阵记作 A^{-1}. 于是由定义 2.13 有

$$AA^{-1}=A^{-1}A=E$$

例 1 设对角阵

$$A=\begin{pmatrix} a_1 & & & \\ & a_2 & & \\ & & \ddots & \\ & & & a_n \end{pmatrix}$$

满足 $a_1a_2\cdots a_n\neq 0$，因

$$\begin{pmatrix} a_1 & & & \\ & a_2 & & \\ & & \ddots & \\ & & & a_n \end{pmatrix}\begin{pmatrix} \frac{1}{a_1} & & & \\ & \frac{1}{a_2} & & \\ & & \ddots & \\ & & & \frac{1}{a_n} \end{pmatrix}$$

$$=\begin{pmatrix} \frac{1}{a_1} & & & \\ & \frac{1}{a_2} & & \\ & & \ddots & \\ & & & \frac{1}{a_n} \end{pmatrix}\begin{pmatrix} a_1 & & & \\ & a_2 & & \\ & & \ddots & \\ & & & a_n \end{pmatrix}=\begin{pmatrix} 1 & & & \\ & 1 & & \\ & & \ddots & \\ & & & 1 \end{pmatrix}$$

所以 A 可逆，且其逆矩阵

$$A^{-1}=\begin{pmatrix} \frac{1}{a_1} & & & \\ & \frac{1}{a_2} & & \\ & & \ddots & \\ & & & \frac{1}{a_n} \end{pmatrix}$$

特别地，单位阵 E 可逆，且其逆矩阵就是它自身，即：$E^{-1}=E$.

上例是对于特殊的对角阵而言，但一般的方阵又如何判断其是否可逆呢？如

果方阵可逆的话怎样求出其逆矩阵？为研究这些问题下面引进方阵的伴随矩阵的概念.

定义 2.13　设 n 阶方阵

$$A=(a_{ij})=\begin{pmatrix} a_{11} & a_{12} & \cdots & a_{1n} \\ a_{21} & a_{22} & \cdots & a_{2n} \\ \cdots & \cdots & \cdots & \cdots \\ a_{n1} & a_{n2} & \cdots & a_{nn} \end{pmatrix}$$

A_{ij}为$|A|$中元素a_{ij}(i、$j=1, 2, \cdots, n$)的代数余子式. 称方阵

$$\begin{pmatrix} A_{11} & A_{21} & \cdots & A_{n1} \\ A_{12} & A_{22} & \cdots & A_{n2} \\ \cdots & \cdots & \cdots & \cdots \\ A_{1n} & A_{2n} & \cdots & A_{nn} \end{pmatrix}$$

为 A 的**伴随矩阵**，记作 A^*.

注意：A^*中第 i 行元素 A_{ik}是$|A|$中第 i 列的相应元素 a_{ki}的代数余子式($k=1, 2, \cdots, n$).

定理 2.2　设 A 为 n 阶方阵，A^*为其伴随矩阵，则 $AA^*=A^*A=|A|E$.

证　由矩阵乘法定义和行列式按行展开定理及其推论有

$$AA^*=\begin{pmatrix} a_{11} & a_{12} & \cdots & a_{1n} \\ a_{21} & a_{22} & \cdots & a_{2n} \\ \cdots & \cdots & \cdots & \cdots \\ a_{n1} & a_{n2} & \cdots & a_{nn} \end{pmatrix}\begin{pmatrix} A_{11} & A_{21} & \cdots & A_{n1} \\ A_{12} & A_{22} & \cdots & A_{n2} \\ \cdots & \cdots & \cdots & \cdots \\ A_{1n} & A_{2n} & \cdots & A_{nn} \end{pmatrix}=\begin{pmatrix} |A| & & & \\ & |A| & & \\ & & \ddots & \\ & & & |A| \end{pmatrix}=|A|E$$

类似可证

$$A^*A=|A|E$$

于是

$$AA^*=A^*A=|A|E$$

定理 2.3　n 阶方阵 A 可逆的充要条件是$|A|\neq0$，且当 A 可逆时有

$$A^{-1}=\frac{1}{|A|}A^*$$

证　必要性：设 A 可逆，则由逆矩阵定义，A 与其逆阵 A^{-1}满足 $AA^{-1}=E$. 于是

$$|AA^{-1}|=|E|=1$$

即

$$|A||A^{-1}|=1$$

故

$$|A|\neq 0$$

充分性：设$|A|\neq 0$，则由

$$AA^*=A^*A=|A|E$$

上式各端乘$\frac{1}{|A|}$得

$$A\left(\frac{1}{|A|}A^*\right)=\left(\frac{1}{|A|}A^*\right)A=\frac{1}{|A|}|A|E=E$$

故A可逆，且

$$A^{-1}=\frac{1}{|A|}A^*.$$

注：在必要性证明中还可得到：

$$|A^{-1}|=\frac{1}{|A|}$$

定理2.3亦可叙述成：方阵A可逆的充要条件是A非奇异.

推论 若方阵A，B满足

$$AB=E$$

则A，B均可逆，且

$$A^{-1}=B,\ B^{-1}=A$$

证 因

$$AB=E$$

故

$$|AB|=|E|=1$$

而

$$|AB|=|A||B|$$

所以

$$|A|\neq 0,\ |B|\neq 0$$

从而A，B均可逆. 于是

$$A^{-1}=A^{-1}E=A^{-1}(AB)=(A^{-1}A)B=EB=B$$

类似可证

$$B^{-1}=A$$

由此推论，若$AB=E$，且A与B都为方阵时，就可确认A与B均可逆且互为逆矩阵，而无需依定义2.12再去验证$BA=E$，这就减少了计算量.

例2 设

$$A=\begin{pmatrix}1 & 2 & -3\\ 2 & 1 & 0\\ 3 & 1 & 3\end{pmatrix}$$

试判断 A 是否可逆，若可逆，求出其逆矩阵.

解

$$|A|=\begin{vmatrix}1 & 2 & -3\\ 2 & 1 & 0\\ 3 & 1 & 3\end{vmatrix}=-6\neq 0$$

故 A 可逆.

$$A_{11}=3,\ A_{12}=-6,\ A_{13}=-1,$$
$$A_{21}=-9,\ A_{22}=12,\ A_{23}=5,$$
$$A_{31}=3,\ A_{32}=-6,\ A_{33}=-3$$

所以

$$A^{-1}=\frac{1}{|A|}A^{*}=-\frac{1}{6}\begin{pmatrix}3 & -9 & 3\\ -6 & 12 & -6\\ -1 & 5 & -3\end{pmatrix}$$

2.2.3 可逆矩阵的性质

设 A、B 为 n 阶可逆矩阵，则

(1) A^{-1} 可逆且 $(A^{-1})^{-1}=A$；

(2) kA 可逆且 $(kA)^{-1}=\frac{1}{k}A^{-1}$，$(k\neq 0)$；

(3) AB 可逆且 $(AB)^{-1}=B^{-1}A^{-1}$；

(4) A^T 可逆且 $(A^T)^{-1}=(A^{-1})^T$.

证 (1) 因

$$AA^{-1}=E$$

所以 A^{-1} 可逆且

$$(A^{-1})^{-1}=A$$

(2) 因

$$(kA)\left(\frac{1}{k}A^{-1}\right)=\left(k\,\frac{1}{k}\right)(AA^{-1})=E$$

所以 kA 可逆且

$$(kA)^{-1}=\frac{1}{k}A^{-1}$$

(3) 因

$$(AB)(B^{-1}A^{-1}) = A(BB^{-1})A^{-1} = AA^{-1} = E$$

所以 AB 可逆且

$$(AB)^{-1} = B^{-1}A^{-1}$$

(4) 因

$$A^T(A^{-1})^T = (A^{-1}A)^T = E^T = E$$

所以 A^T 可逆且 $(A^T)^{-1} = (A^{-1})^T$.

例 3 设 A 为三阶方阵，$|A| = 3$，求 $\left|\left(\frac{1}{2}A\right)^{-1} - A^*\right|$.

解 因 $|A| = 3 \neq 0$，所以 A 可逆. 由

$$A^{-1} = \frac{1}{|A|}A^*$$

得

$$A^* = |A|A^{-1}$$

于是

$$\left|\left(\frac{1}{2}A\right)^{-1} - A^*\right| = |2A^{-1} - |A|A^{-1}|$$

$$= |2A^{-1} - 3A^{-1}| = |-A^{-1}| = (-1)^3\frac{1}{|A|} = -\frac{1}{3}$$

例 4 设方阵 A 满足等式 $A^2 + A - 3E = O$，证明 $A - E$ 与 $A + 2E$ 都可逆. 并求其逆矩阵.

证 由

$$A^2 + A - 3E = O$$

得

$$A^2 + A - 2E = E$$

从而

$$(A - E)(A + 2E) = E$$

由定理 2.3 之推论，$A + E$ 与 $A + 2E$ 都可逆，且

$$(A - E)^{-1} = A + 2E$$

$$(A + 2E)^{-1} = A - E$$

逆矩阵的应用之一就是消去可逆矩阵，本节开头我们曾提及矩阵方程 $AX = B$ 的求解问题就有了简便的求法. 对于矩阵方程 $AX = B$，如果 A 可逆，用 A^{-1} 左乘方程两边就可消去左边的可逆矩阵 A，得到未知矩阵

$$X = A^{-1}B$$

n 个方程的 n 元线性方程组的矩阵形式就是 $AX=B$，当其系数行列式不等于零时，可用上述方法求解.

例 5 求满足方程 $AX=B$ 的未知矩阵 X，其中

$$A=\begin{pmatrix}1&2&2\\2&1&-2\\2&-2&1\end{pmatrix},\quad B=\begin{pmatrix}8&3\\-5&9\\2&15\end{pmatrix}$$

解 因为

$$|A|=\begin{vmatrix}1&2&2\\2&1&-2\\2&-2&1\end{vmatrix}=-27\neq0$$

所以 A 可逆，又

$$A^{-1}=\frac{1}{|A|}A^{*}=-\frac{1}{27}\begin{pmatrix}-3&-6&-6\\-6&-3&6\\-6&6&-3\end{pmatrix}=\frac{1}{9}\begin{pmatrix}1&2&2\\2&1&-2\\2&-2&1\end{pmatrix}$$

用 A^{-1} 左乘方程两边得

$$X=A^{-1}B=\frac{1}{9}\begin{pmatrix}1&2&2\\2&1&-2\\2&-2&1\end{pmatrix}\begin{pmatrix}8&3\\-5&9\\2&15\end{pmatrix}=\frac{1}{9}\begin{pmatrix}2&51\\7&-15\\28&3\end{pmatrix}$$

例 6 求满足方程 $XA=B$ 的未知矩阵 X，其中

$$A=\begin{pmatrix}1&3\\2&5\end{pmatrix},\quad B=\begin{pmatrix}0&2\\-1&1\end{pmatrix}$$

解 因

$$|A|=-1\neq0$$

所以 A 可逆，计算得

$$A^{-1}=\begin{pmatrix}-5&3\\2&-1\end{pmatrix}$$

用 A^{-1} 右乘方程 $XA=B$ 两边得

$$X=BA^{-1}=\begin{pmatrix}0&2\\-1&1\end{pmatrix}\begin{pmatrix}-5&3\\2&-1\end{pmatrix}=\begin{pmatrix}4&-2\\7&-4\end{pmatrix}$$

例 7 设

$$A=\begin{pmatrix}1&1&-1\\-1&1&1\\1&-1&1\end{pmatrix}$$

且

$$A^*X\left(\frac{1}{2}A^*\right)^* = 8A^{-1}X + E$$

求未知矩阵 X.

解

$$|A| = \begin{vmatrix} 1 & 1 & -1 \\ -1 & 1 & 1 \\ 1 & -1 & 1 \end{vmatrix} = 4 \neq 0$$

所以 A 可逆，于是

$$A^* = |A|A^{-1} = 4A^{-1}$$

$$\left(\frac{1}{2}A^*\right)^* = \left(\frac{1}{2}\cdot 4A^{-1}\right)^* = (2A^{-1})^*$$

$$= |2A^{-1}|(2A^{-1})^{-1} = \frac{2^3}{|A|}\cdot\frac{1}{2}A = A$$

代入原方程得

$$4A^{-1}XA = 8A^{-1}X + E$$

用 A 左乘上式两边得

$$4XA = 8X + A$$

$$4X(A-2E) = A$$

$$X = \frac{1}{4}A(A-2E)^{-1}$$

$$(A-2E)^{-1} = \begin{pmatrix} -1 & 1 & -1 \\ -1 & -1 & 1 \\ 1 & -1 & -1 \end{pmatrix}^{-1} = -\frac{1}{2}\begin{pmatrix} 1 & 1 & 0 \\ 0 & 1 & 1 \\ 1 & 0 & 1 \end{pmatrix}$$

故

$$X = \frac{1}{4}\begin{pmatrix} 1 & 1 & -1 \\ -1 & 1 & 1 \\ 1 & -1 & 1 \end{pmatrix}\cdot\left(-\frac{1}{2}\right)\begin{pmatrix} 1 & 1 & 0 \\ 0 & 1 & 1 \\ 1 & 0 & 1 \end{pmatrix}$$

$$= -\frac{1}{8}\begin{pmatrix} 0 & 2 & 0 \\ 0 & 0 & 2 \\ 2 & 0 & 0 \end{pmatrix} = -\frac{1}{4}\begin{pmatrix} 0 & 1 & 0 \\ 0 & 0 & 1 \\ 1 & 0 & 0 \end{pmatrix}$$

例 8 设 A 为 $n(n\geqslant 2)$ 阶矩阵，证明：

$$|A^*| = |A|^{n-1}$$

证 1° 若 A 可逆

因

$$A^{-1}=\frac{1}{|A|}A^{*}$$

故

$$A^{*}=|A|A^{-1}$$

于是

$$|A^{*}|=||A|A^{-1}|=|A|^{n}|A^{-1}|=|A|^{n}\frac{1}{|A|}=|A|^{n-1}$$

2° 若 A 不可逆

首先证明 $|A^{*}|=0$.

分两种情况进行证明：

若 $A=O$，则有 $A^{*}=O$，故 $|A^{*}|=0$；

若 $A\neq O$，用反证法证明，假设 $|A^{*}|\neq 0$，由此假设知 A^{*} 可逆，而

$$AA^{*}=|A|E$$

从而

$$A=|A|(A^{*})^{-1}=O$$

与 $A\neq O$ 矛盾. 故

$$|A^{*}|=0$$

因 A 不可逆，此时 $|A|=0$，由前所证，$|A^{*}|=0$，所以有 $|A^{*}|=|A|^{n-1}$.

习题 2.2

1. 求下列矩阵的逆矩阵：

(1) $\begin{pmatrix} a & b \\ c & d \end{pmatrix}$，其中 $ad-bc\neq 0$ (2) $\begin{pmatrix} 3 & 1 & 3 \\ 0 & 1 & 2 \\ 0 & 0 & -1 \end{pmatrix}$

(3) $\begin{pmatrix} 1 & 0 & 1 \\ 2 & 1 & 0 \\ -3 & -2 & -5 \end{pmatrix}$ (4) $\begin{pmatrix} 1 & 2 & 3 \\ 4 & 5 & 8 \\ 3 & 4 & 6 \end{pmatrix}$

2. 若方阵 A 满足等式 $A^{k}=O$，k 为某个自然数. 证明

$$(E-A)^{-1}=E+A+A^{2}+\cdots+A^{k-1}$$

3. 设

$$A=\begin{pmatrix}1 & & \\ & 2 & \\ & & 2\end{pmatrix},\ P=\begin{pmatrix}2 & 0 & 0\\ 0 & 1 & -2\\ 0 & 1 & -1\end{pmatrix}$$

求 $(P^{-1}AP)^{100}$.

4. 设 $A=\begin{pmatrix}0 & -1 & 0\\ 1 & 0 & 0\\ 0 & 0 & -1\end{pmatrix}$, $B=P^{-1}AP$（P 为可逆矩阵），求 $B^{2000}-2A^2$.

5. 设 n 阶矩阵 A 满足 $A^2=A$，证明 $A+E$ 可逆，并求$(A+E)^{-1}$.

6. 解下列矩阵方程

（1）$\begin{pmatrix}1 & -5\\ -1 & 4\end{pmatrix}X=\begin{pmatrix}3 & 2\\ 1 & 4\end{pmatrix}$

（2）$X\begin{pmatrix}2 & 1 & -1\\ 2 & 1 & 0\\ 1 & -1 & 1\end{pmatrix}=\begin{pmatrix}1 & 0 & 2\\ 2 & 1 & 0\end{pmatrix}$

（3）$\begin{pmatrix}0 & 1 & 0\\ 1 & 0 & 0\\ 0 & 0 & 1\end{pmatrix}X\begin{pmatrix}1 & 0 & 0\\ 0 & 0 & 1\\ 0 & 1 & 0\end{pmatrix}=\begin{pmatrix}1 & -4 & 3\\ 2 & 0 & -1\\ 1 & -2 & 0\end{pmatrix}$

7. 设 3 阶矩阵 A，X 满足 $X=AX-A^2+E$ 且

$$A=\begin{pmatrix}1 & 0 & 1\\ 0 & 2 & 0\\ 1 & 0 & 1\end{pmatrix}$$

求 X.

8. 设 3 阶矩阵 A，B 满足 $AB=A+2B$ 且

$$A=\begin{pmatrix}0 & 3 & 3\\ 1 & 1 & 0\\ -1 & 2 & 3\end{pmatrix}$$

求 B.

9. 设 A，B 均为 n 阶方阵，$|A|=2$，$|B|=-3$，求 $|A^{-1}B^*-A^*B^{-1}|$.

2.3 分块矩阵

在处理一些行数和列数较高的矩阵时，我们时常采用把矩阵分小的方法，就是将一个大矩阵看作由一些小矩阵组成. 这种处理矩阵的技巧不论在理论分析中还是实际计算中都是非常有用的，本节将对此作简单介绍.

2.3.1 矩阵的分块与分块矩阵

用若干条贯通矩阵的横线和纵线将矩阵 A 画分成一些小矩阵，这些小矩阵称为矩阵 A 的子块，将这些子块视为元素并按它们在原来矩阵中的位置组成的矩阵称为 A 的分块矩阵. 例如，设矩阵

$$A=\begin{pmatrix} a_{11} & a_{12} & a_{13} & a_{14} & a_{15} \\ a_{21} & a_{22} & a_{23} & a_{24} & a_{25} \\ a_{31} & a_{32} & a_{33} & a_{34} & a_{35} \\ a_{41} & a_{42} & a_{43} & a_{44} & a_{45} \\ a_{51} & a_{52} & a_{53} & a_{54} & a_{55} \end{pmatrix}$$

在 A 的第 4、5 行间及第 3、4 列间分别划一条横线及一条纵线. 这样，矩阵 A 就被划分成 4 个小矩阵：

$$A=\left(\begin{array}{ccc:cc} a_{11} & a_{12} & a_{13} & a_{14} & a_{15} \\ a_{21} & a_{22} & a_{23} & a_{24} & a_{25} \\ a_{31} & a_{32} & a_{33} & a_{34} & a_{35} \\ a_{41} & a_{42} & a_{43} & a_{44} & a_{45} \\ \hdashline a_{51} & a_{52} & a_{53} & a_{54} & a_{55} \end{array}\right)$$

记

$$A_{11}=\begin{pmatrix} a_{11} & a_{12} & a_{13} \\ a_{21} & a_{22} & a_{23} \\ a_{31} & a_{32} & a_{33} \\ a_{41} & a_{42} & a_{43} \end{pmatrix},\ A_{12}=\begin{pmatrix} a_{14} & a_{15} \\ a_{24} & a_{25} \\ a_{34} & a_{35} \\ a_{44} & a_{45} \end{pmatrix},\ A_{21}=(a_{51} \quad a_{52} \quad a_{53}),\ A_{22}=(a_{54} \quad a_{55})$$

则以 $A_{ij}(i,j=1,2)$ 为元素组成的矩阵

$$\begin{pmatrix} A_{11} & A_{12} \\ A_{21} & A_{22} \end{pmatrix}$$

称为 A 的 2×2 分块矩阵. 可简记为

$$(A_{pq})_{2\times 2}$$

一般，矩阵 A 的分块矩阵可简记为$(A_{pq})_{s\times t}$，其中 A_{pq}表示位于分块矩阵的第 p 行第 q 列的子块.

2.3.2　分块矩阵的运算

1. 相等、加法与数乘

设 A、B 为同型矩阵且分法相同：$A=(A_{pq})_{s\times t}$，$B=(B_{pq})_{s\times t}$，

（1）若

$$A_{pq}=B_{pq}，(p=1，2，\cdots，s；q=1，2，\cdots，t)$$

则称分块矩阵 A 与 B 相等.

（2）$A+B=(A_{pq})_{s\times t}+(B_{pq})_{s\times t}=(A_{pq}+B_{pq})_{s\times t}$

（3）$kA=k(A_{pq})_{s\times t}=(kA_{pq})_{s\times t}$

2. 乘法

设

$$A=(a_{ik})_{m\times u}，B=(b_{kj})_{u\times n}$$

对 A 的列的分法与对 B 的行的分法相同：

$$A=(A_{pw})_{s\times r}，B=(B_{wq})_{r\times t}$$

则

$$AB-(C_{pq})_{s\times t}$$

其中 $C_{pq}=\sum\limits_{w=1}^{r}A_{pw}B_{wq}$.

例 1　设

$$A=\begin{pmatrix} -1 & 2 & 1 & 0 & 0 \\ 4 & 1 & 0 & 1 & 0 \\ 0 & 5 & 0 & 0 & 1 \\ 3 & 0 & 0 & 0 & 0 \\ 0 & 3 & 0 & 0 & 0 \end{pmatrix}，B=\begin{pmatrix} 0 & 0 & 0 & 2 \\ 0 & 0 & 0 & 3 \\ 2 & 1 & -3 & 0 \\ 1 & -2 & 1 & 0 \\ 0 & 1 & 4 & 0 \end{pmatrix}$$

用分块矩阵乘法计算 AB.

解　为使分块乘法得以进行，对 A 的列和 B 的行必须有相同的分法，将 A，B 分块为

$$A=\begin{pmatrix}-1 & 2 & \vdots & 1 & 0 & 0\\ 4 & 1 & \vdots & 0 & 1 & 0\\ 0 & 5 & \vdots & 0 & 0 & 1\\ \cdots & \cdots & \vdots & \cdots & \cdots & \cdots\\ 3 & 0 & \vdots & 0 & 0 & 0\\ 0 & 3 & \vdots & 0 & 0 & 0\end{pmatrix}\xlongequal{\text{记为}}\begin{pmatrix}A_{11} & E_3\\ 3E_2 & O\end{pmatrix}$$

$$B=\begin{pmatrix}0 & 0 & 0 & \vdots & 2\\ 0 & 0 & 0 & \vdots & 3\\ \cdots & \cdots & \cdots & \vdots & \cdots\\ 2 & 1 & -3 & \vdots & 0\\ 1 & -2 & 1 & \vdots & 0\\ 0 & 1 & 4 & \vdots & 0\end{pmatrix}\xlongequal{\text{记为}}\begin{pmatrix}O & B_{12}\\ B_{21} & O\end{pmatrix}$$

于是

$$AB=\begin{pmatrix}A_{11} & E_3\\ 3E_2 & O\end{pmatrix}\begin{pmatrix}O & B_{12}\\ B_{21} & O\end{pmatrix}=\begin{pmatrix}B_{21} & A_{11}B_{12}\\ O & 3B_{12}\end{pmatrix}$$

其中

$$A_{11}B_{12}=\begin{pmatrix}-1 & 2\\ 4 & 1\\ 0 & 5\end{pmatrix}\begin{pmatrix}2\\ 3\end{pmatrix}=\begin{pmatrix}4\\ 11\\ 15\end{pmatrix}$$

故

$$AB=\begin{pmatrix}2 & 1 & -3 & 4\\ 1 & -2 & 1 & 11\\ 0 & 1 & 4 & 15\\ 0 & 0 & 0 & 6\\ 0 & 0 & 0 & 9\end{pmatrix}$$

对矩阵进行分块的方法更多用于一些理论上的推导，在后面一些定理的证明中我们会看到它的应用.

3. **转置**

设矩阵 A 的分块矩阵为

$$A=\begin{pmatrix}A_{11} & A_{12} & \cdots & A_{1t}\\ A_{21} & A_{22} & \cdots & A_{2t}\\ \cdots & \cdots & \cdots & \cdots\\ A_{s1} & A_{s2} & \cdots & A_{st}\end{pmatrix}$$

则

$$A^T=\begin{pmatrix} A_{11}^T & A_{21}^T & \cdots & A_{s1}^T \\ A_{12}^T & A_{22}^T & \cdots & A_{s2}^T \\ \cdots & \cdots & \cdots & \cdots \\ A_{1t}^T & A_{2t}^T & \cdots & A_{st}^T \end{pmatrix}$$

例如，例 1 中矩阵 A 的转置矩阵

$$A^T=\begin{pmatrix} A_{11}{}^T & 3E_2{}^T \\ E_3{}^T & O^T \end{pmatrix}=\begin{pmatrix} -1 & 4 & 0 & 3 & 0 \\ 2 & 1 & 5 & 0 & 3 \\ 1 & 0 & 0 & 0 & 0 \\ 0 & 1 & 0 & 0 & 0 \\ 0 & 0 & 1 & 0 & 0 \end{pmatrix}$$

4. **分块对角阵**

当 A_1，A_2，…，A_s 均为方阵时，称分块矩阵

$$A=\begin{pmatrix} A_1 & & & \\ & A_2 & & \\ & & \ddots & \\ & & & A_s \end{pmatrix}$$

为**分块对角阵**或**准对角矩阵**（其中未写出的子块皆为零矩阵）.

容易验证，同阶分块对角阵（其对应子块亦同阶）的和、差、数乘、乘积、方幂、转置仍为分块对角阵.

设

$$A=\begin{pmatrix} A_1 & & & \\ & A_2 & & \\ & & \ddots & \\ & & & A_s \end{pmatrix},\ B=\begin{pmatrix} B_1 & & & \\ & B_2 & & \\ & & \ddots & \\ & & & B_s \end{pmatrix}$$

则

$$A \pm B = \begin{pmatrix} A_1 \pm B_1 & & & \\ & A_2 \pm B_2 & & \\ & & \ddots & \\ & & & A_s \pm B_s \end{pmatrix}$$

$$kA = \begin{pmatrix} kA_1 & & & \\ & kA_2 & & \\ & & \ddots & \\ & & & kA_s \end{pmatrix}$$

$$AB = \begin{pmatrix} A_1B_1 & & & \\ & A_2B_2 & & \\ & & \ddots & \\ & & & A_sB_s \end{pmatrix}$$

$$A^k = \begin{pmatrix} A_1^k & & & \\ & A_2^k & & \\ & & \ddots & \\ & & & A_s^k \end{pmatrix}, \text{（}k\text{ 为正整数）}$$

$$A^T = \begin{pmatrix} A_1^T & & & \\ & A_2^T & & \\ & & \ddots & \\ & & & A_s^T \end{pmatrix}$$

分块对角阵 A 的行列式尤其简单：

$$|A| = |A_1||A_2|\cdots|A_s|$$

5. 特殊分块矩阵求逆

矩阵分块是为了使矩阵运算和推导更简便. 事实上很多时候矩阵只是在具有特殊结构时其分块运算才简便. 对矩阵的分块求逆方法，我们只介绍两种特殊分块矩阵求逆.

1° **分块对角阵求逆**

设

$$A=\begin{pmatrix} A_1 & & & \\ & A_2 & & \\ & & \ddots & \\ & & & A_s \end{pmatrix}$$

其中 A_1，A_2，…，A_s 均为可逆矩阵，则 A 可逆，且

$$A^{-1}=\begin{pmatrix} A_1^{-1} & & & \\ & A_2^{-1} & & \\ & & \ddots & \\ & & & A_s^{-1} \end{pmatrix}$$

证 因 A_1，A_2，…，A_s 都可逆，所以

$$|A|=|A_1||A_2|\cdots|A_s|\neq 0$$

于是 A 可逆. 又

$$\begin{pmatrix} A_1 & & & \\ & A_2 & & \\ & & \ddots & \\ & & & A_s \end{pmatrix}\begin{pmatrix} A_1^{-1} & & & \\ & A_2^{-1} & & \\ & & \ddots & \\ & & & A_s^{-1} \end{pmatrix}=\begin{pmatrix} A_1A_1^{-1} & & & \\ & A_2A_2^{-1} & & \\ & & \ddots & \\ & & & A_sA_s^{-1} \end{pmatrix}=E$$

所以

$$A^{-1}=\begin{pmatrix} A_1^{-1} & & & \\ & A_2^{-1} & & \\ & & \ddots & \\ & & & A_s^{-1} \end{pmatrix}$$

用类似的方法还可得到

$$\begin{pmatrix} & & & A_1 \\ & & A_2 & \\ & \iddots & & \\ A_s & & & \end{pmatrix}^{-1}=\begin{pmatrix} & & & A_s^{-1} \\ & & A_{s-1}^{-1} & \\ & \iddots & & \\ A_1^{-1} & & & \end{pmatrix}$$

其中 A_1，A_2，…，A_s 可逆.

例2 设

$$A=\begin{pmatrix}1&2&0&0&0\\3&4&0&0&0\\0&0&3&0&0\\0&0&0&1&2\\0&0&0&0&3\end{pmatrix}$$

求 A^{-1}.

解 用贯通矩阵第2，3行、第3，4行的横线和第2，3列、第3，4列的纵线将 A 分为

$$A=\begin{pmatrix}A_1&&\\&A_2&\\&&A_3\end{pmatrix}$$

其中 $A_1=\begin{pmatrix}1&2\\3&4\end{pmatrix}$，$A_2=3$，$A_3=\begin{pmatrix}1&2\\0&3\end{pmatrix}$，计算得

$$A_1^{-1}=-\frac{1}{2}\begin{pmatrix}4&-2\\-3&1\end{pmatrix},\ A_2^{-1}=\frac{1}{3},\ A_3^{-1}=\frac{1}{3}\begin{pmatrix}3&-2\\0&1\end{pmatrix}$$

于是

$$A^{-1}=\begin{pmatrix}A_1^{-1}&&\\&A_2^{-1}&\\&&A_3^{-1}\end{pmatrix}=\begin{pmatrix}-2&1&0&0&0\\\frac{3}{2}&-\frac{1}{2}&0&0&0\\0&0&\frac{1}{3}&0&0\\0&0&0&1&-\frac{2}{3}\\0&0&0&0&\frac{1}{3}\end{pmatrix}$$

2° **分块三角阵求逆**

主对角线上（下）的子块都是方阵，而主对角线以下（上）的子块都是零矩阵的分块矩阵

$$\begin{pmatrix}A_{11}&A_{12}&\cdots&A_{1s}\\&A_{21}&\cdots&A_{2s}\\&&\ddots&\vdots\\&&&A_{ss}\end{pmatrix}\qquad\left(\begin{pmatrix}A_{11}&&&\\A_{21}&A_{22}&&\\\vdots&\vdots&\ddots&\\A_{s1}&A_{s2}&\cdots&A_{ss}\end{pmatrix}\right)$$

称为分块上（下）三角阵.

以下举例说明 2×2 特殊分块三角阵求逆的方法

例3 设

$$H=\begin{pmatrix}A & C\\ O & B\end{pmatrix}$$

其中 A、B 分别为 s 阶、t 阶可逆矩阵，证明 H 可逆并求其逆.

解 $|H|=|A|\cdot|B|\neq 0$，故 H 可逆.

设

$$H^{-1}=\begin{pmatrix}X_1 & X_2\\ X_3 & X_4\end{pmatrix}$$

其中子块 X_1 与 A，X_4 与 B 分别是同阶矩阵.

根据

$$\begin{pmatrix}A & C\\ O & B\end{pmatrix}\begin{pmatrix}X_1 & X_2\\ X_3 & X_4\end{pmatrix}=\begin{pmatrix}AX_1+CX_3 & AX_2+CX_4\\ BX_3 & BX_4\end{pmatrix}=\begin{pmatrix}E_s & O\\ O & E_t\end{pmatrix}$$

得矩阵方程组

$$\begin{cases}AX_1+CX_3=E_s\\ AX_2+CX_4=O\\ BX_3=O\\ BX_4=E_t\end{cases}$$

解得

$$\begin{cases}X_1=A^{-1}\\ X_2=-A^{-1}CB^{-1}\\ X_3=O\\ X_4=B^{-1}\end{cases}$$

故

$$H^{-1}=\begin{pmatrix}A^{-1} & -A^{-1}CB^{-1}\\ O & B^{-1}\end{pmatrix}$$

用类似于该例的方法可得

$$\begin{pmatrix}A & O\\ C & B\end{pmatrix}^{-1}=\begin{pmatrix}A^{-1} & O\\ -B^{-1}CA^{-1} & B^{-1}\end{pmatrix}$$

习题 2.3

1. 利用分块矩阵的乘法计算 AB. 其中

$$A=\begin{pmatrix}1&-2&7&0&0\\-1&3&6&0&0\\-3&2&-5&0&0\\0&0&0&1&2\\0&0&0&0&5\end{pmatrix},\quad B=\begin{pmatrix}3&0&0&1&2\\0&3&0&3&4\\0&0&3&5&6\\0&0&0&3&4\\0&0&0&5&-1\end{pmatrix}$$

2. 将 3 阶矩阵 A 按列分块得到的分块矩阵为

$$A=(\alpha_1,\quad \alpha_2,\quad \alpha_3)$$

设

$B=(\alpha_1+\alpha_2+\alpha_3,\ \alpha_1+2\alpha_2+4\alpha_3,\ \alpha_1+3\alpha_2+9\alpha_3)$

若 $|A|=1$，求 $|B|$.

3. 设 $A=\begin{pmatrix}3&4&0&0\\4&-3&0&0\\0&0&2&0\\0&0&2&2\end{pmatrix}$，求 $|A^8|$，A^4，A^{-1}.

4. 设矩阵 A，B 可逆，试证明下列矩阵可逆并求其逆.

(1) $\begin{pmatrix}O&A\\B&O\end{pmatrix}$　　　　(2) $\begin{pmatrix}A&O\\C&B\end{pmatrix}$

5. 设

$$A=\begin{pmatrix}&&&A_1\\&&A_2&\\&\iddots&&\\A_s&&&\end{pmatrix},\quad A_i\text{ 可逆}(i=1,\ 2,\ \cdots,\ s).$$

证明：

$$A^{-1}=\begin{pmatrix}&&&A_s^{-1}\\&&A_{s-1}^{-1}&\\&\iddots&&\\A_1^{-1}&&&\end{pmatrix}$$

6. 利用分块矩阵求下列矩阵的逆矩阵：

(1) $A=\begin{pmatrix}2&3&0&0&0\\2&1&0&0&0\\0&0&1&1&1\\0&0&0&1&1\\0&0&0&0&1\end{pmatrix}$ (2) $A=\begin{pmatrix}1&2&0&0&0\\3&4&0&0&0\\0&0&3&0&0\\0&0&0&1&2\\0&0&0&2&5\end{pmatrix}$

(3) $A=\begin{pmatrix}0&a_1&0&\cdots&0&0\\0&0&a_2&\cdots&0&0\\0&0&0&\cdots&0&0\\\cdots&\cdots&\cdots&\cdots&\cdots&\cdots\\0&0&0&\cdots&0&a_{n-1}\\a_n&0&0&\cdots&0&0\end{pmatrix}$

(4) $A=\begin{pmatrix}0&1&0&\cdots&0&0&0\\0&0&2&\cdots&0&0&0\\\cdots&\cdots&\cdots&\cdots&\cdots&\cdots&\cdots\\0&0&0&\cdots&n-1&0&0\\n&0&0&\cdots&0&0&0\\0&0&0&\cdots&0&2&1\\0&0&0&\cdots&0&5&3\end{pmatrix}$

2.4 矩阵的初等变换与秩

2.4.1 矩阵的初等变换

定义 2.14 下述变换称为矩阵的初等行（列）变换：

(1) 互换第 i、j 两行（列）；

(2) 用非零数 k 乘第 i 行（列）；

(3) 将第 j 行（列）的 k 倍加到第 i 行（列）.

上述三种初等行变换依次标记为 $r_i \leftrightarrow r_j$，kr_i 及 $r_i + kr_j$. 初等列变换只需将记号中的字母 r 换作 c.

矩阵的初等行、列变换统称为矩阵的初等变换.

例如

$$A=\begin{pmatrix}0&2&-1&1\\1&-1&0&2\\-2&0&3&1\end{pmatrix}\xrightarrow{r_1\leftrightarrow r_2}$$

$$\begin{pmatrix}1&-1&0&2\\0&2&-1&1\\-2&0&3&1\end{pmatrix}\xrightarrow{r_3+2r_1}\begin{pmatrix}1&-1&0&2\\0&2&-1&1\\0&-2&3&5\end{pmatrix}$$

$$\xrightarrow{r_3+r_2}\begin{pmatrix}1&-1&0&2\\0&2&-1&1\\0&0&2&6\end{pmatrix}\xrightarrow{\frac{1}{2}r_3}\begin{pmatrix}1&-1&0&2\\0&2&-1&1\\0&0&1&3\end{pmatrix}=B$$

可见矩阵经初等变换后已经面目全非，变换后的矩阵不等于原来的矩阵，所以原矩阵与变换后的矩阵之间不能以等号相连而采用以符号“→”相连.

如果矩阵 A 经一次初等行变换化为矩阵 B，则 B 必可经一次初等行变换化为 A. 即

$$若 A\xrightarrow{r_i\leftrightarrow r_j}B，则 B\xrightarrow{r_i\leftrightarrow r_j}A$$

$$若 A\xrightarrow{kr_i}B，则 B\xrightarrow{\frac{1}{k}r_i}A$$

$$若 A\xrightarrow{r_i+kr_j}B，则 B\xrightarrow{r_i-kr_j}A$$

对矩阵的初等列变换也有同样的结论. 这说明矩阵的初等变换是可逆的，由此可得下面的结论：

如果矩阵 A 经一系列初等变换化为矩阵 B，则 B 必可经一系列初等变换化为 A.

定义 2.15 如果矩阵 A 经有限次初等变换化为矩阵 B，则称 A 与 B **等价**，记作 $A\sim B$.

矩阵的等价关系具有如下性质：

(1) 反身性：$A\sim A$；

(2) 对称性：若 $A\sim B$，则 $B\sim A$；

(3) 传递性：若 $A\sim B$，$B\sim C$，则 $A\sim C$.

定义 2.16 具有如下特征的矩阵称为行阶梯形矩阵，简称阶梯形矩阵：

(1) 零行（若有的话）位于全部非零行的下方；

(2) 由上至下的各非零行中，首非零元左边零的个数随行数的增加而增加.

例如

$$\begin{pmatrix}0&-2&1&4\\0&0&0&3\\0&0&0&0\end{pmatrix},\begin{pmatrix}1&-3&0&3\\0&0&2&5\\0&0&0&0\end{pmatrix},\begin{pmatrix}2&1&-1&3\\0&3&0&1\\0&0&-1&4\end{pmatrix}$$

都是阶梯形；而

$$\begin{pmatrix}5&1&3&2&0\\0&0&0&0&0\\0&1&2&5&1\end{pmatrix},\begin{pmatrix}5&1&-1&3\\0&-3&0&1\\0&4&-1&4\end{pmatrix}$$

不是阶梯形矩阵.

定义 2.17 满足下述条件的行阶梯形矩阵称为行最简阶梯形矩阵：

(1) 各非零行的首非零元均为1；

(2) 各首非零元所在列的其余元素皆为零.

例如

$$\begin{pmatrix}1&0&3&2&0\\0&1&2&5&1\\0&0&0&0&0\end{pmatrix},\begin{pmatrix}0&1&0&0&3\\0&0&1&0&-1\\0&0&0&1&3\end{pmatrix},\begin{pmatrix}1&0&0\\0&1&0\\0&0&1\end{pmatrix}$$

都是行最简阶梯形矩阵.

定理 2.4 任一非零矩阵都可经初等行变换化为行阶梯形矩阵.

证 不妨设非零矩阵 $A=(a_{ij})_{m\times n}$ 中第一行是非零行且 $a_{1k}\neq0$，将 A 的第1行元素的 $-\dfrac{a_{ik}}{a_{1k}}$ 倍加到第 $i(i=2,3,\cdots,n)$ 行的相应元素上去，则

$$A=\begin{pmatrix}0&\cdots&0&a_{1k}&a_{1,k+1}&\cdots&a_{1n}\\0&\cdots&0&a_{2k}&a_{2,k+1}&\cdots&a_{2n}\\\cdots&\cdots&\cdots&\cdots&\cdots&\cdots&\cdots\\0&\cdots&0&a_{mk}&a_{m,k+1}&\cdots&a_{mn}\end{pmatrix}$$

$$\to\begin{pmatrix}0&\cdots&0&a_{1k}&a_{1,k+1}&\cdots&a_{1n}\\0&\cdots&0&0&a_{2,k+1}'&\cdots&a_{2n}'\\\cdots&\cdots&\cdots&\cdots&\cdots&\cdots&\cdots\\0&\cdots&0&0&a_{m,k+1}'&\cdots&a_{mn}'\end{pmatrix}$$

$$=\begin{pmatrix}0&\cdots&0&a_{1k}&a_{1,k+1}&\cdots&a_{1n}\\0&\cdots&0&0&&&\\\cdots&\cdots&\cdots&\cdots&&A_1&\\0&\cdots&0&0&&&\end{pmatrix}$$

其中

$$A_1=\begin{pmatrix}a_{2,k+1}'&\cdots&a_{2n}'\\\cdots&\cdots&\cdots\\a_{m,k+1}'&\cdots&a_{mn}'\end{pmatrix}$$

若 $A_1=O$，则 A 已化为行阶梯形；若 $A_1\neq O$，则对 A_1 重复作类似前面对 A 的做法，如此做下去最终必将 A 化为行阶梯形矩阵.

推论 任一非零矩阵都可经初等行变换化为行最简阶梯形矩阵.

证 因任一非零矩阵都可经初等行变换化为阶梯形矩阵，设非零矩阵 A 已经初等行变换化为阶梯形矩阵 B. 将 B 的各非零行乘该行首非零元的倒数使各首非零元化为1；再从最后一个非零行开始依次将该行的适当倍数加到其上的每一行，以使与该首非零元同列的元素变成0. A 即化为行最简阶梯形矩阵.

例1 设

$$A=\begin{pmatrix}3&1&5&6\\1&-1&3&-2\\2&1&3&5\\1&1&1&1\end{pmatrix}$$

用初等行变换将 A 化为行最简阶梯形矩阵.

解

$$A\xrightarrow{r_1\leftrightarrow r_4}\begin{pmatrix}1&1&1&1\\1&-1&3&-2\\2&1&3&5\\3&1&5&6\end{pmatrix}\xrightarrow[r_4-3r_1]{\substack{r_2-r_1\\r_3-2r_1}}\begin{pmatrix}1&1&1&1\\0&-2&2&-3\\0&-1&1&3\\0&-2&2&3\end{pmatrix}$$

$$\xrightarrow{r_2\leftrightarrow r_3}\begin{pmatrix}1&1&1&1\\0&-1&1&3\\0&-2&2&-3\\0&-2&2&3\end{pmatrix}\xrightarrow[r_4-2r_2]{r_3-2r_2}\begin{pmatrix}1&1&1&1\\0&-1&1&3\\0&0&0&-9\\0&0&0&-3\end{pmatrix}$$

$$\xrightarrow{-\frac{1}{9}r_3}\begin{pmatrix}1&1&1&1\\0&-1&1&3\\0&0&0&1\\0&0&0&-3\end{pmatrix}\xrightarrow[r_4+3r_3]{\substack{r_1-r_3\\r_2-3r_3}}\begin{pmatrix}1&1&1&0\\0&-1&1&0\\0&0&0&1\\0&0&0&0\end{pmatrix}$$

$$\xrightarrow{-r_2}\begin{pmatrix}1&1&1&0\\0&1&-1&0\\0&0&0&1\\0&0&0&0\end{pmatrix}\xrightarrow{r_1-r_2}\begin{pmatrix}1&0&2&0\\0&1&-1&0\\0&0&0&1\\0&0&0&0\end{pmatrix}$$

显然，一个矩阵经初等行变换所化成的行阶梯形矩阵不是唯一的；本节学完后可以证明：一个矩阵经初等行变换所化成的行最简阶梯形矩阵是唯一的.

类似可定义列阶梯形矩阵、列最简阶梯形矩阵并推出相应的结论.

定义 2.17 分块后具有如下特征的矩阵称为标准形矩阵:

(1) 位于左上角的子块是一个 r 阶单位阵;

(2) 其余的子块(如果有的话)都是零矩阵.

标准形矩阵的一般模式为

$$\begin{pmatrix} E_r & O \\ O & O \end{pmatrix}$$

例如矩阵

$$\begin{pmatrix} 1 & 0 & 0 \\ 0 & 1 & 0 \\ 0 & 0 & 0 \end{pmatrix},\ \begin{pmatrix} 1 & 0 & 0 & 0 & 0 \\ 0 & 1 & 0 & 0 & 0 \\ 0 & 0 & 1 & 0 & 0 \end{pmatrix},\ \begin{pmatrix} 1 \\ 0 \\ 0 \end{pmatrix},\ \begin{pmatrix} 1 & 0 \\ 0 & 1 \end{pmatrix}$$

都是标准形矩阵.

定理 2.5 任一非零矩阵都可经初等变换化为标准形矩阵.

证明 设非零矩阵 A 已经初等行变换化为阶梯形矩阵 B. 对 B 作如下的初等列变换:以 B 的第 1 行的首非零元的倒数乘其所在的列,再依次用此列的适当倍数加到其后的每一列以使第 1 行的其余元素变为零,即

$$B \to \begin{pmatrix} 1 & 0 & \cdots & 0 \\ 0 & & & \\ \vdots & & A_1 & \\ 0 & & & \end{pmatrix}$$

若其中的 $A_1 = O$,则矩阵已是标准形;若 $A_1 \neq O$,则 A_1 仍为阶梯形矩阵,可对其施行类似上面对 B 所作的初等列变换并重复上述类似步骤(如果需要的话),直至用最下面的非零行的首非零元将其右边的元素都处理成零为止. 最后将零列(如果有的话)依次换到矩阵的最右边. 这样 A 即化为标准形.

例 2 将例 1 中的矩阵化为标准形.

解 由例 1 所得的矩阵再继续作初等列变换:

$$A \to \begin{pmatrix} 1 & 0 & 2 & 0 \\ 0 & 1 & -1 & 0 \\ 0 & 0 & 0 & 1 \\ 0 & 0 & 0 & 0 \end{pmatrix} \xrightarrow{c_3 - 2c_1 + c_2} \begin{pmatrix} 1 & 0 & 0 & 0 \\ 0 & 1 & 0 & 0 \\ 0 & 0 & 0 & 1 \\ 0 & 0 & 0 & 0 \end{pmatrix} \xrightarrow{c_3 \leftrightarrow c_4} \begin{pmatrix} 1 & 0 & 0 & 0 \\ 0 & 1 & 0 & 0 \\ 0 & 0 & 1 & 0 \\ 0 & 0 & 0 & 0 \end{pmatrix}$$

经一次初等行变换后的方阵的行列式与原方阵的行列式之间有下面的关系:

(1) 若 $A \xrightarrow{r_i \leftrightarrow r_j} B$,则 $|B| = -|A|$;

(2) 若 $A \xrightarrow{kr_i} B$,则 $|B| = k|A|$;

(3) 若 $A \xrightarrow{r_i + kr_j} B$，则 $|B| = |A|$.

于是，若方阵 A 经一次初等行变换化为 B，则它们的行列式或者相等，或者相差一非零常数倍.

同理，作一次初等列变换后的方阵的行列式与原方阵的行列式之间仍然有这种关系.

由上述关系可推知：若方阵 A 经一系列初等变换化为 B，则它们的行列式最多相差一非零常数倍.

即若

$$A \xrightarrow{\text{初等变换}} B$$

则

$$|B| = c|A|$$

其中 c 为常数且 $c \neq 0$. 由此得到：

若

$$A \xrightarrow{\text{初等变换}} B$$

则

$$|A| \neq 0 \Leftrightarrow |B| \neq 0$$
$$|A| = 0 \Leftrightarrow |B| = 0$$

由上述结论可得：

定理 2.6 矩阵的初等变换不改变方阵的可逆性.

定理 2.7 n 阶矩阵 A 可逆的充要条件是它的标准形是单位矩阵.

证 设 A 的标准形为

$$B = \begin{pmatrix} E_r & O \\ O & O \end{pmatrix}$$

于是

$$|B| \neq 0 \Leftrightarrow r = n \text{ 即 } B = E_n$$

而

$$|B| = c|A| \qquad (c \neq 0)$$

因

$$|A| \neq 0 \Leftrightarrow |B| \neq 0$$

所以

$$|A| \neq 0 \Leftrightarrow B = E_n$$

即 A 可逆的充要条件是它的标准形是单位矩阵.

由此可知：**可逆矩阵必可经一系列初等变换化为单位矩阵.**

2.4.2 矩阵的秩

我们知道一个矩阵 A 可经初等行变换化为阶梯形，而阶梯形中非零行的行数 r 正是 A 的标准形

$$\begin{pmatrix} E_r & O \\ O & O \end{pmatrix}$$

中单位矩阵的阶数，那么这个数是否唯一呢？为解决这一问题，我们首先给出矩阵秩的定义.

定义 2.18 设 A 为 $m \times n$ 矩阵，任取 A 的 k 行、k 列（$1 \leqslant k \leqslant \min\{m, n\}$），由这 k 行、k 列的交叉点处的元素按原来的次序组成的 k 阶行列式称为 A 的 k 阶子式.

由组合数的计算公式易知，一个 $m \times n$ 矩阵一共有 $C_m^k C_n^k$ 个 k 阶子式.

定义 2.19 若矩阵 A 有一个 r 阶子式 D 不等于 0，而所有更高阶子式（若有的话）全为 0，则称 D 为 A 的最高阶非零子式；矩阵 A 的最高阶非零子式的阶数 r 称为矩阵 A 的秩，记作 $R(A)$.

注：(1) 零矩阵没有非零子式，因此规定零矩阵的秩为零；

(2) $0 \leqslant R(A_{m \times n}) \leqslant \min\{m, n\}$；

(3) 因 A 的一个 k 阶子式的转置也是 A^T 的一个 k 阶子式，所以 $R(A) = R(A^T)$.

根据行列式按一行（列）的展开定理易知，如果矩阵 A 的 $r+1$ 阶子式全为 0，则 A 的所有比 $r+1$ 阶更高阶的子式也全为 0. 因此若 A 有一个 r 阶子式不等于 0，而所有 $r+1$ 阶子式（若有的话）全为 0，则 $R(A) = r$.

例 3 求下列矩阵的秩

(1) $A = \begin{pmatrix} 1 & 2 & 3 \\ -2 & 1 & 4 \\ -1 & 3 & 7 \end{pmatrix}$　　(2) $A = \begin{pmatrix} 2 & -1 & 0 & 3 & 4 & 2 \\ 0 & 0 & 1 & 3 & 2 & -1 \\ 0 & 0 & 0 & 0 & 4 & 1 \\ 0 & 0 & 0 & 0 & 0 & 0 \\ 0 & 0 & 0 & 0 & 0 & 0 \end{pmatrix}$

解 (1) A 有一个 2 阶子式

$$\begin{vmatrix} 1 & 2 \\ -2 & 1 \end{vmatrix} \neq 0$$

更高阶子式只有一个：

$$|A|=\begin{vmatrix}1&2&3\\-2&1&4\\-1&3&7\end{vmatrix}=0$$

因此 $R(A)=2$.

（2）A 是一个有 3 个非零行的行阶梯形矩阵，取 3 个首非零元所在的行和列，这些行和列的交叉点处的元素组成的 3 阶子式

$$\begin{vmatrix}2&0&4\\0&1&2\\0&0&4\end{vmatrix}\neq 0$$

而 A 的所有 4 阶子式全为 0（因 A 有一行元素全为 0），因此 $R(A)=3$.

因为一个有 r 个非零行的行阶梯形矩阵中取所有非零行的首非零元所在的行和列，这些行和列的交叉点处的元素组成的 r 阶子式是以每个首非零元为对角元的上三角行列式，因此该子式必不为 0，而 A 的所有 $r+1$ 阶子式全为 0（因有一行元素全为 0），因此 $R(A)=r$. 于是得到如下的结论：

（1）行阶梯形矩阵的秩等于它的非零行的个数；

（2）标准形矩阵的秩等于其左上角的单位阵的阶数.

例 3（2）中的矩阵是有 3 个非零行的行阶梯形矩阵，所以立即知道它的秩为 3.

求一般矩阵的秩须计算许多行列式，而求阶梯形矩阵的秩却如此简单，那么，能否将一个矩阵化为阶梯形矩阵再求秩呢？化出的阶梯形矩阵的秩是否等于原矩阵的秩呢？问题归结为：矩阵的初等变换是否改变矩阵的秩？下面的定理回答了这一问题.

定理 2.8 矩阵的初等变换不改变矩阵的秩.

***证** 首先证明矩阵的一次初等行变换不改变矩阵的秩.

设矩阵 A 经一次初等行变换化为矩阵 B，首先证明 $R(A)\leqslant R(B)$.

设 $R(A)=r$，且 A 的某个 r 阶非零子式为 D.

若

$$A\xrightarrow{r_i\leftrightarrow r_j}B \text{ 或 } A\xrightarrow{kr_i}B$$

则在 B 中存在 r 阶子式 D_1，使得

$$D_1=D \text{ 或 } D_1=-D \text{ 或 } D_1=kD$$

所以

$$D_1 \neq 0$$

于是

$$R(B) \geqslant r = R(A)$$

即

$$R(A) \leqslant R(B)$$

若

$$A \xrightarrow{r_i + kr_j} B$$

此时分两种情况：

（1）若 D 中不含有 A 的第 i 行元素，则 D 也是 B 的 r 阶非零子式，从而

$$R(B) \geqslant r$$

即

$$R(A) \leqslant R(B)$$

（2）若 D 中含有 A 的第 i 行元素，则在 B 中取对应于在 A 中取 D 时的行与列所得的 r 阶子式 D_1，将 D_1 依第 i 行拆开成两个行列式之和

$$D_1 = \begin{vmatrix} r_p \\ \vdots \\ r_i + kr_j \\ \vdots \\ r_q \end{vmatrix} = \begin{vmatrix} r_p \\ \vdots \\ r_i \\ \vdots \\ r_q \end{vmatrix} + k \begin{vmatrix} r_p \\ \vdots \\ r_j \\ \vdots \\ r_q \end{vmatrix} = D + kD_2$$

如果 D 中含有 A 的第 j 行元素，则 $D_2 = 0$，此时

$$D_1 = D \neq 0$$

如果 D 中不含有 A 的第 j 行元素，则 D_2 也是 B 的 r 阶子式，因

$$D_1 = D + kD_2$$

所以

$$D_1 - kD_2 = D \neq 0$$

由此知 D_1，D_2 不同时为 0.

即 B 中必存在 r 阶非零子式 D_1 或 D_2. 综上所述：

$$R(A) \leqslant R(B) \tag{2.13}$$

因 B 亦可经一次初等行变换变为 A，于是有

$$R(B) \leqslant R(A) \tag{2.14}$$

综合（2.13）与（2.14）得

$$R(A) = R(B)$$

一次初等行变换不改变矩阵的秩，反复使用该结论得：矩阵经一系列初等行变换后秩不变.

设矩阵 A 经初等列变换化为矩阵 B，对 A 所作的初等列变换对 A^T 来说则是初等行变换，于是 A^T 经初等行变换化为 B^T，所以

$$R(A^T)=R(B^T)$$

而

$$R(A)=R(A^T),\ R(B)=R(B^T)$$

从而

$$R(A)=R(B)$$

即初等列变换不改变矩阵的秩.

由定理2.8即可得出由矩阵的初等变换求矩阵秩的方法：用初等变换将矩阵化为阶梯形，阶梯形矩阵的非零行的行数就是原矩阵的秩.

因为矩阵的秩是唯一的，所以用初等变换将矩阵化成的阶梯形矩阵中非零行的行数是唯一确定的，由此容易证明：一个矩阵经初等行变换所化成的行最简阶梯形矩阵是唯一的.

例4 设

$$A=\begin{pmatrix}1&-2&2&-1&1\\2&-4&8&0&2\\-2&4&-2&3&3\\3&-6&0&-6&4\end{pmatrix}$$

求 A 的秩.

解

$$A=\begin{pmatrix}1&-2&2&-1&1\\2&-4&8&0&2\\-2&4&-2&3&3\\3&-6&0&-6&4\end{pmatrix}\xrightarrow[r_4-3r_1]{\substack{r_2-2r_1\\r_3+2r_1}}\begin{pmatrix}1&-2&2&-1&1\\0&0&4&2&0\\0&0&2&1&5\\0&0&-6&-3&1\end{pmatrix}$$

$$\xrightarrow{\frac{1}{2}r_2}\begin{pmatrix}1&-2&2&-1&1\\0&0&2&1&0\\0&0&2&1&5\\0&0&-6&-3&1\end{pmatrix}\xrightarrow[r_3+3r_2]{r_3-r_2}\begin{pmatrix}1&-2&2&-1&1\\0&0&2&1&0\\0&0&0&0&5\\0&0&0&0&1\end{pmatrix}$$

$$\xrightarrow[r_4 - r_3]{\frac{1}{5}r_3} \begin{pmatrix} 1 & -2 & 2 & -1 & 1 \\ 0 & 0 & 2 & 1 & 0 \\ 0 & 0 & 0 & 0 & 1 \\ 0 & 0 & 0 & 0 & 0 \end{pmatrix}$$

这个阶梯形矩阵中有 3 个非零行，所以 $R(A)=3$.

定义 2.20 设 A 为 $m\times n$ 矩阵，若 $R(A)=m$，则称 A 为行满秩矩阵；若 $R(A)=n$，则称 A 为列满秩矩阵；若 A 为 n 阶矩阵且 $R(A)=n$，则称 A 为满秩矩阵.

于是可得到结论：n 阶矩阵 A 可逆的充要条件是 A 为满秩矩阵.

2.4.3 初等矩阵

定义 2.21 由单位矩阵经一次初等变换得到的矩阵称为初等矩阵.

由矩阵的三种初等变换得到三类初等矩阵.

(1) 互换单位矩阵的第 i，j 两行（列）得到的初等矩阵记作 $P(i, j)$：

$$P(i,j)=\begin{pmatrix} 1 &&&&&&&&& \\ & \ddots &&&&&&&& \\ && 1 &&&&&&& \\ &&& 0 & \cdots & \cdots & \cdots & 1 &&& \\ &&& \vdots & 1 &&& \vdots &&& \\ &&& \vdots && \ddots && \vdots &&& \\ &&& \vdots &&& 1 & \vdots &&& \\ &&& 1 & \cdots & \cdots & \cdots & 0 &&& \\ &&&&&&&& 1 && \\ &&&&&&&&& \ddots & \\ &&&&&&&&&& 1 \end{pmatrix}$$

(2) 用非零数 k 乘单位矩阵的第 i 行（列）得到的初等矩阵记作 $P(i(k))$：

$$P(i(k))=\begin{pmatrix} 1 &&&&&& \\ & \ddots &&&&& \\ && 1 &&&& \\ &&& k &&& \\ &&&& 1 && \\ &&&&& \ddots & \\ &&&&&& 1 \end{pmatrix}$$

(3) 将单位矩阵的第 j 行的 k 倍加到第 i 行或将第 i 列的 k 倍加到第 j 列得到的初等矩阵记作 $P(i, j(k))$：

$$P(i, j(k)) = \begin{pmatrix} 1 & & & & & & \\ & \ddots & & & & & \\ & & 1 & \cdots & k & & \\ & & & \ddots & \vdots & & \\ & & & & 1 & & \\ & & & & & \ddots & \\ & & & & & & 1 \end{pmatrix}$$

容易验证：初等矩阵都可逆，且其逆仍是同类初等矩阵：

$$P(i, j)^{-1} = P(i, j),\ P(i(k))^{-1} = P\left(i\left(\frac{1}{k}\right)\right),\ P(i, j(k))^{-1} = P(i, j(-k))$$

定理 2.9 设 A 为 $m\times n$ 矩阵，对 A 施行一次初等行变换相当于用一个相应的 m 阶初等矩阵左乘 A；对 A 施行一次初等列变换相当于用一个相应的 n 阶初等矩阵右乘 A.

证 以下只就初等行变换的情形进行证明，初等列变换的情形可同理证明.

将 A 按行分块：

$$A = \begin{pmatrix} A_1 \\ A_2 \\ \vdots \\ A_m \end{pmatrix}$$

$$P(i, j)A = \begin{pmatrix} 1 & & & & & & & & & & \\ & \ddots & & & & & & & & & \\ & & 1 & & & & & & & & \\ & & & 0 & \cdots & \cdots & \cdots & 1 & & & \\ & & & \vdots & 1 & & & \vdots & & & \\ & & & \vdots & & \ddots & & \vdots & & & \\ & & & \vdots & & & 1 & \vdots & & & \\ & & & 1 & \cdots & \cdots & \cdots & 0 & & & \\ & & & & & & & & 1 & & \\ & & & & & & & & & \ddots & \\ & & & & & & & & & & 1 \end{pmatrix} \begin{pmatrix} A_1 \\ \vdots \\ A_i \\ \vdots \\ A_j \\ \vdots \\ A_m \end{pmatrix} = \begin{pmatrix} A_1 \\ \vdots \\ A_j \\ \vdots \\ A_i \\ \vdots \\ A_m \end{pmatrix}$$

这一结果相当于直接互换 A 的 i, j 两行所得的结果；

$$
P(i(k))A=\begin{pmatrix}1&&&&&&\\&\ddots&&&&&\\&&1&&&&\\&&&k&&&\\&&&&1&&\\&&&&&\ddots&\\&&&&&&1\end{pmatrix}\begin{pmatrix}A_1\\ \vdots\\ A_i\\ \vdots\\ A_m\end{pmatrix}=\begin{pmatrix}A_1\\ \vdots\\ kA_i\\ \vdots\\ A_m\end{pmatrix}
$$

这一结果相当于用 k 乘 A 的第 i 行所得的结果；

$$
P(i,\ j(k))A=\begin{pmatrix}1&&&&&&\\&\ddots&&&&&\\&&1&\cdots&k&&\\&&&\ddots&\vdots&&\\&&&&1&&\\&&&&&\ddots&\\&&&&&&1\end{pmatrix}\begin{pmatrix}A_1\\ \vdots\\ A_i\\ \vdots\\ A_j\\ \vdots\\ A_m\end{pmatrix}=\begin{pmatrix}A_1\\ \vdots\\ A_i+kA_j\\ \vdots\\ A_j\\ \vdots\\ A_m\end{pmatrix}
$$

这一结果相当于将 A 的第 j 行的 k 倍加到第 i 行所得的结果.

定理 2.10 n 阶矩阵 A 可逆的充要条件是，A 可表示为一系列初等矩阵的乘积.

证 充分性显然，下证必要性.

设 A 可逆，则 A 的标准形为单位矩阵，即 A 可经一系列初等变换化为单位矩阵 E，再由定理 2.9 知，存在一系列的初等矩阵 P_1，P_2，…，P_l，Q_1，Q_2，…，Q_k 使得

$$P_l\cdots P_2P_1AQ_1Q_2\cdots Q_k=E$$

因初等矩阵都可逆，且其逆仍为初等矩阵，由上式解出 A，得

$$A=P_1^{-1}P_2^{-1}\cdots P_l^{-1}Q_k^{-1}\cdots Q_2^{-1}Q_1^{-1}$$

即 A 为一系列初等矩阵的乘积.

推论 1 两个 $m\times n$ 矩阵 A，B 等价的充要条件是存在 m 阶可逆矩阵 P 与 n 阶可逆矩阵 Q，使得

$$B=PAQ$$

证 由矩阵等价的定义知 A，B 等价的充要条件是 A 能经初等变换化为 B，即有 m 阶初等矩阵 P_1，P_2，…，P_h，n 阶初等矩阵 Q_1，Q_2，…，Q_s 使得

$$P_h\cdots P_2P_1AQ_1Q_2\cdots Q_s=B$$

令 $P=P_h\cdots P_2P_1$，$Q=Q_1Q_2\cdots Q_s$，则 P 为 m 阶可逆矩阵，Q 为 n 阶可逆矩

阵，于是

$$B=PAQ$$

推论 2 可逆矩阵必可经初等行变换化为单位矩阵.

证 设矩阵 A 可逆，则 A 可表示为一系列初等矩阵的乘积：

$$A=Q_1Q_2\cdots Q_s$$

于是

$$Q_s^{-1}\cdots Q_2^{-1}Q_1^{-1}A=E$$

上式说明：可逆矩阵 A 只经初等行变换就可化为单位矩阵.

记 $Q_i^{-1}=P_i$，$(i=1, 2, \cdots, s)$，则上式为

$$P_s\cdots P_2P_1A=E \tag{2.15}$$

2.4.4 初等变换求逆矩阵

根据（2.15）式有

$$A^{-1}=P_s\cdots P_2P_1$$

现构造一个分块矩阵$(A \ \vdots \ E)$，并以 $P_s\cdots P_2P_1$ 左乘它：

$$P_s\cdots P_2P_1(A \ \vdots \ E)=(P_s\cdots P_2P_1A \ \vdots \ P_s\cdots P_2P_1)=(E \ \vdots \ A^{-1})$$

即

$$P_s\cdots P_2P_1(A \ \vdots \ E)=(E \ \vdots \ A^{-1})$$

上式表明对分块矩阵$(A \ \vdots \ E)$作初等行变换，当把左边的子块 A 化为单位矩阵 E 的同时右边的子块 E 则化为 A^{-1}. 即

$$(A \ \vdots \ E)\xrightarrow{\text{初等行变换}}(E \ \vdots \ A^{-1}) \tag{2.15}$$

上述方法即为初等行变换求逆矩阵的方法.

例 5 设

$$A=\begin{pmatrix} 0 & -2 & 1 \\ 3 & 0 & -2 \\ -2 & 3 & 0 \end{pmatrix}$$

用初等行变换求矩阵 A 的逆阵.

解

$$(A \vdots E)=\begin{pmatrix}0 & -2 & 1 & \vdots & 1 & 0 & 0\\ 3 & 0 & -2 & \vdots & 0 & 1 & 0\\ -2 & 3 & 0 & \vdots & 0 & 0 & 1\end{pmatrix}$$

$$\xrightarrow[r_1\leftrightarrow r_2]{\substack{3r_3\\ r_3+2r_2}}\begin{pmatrix}3 & 0 & -2 & \vdots & 0 & 1 & 0\\ 0 & -2 & 1 & \vdots & 1 & 0 & 0\\ 0 & 9 & -4 & \vdots & 0 & 2 & 3\end{pmatrix}$$

$$\xrightarrow{\substack{2r_3\\ r_3+9r_2}}\begin{pmatrix}3 & 0 & -2 & \vdots & 0 & 1 & 0\\ 0 & -2 & 1 & \vdots & 1 & 0 & 0\\ 0 & 0 & 1 & \vdots & 9 & 4 & 6\end{pmatrix}$$

$$\xrightarrow{\substack{r_1+2r_3\\ r_2-r_3}}\begin{pmatrix}3 & 0 & 0 & \vdots & 18 & 9 & 12\\ 0 & -2 & 0 & \vdots & -8 & -4 & -6\\ 0 & 0 & 1 & \vdots & 9 & 4 & 6\end{pmatrix}$$

$$\xrightarrow{\substack{\frac{1}{3}r_1\\ -\frac{1}{2}r_2}}\begin{pmatrix}1 & 0 & 0 & \vdots & 6 & 3 & 4\\ 0 & 1 & 0 & \vdots & 4 & 2 & 3\\ 0 & 0 & 1 & \vdots & 9 & 4 & 6\end{pmatrix}$$

$$A^{-1}=\begin{pmatrix}6 & 3 & 4\\ 4 & 2 & 3\\ 9 & 4 & 6\end{pmatrix}$$

可逆矩阵亦可经初等列变换化为单位矩阵．初等列变换求逆矩阵的方法是：对分块矩阵$\begin{pmatrix}A\\ \cdots\cdots\\ E\end{pmatrix}$施以初等列变换使得上面的子块 A 化为 E，与此同时下面的子块 E 即化为 A^{-1}．即有

$$\begin{pmatrix}A\\ \cdots\cdots\\ E\end{pmatrix}\xrightarrow{\text{初等列变换}}\begin{pmatrix}E\\ \cdots\cdots\\ A^{-1}\end{pmatrix} \tag{2.16}$$

若将（2.15）式中的子块 E 换为行数与 A 的行数相同的矩阵 B，则有

$$(A \ \vdots \ B)\xrightarrow{\text{初等行变换}}(E \ \vdots \ A^{-1}B)$$

对于矩阵方程 $AX=B$（A 可逆）就可用初等行变换得到其解 $X=A^{-1}B$ 了．

例6 设

$$A=\begin{pmatrix}2 & 1 & -1\\ 0 & 4 & 1\\ 3 & -1 & -2\end{pmatrix},\ B=\begin{pmatrix}5 & 3\\ 1 & -6\\ 8 & 8\end{pmatrix}$$

用初等变换解矩阵方程 $AX=B$.

解 若 A 可逆，则 $X=A^{-1}B$.

$$(A\vdots B)=\begin{pmatrix}2 & 1 & -1 & \vdots & 5 & 3\\ 0 & 4 & 1 & \vdots & 1 & -6\\ 3 & -1 & -2 & \vdots & 8 & 8\end{pmatrix}$$

$$\xrightarrow{\text{初等行变换}}\begin{pmatrix}1 & 0 & 0 & \vdots & 8 & 1\\ 0 & 1 & 0 & \vdots & -2 & -1\\ 0 & 0 & 1 & \vdots & 9 & -2\end{pmatrix}$$

于是 A 可逆，方程的解为

$$X=A^{-1}B=\begin{pmatrix}8 & 1\\ -2 & -1\\ 9 & -2\end{pmatrix}$$

若将（2.16）式中的子块 E 换为列数与 A 的列数相同的矩阵 B，则有

$$\begin{pmatrix}A\\ \cdots\cdots\\ B\end{pmatrix}\xrightarrow{\text{初等列变换}}\begin{pmatrix}E\\ \cdots\cdots\\ BA^{-1}\end{pmatrix}$$

对于矩阵方程 $XA=B$（A 可逆）就可用初等列变换得到其解 $X=BA^{-1}$了.

习题 2.4

1. 用初等行变换将下列矩阵化为阶梯形：

(1) $\begin{pmatrix}2 & -1 & 1 & 1 & 1\\ 1 & 2 & -1 & 4 & 2\\ 1 & 7 & -4 & 11 & 5\end{pmatrix}$　　(2) $\begin{pmatrix}1 & -2 & 1 & 1 & -1 & 1\\ 2 & 1 & -1 & -1 & -1 & 2\\ 4 & 7 & -5 & -5 & -7 & 3\\ 3 & -1 & -3 & 1 & -1 & 0\\ 1 & 8 & -5 & -5 & -5 & 0\end{pmatrix}$

2. 用初等行变换将下列矩阵化为行最简阶梯形：

(1) $\begin{pmatrix}1 & -1 & 3 & 1 & 1 & 0\\ 2 & 1 & 3 & 3 & 2 & 1\\ 1 & 2 & 0 & 1 & 4 & 3\end{pmatrix}$　　(2) $\begin{pmatrix}-3 & 0 & 1\\ 1 & -3 & 2\\ 1 & 1 & -1\end{pmatrix}$

3. 求下列矩阵的秩:

(1) $\begin{pmatrix}2 & 1 & -3\\ 1 & 2 & 0\\ 5 & 4 & -6\end{pmatrix}$　　(2) $\begin{pmatrix}1 & 2 & 3 & 4 & 5 & 6\\ 1 & 1 & 1 & 1 & 1 & 1\\ 1 & 1 & 1 & 1 & 1 & 1\\ 1 & 1 & 1 & 1 & 1 & 1\\ 1 & 1 & 2 & 3 & 4 & 5\end{pmatrix}$

(3) $\begin{pmatrix}2 & 1 & 0 & 4\\ -1 & 1 & 3 & 4\\ -1 & 0 & 1 & 0\\ 0 & 1 & 2 & 4\\ 3 & 2 & -1 & 1\end{pmatrix}$　　(4) $\begin{pmatrix}1 & -2 & -1 & -2 & 2\\ 4 & 1 & 2 & 1 & 3\\ 2 & 5 & 4 & -1 & 0\\ 1 & 1 & 1 & 1 & \frac{1}{3}\end{pmatrix}$

4. 用初等行变换求下列矩阵的逆矩阵:

(1) $A=\begin{pmatrix}-3 & 0 & 1\\ 1 & -3 & 2\\ 1 & 1 & -1\end{pmatrix}$　　(2) $\begin{pmatrix}1 & 2 & 3 & 4\\ -1 & -1 & -3 & -4\\ 1 & 3 & 4 & 4\\ 0 & 1 & 0 & 1\end{pmatrix}$

5. 解下列矩阵方程:

(1) $\begin{pmatrix}1 & 1 & -1\\ 0 & 2 & 2\\ 1 & -1 & 0\end{pmatrix}X=\begin{pmatrix}0 & 3\\ 3 & -6\\ 3 & 0\end{pmatrix}$　　(2) $X\begin{pmatrix}1 & 1 & -1\\ 2 & 1 & 0\\ 1 & -1 & 1\end{pmatrix}=\begin{pmatrix}1 & -1 & 3\\ 4 & 3 & 2\\ 1 & -2 & 5\end{pmatrix}$

6. 将矩阵 $A=\begin{pmatrix}1 & 0 & 0\\ 2 & 0 & -1\\ 0 & -1 & 0\end{pmatrix}$表示为一些初等矩阵的乘积.

习题二

(A)

一、填空题

1. 将 4 阶矩阵 A, B 按列分块为

$A=(\alpha_1, \alpha_2, \alpha_3, \alpha_4)$，$B=(\alpha_1, \alpha_2, \alpha_3, \beta)$，且 $|A|=2$，$|B|=3$，则 $|A+2B|=$________.

2. 设 A 为 n 阶矩阵，且 $|A|=\frac{1}{3}$，则 $\left|(\frac{1}{4}A)^{-1}-15A^*\right|=$________.

3. 设 A，B 均为 n 阶矩阵，且 $|A|=2$，$|B|=-3$，则 $|2A^*B^{-1}|=$________.

4. 设 $A=\begin{pmatrix}2&4&5\\0&1&3\\0&0&4\end{pmatrix}$，则 $(A^*)^{-1}=$________.

5. 设 $A=\begin{pmatrix}0&0&1&-3\\0&0&-1&4\\2&3&0&0\\-2&-2&0&0\end{pmatrix}$，则 $A^{-1}=$________.

6. 设矩阵 A 满足 $A^2-A-5E=O$，则 $A^{-1}=$________.

7. 设 $P=\begin{pmatrix}a_1\\a_2\\\vdots\\a_n\end{pmatrix}$，$Q=\begin{pmatrix}b_1\\b_2\\\vdots\\b_n\end{pmatrix}$，$P$，$Q$ 均为非零矩阵，$A=PQ^T$，则 $R(A)=$________.

8. 设 $A=\begin{pmatrix}a&1&1&1\\1&a&1&1\\1&1&a&1\\1&1&1&a\end{pmatrix}$，$R(A)=3$，则 $a=$________.

9. 设 A 为 n 阶矩阵，且 $|A|=a$，则 $|2A^*|=$________.

10. 设 4 阶方阵 A 的秩为 2，则 A^* 的秩为________.

二、单项选择题

1. 设 A，B，C 均为 n 阶矩阵，下列各式中正确的是（　　）.

(A) $|A+B|=|A|+|B|$　　(B) $(A+B)^{-1}=A^{-1}+B^{-1}$

(C) $(A+B)(A-B)=A^2-B^2$　　(D) $(A+E)(A-E)=A^2-E$

2. 设 A，B 均为 n 阶矩阵，k 为正整数，下列各式中错误的是（　　）.

(A) $|A^T+B^T|=|A+B|$　　(B) $|A^T+B^T|=|A|+|B|$

(C) $|(AB)^k|=|A|^k|B|^k$　　(D) $|AB|=|BA|$

3. 设 A，B 均为 n 阶矩阵且 $AB=O$，则必有（　　）.

(A) $A=O$ 或 $B=O$　　(B) $A+B=O$

(C) $|A|=0$ 或 $|B|=0$ (D) $|A|+|B|=0$

4. 设3阶方阵 $A=\begin{pmatrix} a & b & b \\ b & a & b \\ b & b & a \end{pmatrix}$，若 $R(A^*)=1$，则（　　）.

(A) $a=b$ 或 $a+2b=0$ (B) $a=b$ 且 $a+2b\neq 0$

(C) $a\neq b$ 且 $a+2b=0$ (D) $a\neq b$ 且 $a+2b\neq 0$

5. 设3阶矩阵 A 按列分块为 $A=(\alpha_1, \alpha_2, \alpha_3)$，且 $|A|=5$，$B=(\alpha_1+2\alpha_2, 3\alpha_1+4\alpha_2, 5\alpha_3)$，则 $|B|=$（　　）.

(A) 10 (B) 50 (C) -10 (D) -50

6. n 阶方阵 A 满足 $A^2+A-3E=O$，则 $(A-E)^{-1}=$（　　）.

(A) $A+2E$ (B) $A-2E$ (C) $A+E$ (D) $A-E$

7. 设 A 为3阶方阵，A^* 为 A 的伴随矩阵，$|A|=\frac{1}{2}$，则 $|A^{-1}+2A^*|=$（　　）.

(A) 6 (B) 16 (C) 2 (D) 12

8. 设 A，B 均为 n 阶方阵，下面结论正确的是（　　）.

(A) 若 A，B 均可逆，则 $A+B$ 可逆 (B) 若 A，B 均可逆，则 $A-B$ 可逆

(C) 若 A，B 均可逆，则 AB 可逆 (D) 若 $A+B$ 可逆，则 A，B 均可逆

9. 设 n 阶方阵 A 的行列式 $|A|=a\neq 0$，则 A 的伴随矩阵 A^* 的行列式 $|A^*|=$（　　）.

(A) a (B) a^{n-1} (C) $\frac{1}{a}$ (D) a^n

10. 设 $n(n\geqslant 3)$ 阶矩阵

$$A=\begin{pmatrix} 1 & a & a & \cdots & a \\ a & 1 & a & \cdots & a \\ a & a & 1 & \cdots & a \\ \cdots & \cdots & \cdots & \cdots & \cdots \\ a & a & a & \cdots & 1 \end{pmatrix}$$

已知 $R(A)=n-1$，则 a 必为（　　）.

(A) 1 (B) $\frac{1}{1-n}$ (C) -1 (D) $\frac{1}{n-1}$

11. 已知5阶矩阵 A 的秩为2，则 A^* 的秩为（　　）.

(A) 0 (B) 3 (C) 2 (D) 5

12. 设 A，B，$A+B$，$A^{-1}+B^{-1}$ 均为 n 阶可逆矩阵，则 $(A^{-1}+B^{-1})^{-1}=$（　　）.

(A) $A^{-1}+B^{-1}$;　　(B) $A+B$;

(C) $A(A+B)^{-1}B$;　　(D) $(A+B)^{-1}$.

13. 设 A 是三阶方阵，将 A 的第一列与第二列交换得 B，再把 B 的第二列加到第三列得 C，则满足 $AQ=C$ 的可逆矩阵 Q 为（　　）.

(A) $\begin{pmatrix}0&1&0\\1&0&0\\1&0&1\end{pmatrix}$　　(B) $\begin{pmatrix}0&1&0\\1&0&1\\0&0&1\end{pmatrix}$

(C) $\begin{pmatrix}0&1&0\\1&0&0\\0&1&1\end{pmatrix}$　　(D) $\begin{pmatrix}0&1&1\\1&0&0\\0&0&1\end{pmatrix}$

14. 设 A 可逆且 $A=\begin{pmatrix}a_{11}&a_{12}&a_{13}\\a_{21}&a_{22}&a_{23}\\a_{31}&a_{32}&a_{33}\end{pmatrix}$, $B=\begin{pmatrix}a_{13}&a_{11}&a_{12}\\a_{23}&a_{21}&a_{22}\\a_{33}&a_{31}&a_{32}\end{pmatrix}$, $P_1=\begin{pmatrix}0&1&0\\1&0&0\\0&0&1\end{pmatrix}$, $P_2=\begin{pmatrix}1&0&0\\0&0&1\\0&1&0\end{pmatrix}$, 则 $B^{-1}=$（　　）.

(A) $A^{-1}P_1P_2$　　(B) $P_2A^{-1}P_1$

(C) $P_1P_2A^{-1}$　　(D) $P_1A^{-1}P_2$

15. 设 A、B 均为 n 阶矩阵，A^*，B^* 分别为 A，B 对应的伴随矩阵，分块矩阵 $C=\begin{pmatrix}A&O\\O&B\end{pmatrix}$，则 C 的伴随矩阵 $C^*=$（　　）.

(A) $\begin{pmatrix}|A|A^*&O\\O&|B|B^*\end{pmatrix}$　　(B) $\begin{pmatrix}|B|B^*&O\\O&|A|A^*\end{pmatrix}$

(C) $\begin{pmatrix}|A|B^*&O\\O&|B|A^*\end{pmatrix}$　　(D) $\begin{pmatrix}|B|A^*&O\\O&|A|B^*\end{pmatrix}$

16. 设 n 阶矩阵 A 与 B 等价，则必有（　　）.

(A) $|A|=a(a\neq0)$时，$|B|=a$

(B) $|A|=a(a\neq0)$时，$|B|=-a$

(C) 当$|A|\neq0$时，$|B|=0$

(D) 当$|A|=0$时，$|B|=0$

17. 设 A、B、C 均为 n 阶矩阵，且满足 $AB=BC=CA=E$，则 $A^2+B^2+C^2=$（　　）.

(A) O　　(B) E　　(C) $2E$　　(D) $3E$

18. 设 A 为 n 阶方阵，$k\neq 0$，$(kA)^* =$ (　　).

(A) kA^*　　(B) A^*　　(C) k^nA^*　　(D) $k^{n-1}A^*$

(B)

1. 设方阵 A 满足等式 $A^2+A-7E=O$. 试证明方阵 A，$A+3E$，$A-2E$ 均可逆并求其逆.

2. 设 A，B，C 均为 n 阶矩阵且 $C=A+CA$，$B=E+AB$，证明 $B-C=E$.

3. 设

$$A=\begin{pmatrix}0&10&6\\1&-3&-3\\-2&10&8\end{pmatrix},\ P=\begin{pmatrix}2&2&3\\1&-1&0\\-1&2&1\end{pmatrix}$$

(1) 求 $P^{-1}AP$;

(2) 求 A^k (k 为正整数).

4. 已知矩阵 A，B 满足 $A^{-1}BA=6A+BA$，求 B. 其中

$$A=\begin{pmatrix}\frac{1}{4}&&\\&\frac{1}{3}&\\&&\frac{1}{7}\end{pmatrix}$$

5. 设矩阵 $A=\begin{pmatrix}1&1&-1\\-1&1&1\\1&-1&1\end{pmatrix}$，且满足 $A^*XA=XA-E$，求 X.

6. 设 A，B 均为 n 阶可逆矩阵，证明：$(AB)^*=B^*A^*$.

7. 已知实矩阵 $A=(a_{ij})_{3\times 3}$满足条件：

(1) $a_{ij}=A_{ij}(i,\ j=1,\ 2,\ 3)$，其中 A_{ij}是 a_{ij}的代数余子式;

(2) $a_{11}\neq 0$.

计算行列式 $|A|$.

8. 设 A，B，C，D 皆为 n 阶方阵，且 A 非奇异. 令分块矩阵 $X=\begin{pmatrix}E&O\\-CA^{-1}&E\end{pmatrix}$，$Y=\begin{pmatrix}A&B\\C&D\end{pmatrix}$，$Z=\begin{pmatrix}E&-A^{-1}B\\O&E\end{pmatrix}$.

(1) 求乘积 XYZ；

(2) 证明：$\begin{vmatrix} A & B \\ C & D \end{vmatrix} = |A|\,|D - CA^{-1}B|$.

9. 设 A，B，C，D 皆为 n 阶方阵，且 A 非奇异，A，C 可交换. 证明

$$\begin{vmatrix} A & B \\ C & D \end{vmatrix} = |AD - CB|$$

10. 设 n 阶矩阵

$$A = \begin{pmatrix} k & 1 & \cdots & 1 \\ 1 & k & \cdots & 1 \\ \cdots & \cdots & \cdots & \cdots \\ 1 & 1 & \cdots & k \end{pmatrix}$$

求 A 的秩.

第三章　线性方程组

经济、管理及工程技术中的很多问题都归结为求解线性方程组. 线性方程组的求解问题包括线性方程组解的判定、解的性质、解的结构和解的求法等问题. 为了在理论上深入地研究这些问题，本章首先引入了向量及向量空间的概念，然后研究向量的理论并用其解决了一般线性方程组求解问题.

3.1　消元法

一般线性方程组指由 m 个方程组成的 n 元线性方程组

$$\begin{cases} a_{11}x_1+a_{12}x_2+\cdots+a_{1n}x_n=b_1 \\ a_{21}x_1+a_{22}x_2+\cdots+a_{2n}x_n=b_2 \\ \cdots\cdots\cdots\cdots\cdots\cdots\cdots\cdots \\ a_{m1}x_1+a_{m2}x_2+\cdots+a_{mn}x_n=b_m \end{cases} \tag{3.1}$$

其中方程的个数 m 与未知数的个数 n 可以不相等. 当各方程右端的常数项全为零时称其为**齐次线性方程组**，否则称之为**非齐次线性方程组**.

若当（3.1）中的未知量 x_1，x_2，…，x_n 分别用 n 个数 c_1，c_2，…，c_n 代替后，每个方程都成为恒等式，则称有序数组$(c_1,\ c_2,\ \cdots,\ c_n)$为方程组（3.1）的一个**解**. 方程组（3.1）的全体解构成的集合称为方程组的**解集合**（简称**解集**）.

有时为了计算的需要，方程组（3.1）的解亦写成列矩阵的形式：

$$\begin{pmatrix} c_1 \\ c_2 \\ \vdots \\ c_n \end{pmatrix}$$

若两个方程组有相同的解集，则称他们为**同解方程组**.

若记

$$A=(a_{ij})_{m\times n}=\begin{pmatrix} a_{11} & a_{12} & \cdots & a_{1n} \\ a_{21} & a_{22} & \cdots & a_{2n} \\ \cdots & \cdots & \cdots & \cdots \\ a_{m1} & a_{m2} & \cdots & a_{mn} \end{pmatrix},\ X=\begin{pmatrix} x_1 \\ x_2 \\ \vdots \\ x_n \end{pmatrix},\ B=\begin{pmatrix} b_1 \\ b_2 \\ \vdots \\ b_m \end{pmatrix}$$

则方程组（3.1）可写为矩阵形式：

$$AX=B \tag{3.2}$$

其中 A，X，B 分别称为系数矩阵、未知数矩阵、常数项矩阵. 对应的齐次线性方程组可写为矩阵形式：

$$AX=\mathbf{0} \tag{3.3}$$

实际上线性方程组（3.1）可由矩阵

$$(A \vdots B)=\begin{pmatrix} a_{11} & a_{12} & \cdots & a_{1n} & \vdots & b_1 \\ a_{21} & a_{22} & \cdots & a_{2n} & \vdots & b_2 \\ \cdots & \cdots & \cdots & \cdots & \vdots & \cdots \\ a_{m1} & a_{m2} & \cdots & a_{mn} & \vdots & b_m \end{pmatrix}$$

唯一确定. 这个矩阵称为线性方程组 $AX=B$ 的增广矩阵，记作 $\bar{A}$.

解线性方程组的问题，就是判断方程组是否有解？如果有解，有多少解？怎样求解？

在中学代数中我们学过用加减消元法和代入消元法解二元、三元线性方程组，下面我们来看一个例子.

例 1 解方程组

$$\begin{cases} x_1+3x_2-2x_3=4 & (1) \\ 3x_1+2x_2-5x_3=11 & (2) \\ 2x_1+x_2+x_3=3 & (3) \\ -2x_1+x_2+3x_3=-7 & (4) \end{cases}$$

解 (2) - 3(1), (3) - 2(1), (4) + 2(1) 得：

$$\begin{cases}x_1+3x_2-2x_3=4 & (5)\\ -7x_2+x_3=-1 & (6)\\ -5x_2+5x_3=-5 & (7)\\ 7x_2-x_3=1 & (8)\end{cases}$$ 对应于 $\bar{A}\xrightarrow[r_4+2r_1]{\substack{r_2-3r_1\\ r_3-2r_1}}\begin{pmatrix}1&3&-2&\vdots&4\\0&-7&1&\vdots&-1\\0&-5&5&\vdots&-5\\0&7&-1&\vdots&1\end{pmatrix}$

(8)+(6)，$-\frac{1}{5}$(7)得：

$$\begin{cases}x_1+3x_2-2x_3=4 & (9)\\ -7x_2+x_3=-1 & (10)\\ x_2-x_3=1 & (11)\\ 0=0 & (12)\end{cases}$$ 对应于 $\xrightarrow[-\frac{1}{5}r_3]{r_4+r_2}\begin{pmatrix}1&3&-2&\vdots&4\\0&-7&1&\vdots&-1\\0&1&-1&\vdots&1\\0&0&0&\vdots&0\end{pmatrix}$

(10) ↔ (11) 得：

$$\begin{cases}x_1+3x_2-2x_3=4 & (13)\\ x_2-x_3=1 & (14)\\ -7x_2+x_3=-1 & (15)\\ 0=0 & (16)\end{cases}$$ 对应于 $\xrightarrow{r_2\leftrightarrow r_3}\begin{pmatrix}1&3&-2&\vdots&4\\0&1&-1&\vdots&1\\0&-7&1&\vdots&-1\\0&0&0&\vdots&0\end{pmatrix}$

(15) +7 (14) 得：

$$\begin{cases}x_1+3x_2-2x_3=4 & (17)\\ x_2-x_3=1 & (18)\\ -6x_3=6 & (19)\\ 0=0 & (20)\end{cases}$$ 对应于 $\xrightarrow{r_3+7r_2}\begin{pmatrix}1&3&-2&\vdots&4\\0&1&-1&\vdots&1\\0&0&-6&\vdots&6\\0&0&0&\vdots&0\end{pmatrix}$

在方程组中去掉恒等式 $0=0$ 得：

$$\begin{cases}x_1+3x_2-2x_3=4\\ x_2-x_3=1\\ -6x_3=6\end{cases}$$

上述形式的方程组称为阶梯形方程组，将一个方程组化为阶梯形方程组的过程称为消元过程，在上面的计算中我们看到消元过程实际上就是将方程组的增广矩阵用矩阵的初等行变换化为行阶梯形矩阵的过程.

在最后这个阶梯形方程组中，由第三个方程两边乘$\left(-\frac{1}{6}\right)$得 $x_3=-1$，再将 $x_3=-1$ 代入第二个方程得 $x_2=0$，最后将 $x_3=-1$ 和 $x_2=0$ 代入第一个方程得

$x_1=2$. 于是原方程组的解为 $x_3=-1$，$x_2=0$，$x_1=2$. 这种在阶梯形方程组中由下往上依次求出未知量的过程称为回代过程，回代过程亦可由矩阵的初等行变换来完成. 继续上面的矩阵化简过程：

$$\begin{pmatrix}1&3&-2&\vdots&4\\0&1&-1&\vdots&1\\0&0&-6&\vdots&6\\0&0&0&\vdots&0\end{pmatrix}\xrightarrow{-\frac{1}{6}r_3}\begin{pmatrix}1&3&-2&\vdots&4\\0&1&-1&\vdots&1\\0&0&1&\vdots&-1\\0&0&0&\vdots&0\end{pmatrix}$$

$$\xrightarrow[r_1+2r_3]{r_2+r_3}\begin{pmatrix}1&3&0&\vdots&2\\0&1&0&\vdots&0\\0&0&1&\vdots&-1\\0&0&0&\vdots&0\end{pmatrix}\xrightarrow{r_1-3r_2}\begin{pmatrix}1&0&0&\vdots&2\\0&1&0&\vdots&0\\0&0&1&\vdots&-1\\0&0&0&\vdots&0\end{pmatrix}$$

由最后的矩阵即得：

$$\begin{cases}x_1=2\\x_2=0\\x_3=-1\end{cases}$$

回代过程实际上是进一步将行阶梯形矩阵化为行最简阶梯形矩阵的过程.

上面方程组的求解过程，就是反复地对方程组施行如下三种变换：

(1) 互换两个方程的位置；

(2) 以非零数乘以某个方程的两边；

(3) 将一个方程的若干倍加到另一个方程.

称上述三种变换为**线性方程组的初等变换**. 与矩阵的初等行变换相比较知：**对方程组施行的初等变换相当于对方程组的增广矩阵 $\bar{A}$ 所作的初等行变换**.

定理 3.1 线性方程组经过初等变换所得的方程组与原方程组同解.

证 仅就一次初等变换的情形证明即可.

设线性方程组 $AX=B$ 经过一次初等变换所得方程组为 $A_1X=B_1$，即存在初等矩阵 P，使得

$$P\bar{A}=P(A\mid B)=(PA\mid PB)=(A_1\mid B_1)$$

所以

$$PA=A_1,\ PB=B_1$$
$$P^{-1}A_1=A,\ P^{-1}B_1=B,$$

若 X_0 是 $AX=B$ 的解，即

$$AX_0=B$$

用 P 左乘两边得

$$PAX_0 = PB$$

即

$$A_1X_0 = B_1$$

所以 X_0 也是 $A_1X = B_1$ 的解.

反之，若 X_0 是 $A_1X = B_1$ 的解，即

$$A_1X_0 = B_1$$

用 P^{-1}左乘两边得

$$P^{-1}A_1X_0 = P^{-1}B_1$$

故

$$AX_0 = B$$

即 X_0 也是 $AX = B$ 的解，所以 $AX = B$ 与 $A_1X = B_1$ 同解.

例 2 解方程组

$$\begin{cases} 2x_1 - x_2 + 3x_3 = 1 \\ 2x_1 \qquad + 2x_3 = 6 \\ 4x_1 + 2x_2 + 2x_3 = 22 \end{cases}$$

解 对方程组的增广矩阵 $\bar{A}$ 作初等行变换将其化为行最简阶梯形矩阵：

$$\bar{A} = \begin{pmatrix} 2 & -1 & 3 & \vdots & 1 \\ 2 & 0 & 2 & \vdots & 6 \\ 4 & 2 & 2 & \vdots & 22 \end{pmatrix} \xrightarrow{\text{初等行变换}} \begin{pmatrix} 1 & 0 & 1 & \vdots & 3 \\ 0 & 1 & -1 & \vdots & 5 \\ 0 & 0 & 0 & \vdots & 0 \end{pmatrix}$$

得原方程组的同解方程组

$$\begin{cases} x_1 \qquad + x_3 = 3 \\ \qquad x_2 - x_3 = 5 \end{cases}$$

解得

$$\begin{cases} x_1 = 3 - x_3 \\ x_2 = 5 + x_3 \end{cases}$$

x_3 为自由未知量，令 $x_3 = c$ 方程组的解表示为

$$\begin{cases} x_1 = 3 - c \\ x_2 = 5 + c \\ x_3 = c \end{cases}$$

其中 c 为任意实数.

上述形式的解称为方程组的**一般解**.

本题中也可将 x_2 确定为自由未知量，即可将增广矩阵化为

$$\bar{A}=\begin{pmatrix}2 & -1 & 3 & \vdots & 1\\ 2 & 0 & 2 & \vdots & 6\\ 4 & 2 & 2 & \vdots & 22\end{pmatrix}\xrightarrow{\text{初等行变换}}\begin{pmatrix}1 & 1 & 0 & \vdots & 8\\ 0 & -1 & 1 & \vdots & -5\\ 0 & 0 & 0 & \vdots & 0\end{pmatrix}$$

原方程组的同解方程组为

$$\begin{cases}x_1+x_2 \qquad =8\\ \quad -x_2+x_3=-5\end{cases}$$

解得

$$\begin{cases}x_1=8-x_2\\ x_3=-5+x_2\end{cases}$$

令 $x_2=c$ 则方程组的一般解为

$$\begin{cases}x_1=8-c\\ x_2=c\\ x_3=-5+c\end{cases}$$

其中 c 为任意常数.

上面的计算说明回代的过程不一定要将增广矩阵化为行最简阶梯形矩阵，只要最后的阶梯形中各非零行有一个元为 1，而所在列的其余元全为 0 即可.

例 3 解方程组

$$\begin{cases}x_1+3x_2-2x_3=4\\ 3x_1+2x_2-5x_3=11\\ 2x_1+x_2+x_3=3\\ -2x_1+x_2+3x_3=-6\end{cases}$$

解

$$\bar{A}=\begin{pmatrix}1 & 3 & -2 & \vdots & 4\\ 3 & 2 & -5 & \vdots & 11\\ 2 & 1 & 1 & \vdots & 3\\ -2 & 1 & 3 & \vdots & -6\end{pmatrix}\xrightarrow{\text{初等行变换}}\begin{pmatrix}1 & 3 & -2 & \vdots & 4\\ 0 & 1 & -1 & \vdots & 1\\ 0 & 0 & -6 & \vdots & 6\\ 0 & 0 & 0 & \vdots & 1\end{pmatrix}$$

同解阶梯形方程组为

$$\begin{cases} x_1 + 3x_2 - 2x_3 = 4 \\ \qquad x_2 - x_3 = 1 \\ \qquad\quad -6x_3 = 6 \\ \qquad\qquad 0 = 1 \end{cases}$$

最后一个方程“0 = 1”是**矛盾方程**，所以方程组无解，于是原方程组无解.

以下讨论一般线性方程组. 不失一般性，设线性方程组（3.1）的增广矩阵 $\bar{A}$ 经初等行变换（必要时，可作列的互换，而列的互换不影响方程组的解）化为阶梯形矩阵：

$$A \to \left(\begin{array}{ccccccc:c} c_{11} & c_{12} & \cdots & c_{1r} & c_{1,r+1} & \cdots & c_{1n} & d_1 \\ 0 & c_{22} & \cdots & c_{2r} & c_{2,r+1} & \cdots & c_{2n} & d_2 \\ \cdots & \cdots & \cdots & \cdots & \cdots & \cdots & \cdots & \cdots \\ 0 & 0 & \cdots & c_{rr} & c_{r,r+1} & \cdots & c_{rn} & d_r \\ 0 & 0 & \cdots & 0 & 0 & \cdots & 0 & d_{r+1} \\ \cdots & \cdots & \cdots & \cdots & \cdots & \cdots & \cdots & \cdots \\ 0 & 0 & \cdots & 0 & 0 & \cdots & 0 & 0 \end{array}\right)$$

其中 $c_{ii} \neq 0 (i = 1, 2, \cdots, n)$.

则方程组（3.1）的同解阶梯形方程组为

$$\begin{cases} c_{11}x_1 + c_{12}x_2 + \cdots + c_{1r}x_r + c_{1,r+1}x_{r+1} + \cdots + c_{1n}x_n = d_1 \\ \qquad c_{22}x_2 + \cdots + c_{2r}x_r + c_{2,r+1}x_{r+1} + \cdots + c_{2n}x_{2n} = d_2 \\ \qquad\qquad \cdots\cdots\cdots\cdots\cdots\cdots\cdots\cdots \\ \qquad\qquad c_{rr}x_r + c_{r,r+1}x_{r+1} + \cdots + c_{rn}x_n = d_r \\ \qquad\qquad\qquad 0 = d_{r+1} \\ \qquad\qquad\qquad 0 = 0 \\ \qquad\qquad\qquad \cdots\cdots \\ \qquad\qquad\qquad 0 = 0 \end{cases} \tag{3.4}$$

方程组中的“0 = 0”是一些恒等式，可以去掉.

由阶梯形矩阵可知

（1）当 $d_{r+1} \neq 0$ 时，方程组（3.4）中有矛盾方程，故方程组（3.4）无解，从而方程组（3.1）亦无解.

（2）当 $d_{r+1} = 0$ 时分两种情形：

1° $r = n$.

这时阶梯形方程组为

$$\begin{cases} c_{11}x_1 + c_{12}x_2 + \cdots + c_{1n}x_n = d_1 \\ \qquad c_{22}x_2 + \cdots + c_{2n}x_{2n} = d_2 \\ \qquad\qquad \cdots\cdots\cdots\cdots \\ \qquad\qquad c_{nn}x_n = d_n \end{cases} \tag{3.5}$$

可由下至上，依次求得未知量 x_n，x_{n-1}，$\cdots$，x_1 的唯一值. 于是方程组（3.5）有唯一解，从而方程组（3.1）有唯一解.

2° $r < n$.

这时阶梯形方程组为

$$\begin{cases} c_{11}x_1 + c_{12}x_2 + \cdots + c_{1r}x_r + c_{1,r+1}x_{r+1} + \cdots + c_{1n}x_n = d_1 \\ \qquad c_{22}x_2 + \cdots + c_{2r}x_r + c_{2,r+1}x_{r+1} + \cdots + c_{2n}x_n = d_2 \\ \qquad \cdots\cdots\cdots\cdots\cdots\cdots\cdots\cdots \\ \qquad\qquad c_{rr}x_r + c_{r,r+1}x_{r+1} + \cdots + c_{rn}x_{rn} = d_r \end{cases}$$

将它改写为

$$\begin{cases} c_{11}x_1 + c_{12}x_2 + \cdots + c_{1r}x_r = d_1 - c_{1,r+1}x_{r+1} - \cdots - c_{1n}x_n \\ \qquad c_{22}x_2 + \cdots + c_{2r}x_r = d_2 - c_{2,r+1}x_{r+1} - \cdots - c_{2n}x_n \\ \qquad \cdots\cdots\cdots\cdots\cdots\cdots \\ \qquad\qquad c_{rr}x_r = d_r - c_{r,r+1}x_{r+1} - \cdots - c_{rn}x_{rn} \end{cases} \tag{3.6}$$

其中等式右边的未知量 x_{r+1}，$\cdots$，x_n 为自由未知量，任取 x_{r+1}，$\cdots$，x_n 的一组值，则（3.6）中各式的右边全是常数，从而可唯一确定未知量 x_1，$\cdots$，x_r 的一组值，这样就得到方程组（3.1）的一个解，由自由未知量 x_{r+1}，$\cdots$，x_n 取值的任意性知原方程组（3.1）有无穷多解.

由于“$d_{r+1}=0$”的充要条件是“$R(A)=R(\bar{A})$”，于是有如下的定理：

定理 3.2 线性方程组 $AX=B$ 有解的充分必要条件是 $R(A)=R(\bar{A})$.

当 $R(A)=R(\bar{A})=r=n$ 时，方程组有唯一解；

当 $R(A)=R(\bar{A})=r<n$ 时，方程组有无穷多解.

例 4 设方程组

$$\begin{cases} \lambda x_1 + x_2 + x_3 = 1 \\ x_1 + \lambda x_2 + x_3 = \lambda \\ x_1 + x_2 + \lambda x_3 = \lambda^2 \end{cases}$$

当 λ 为何值时，方程组有唯一解，无解，有无穷多解，在有无穷多解时求出一般解.

解法 1

$$\bar{A}=\begin{pmatrix}\lambda & 1 & 1 & \vdots & 1\\ 1 & \lambda & 1 & \vdots & \lambda\\ 1 & 1 & \lambda & \vdots & \lambda^2\end{pmatrix}\xrightarrow{r_1\leftrightarrow r_3}\begin{pmatrix}1 & 1 & \lambda & \vdots & \lambda^2\\ 1 & \lambda & 1 & \vdots & \lambda\\ \lambda & 1 & 1 & \vdots & 1\end{pmatrix}\xrightarrow[r_3-\lambda r_1]{r_2-r_1}$$

$$\begin{pmatrix}1 & 1 & \lambda & \vdots & \lambda^2\\ 0 & \lambda-1 & 1-\lambda & \vdots & \lambda-\lambda^2\\ 0 & 1-\lambda & 1-\lambda^2 & \vdots & 1-\lambda^3\end{pmatrix}\xrightarrow{r_3+r_2}$$

$$\begin{pmatrix}1 & 1 & \lambda & \vdots & \lambda^2\\ 0 & \lambda-1 & 1-\lambda & \vdots & \lambda-\lambda^2\\ 0 & 0 & 2-\lambda-\lambda^2 & \vdots & 1+\lambda-\lambda^2-\lambda^3\end{pmatrix}$$

因 $2-\lambda-\lambda^2=(1-\lambda)(\lambda+2)$，所以当 $\lambda\neq1$ 且 $\lambda\neq-2$ 时，$R(A)=R(\bar{A})=3$ 方程组有唯一解；

当 $\lambda=-2$ 时，

$$\bar{A}\xrightarrow{\text{初等行变换}}\begin{pmatrix}1 & 1 & -2 & \vdots & 4\\ 0 & -3 & 3 & \vdots & -6\\ 0 & 0 & 0 & \vdots & 3\end{pmatrix}$$

$R(A)=2$，$R(\bar{A})=3$，$R(A)\neq R(\bar{A})$，方程组无解；

当 $\lambda=1$ 时，

$$\bar{A}\xrightarrow{\text{初等行变换}}\begin{pmatrix}1 & 1 & 1 & \vdots & 1\\ 0 & 0 & 0 & \vdots & 0\\ 0 & 0 & 0 & \vdots & 0\end{pmatrix}$$

$R(A)=R(\bar{A})=1<3$，方程组有无穷多解.

此时同解阶梯形方程组为

$$x_1+x_2+x_3=1$$

即

$$x_1=1-x_2-x_3$$

令 $x_2=c_1$，$x_3=c_2$，则方程组的一般解为

$$\begin{cases}x_1=1-c_1-c_2\\ x_2=c_1\\ x_3=c_2\end{cases}\qquad(c_1,\ c_2\text{ 为任意常数})$$

解法 2 用克莱姆法则先判断唯一解的情况，再讨论其他两种情况.

计算得

$$|A| = \begin{vmatrix} \lambda & 1 & 1 \\ 1 & \lambda & 1 \\ 1 & 1 & \lambda \end{vmatrix} = (\lambda+2)(\lambda-1)^2$$

当 $\lambda \neq 1$ 且 $\lambda \neq -2$ 时，$|A| \neq 0$，方程组有唯一解；

当 $\lambda = -2$ 时

$$\bar{A} = \begin{pmatrix} -2 & 1 & 1 & \vdots & 1 \\ 1 & -2 & 1 & \vdots & -2 \\ 1 & 1 & -2 & \vdots & 4 \end{pmatrix} \xrightarrow{\text{初等行变换}} \begin{pmatrix} 1 & 1 & -2 & \vdots & 4 \\ 0 & -3 & 3 & \vdots & -6 \\ 0 & 0 & 0 & \vdots & 3 \end{pmatrix}$$

$R(A) \neq R(\bar{A})$，方程组无解；

当 $\lambda = 1$ 时

$$\bar{A} = \begin{pmatrix} 1 & 1 & 1 & \vdots & 1 \\ 1 & 1 & 1 & \vdots & 1 \\ 1 & 1 & 1 & \vdots & 1 \end{pmatrix} \xrightarrow{\text{初等行变换}} \begin{pmatrix} 1 & 1 & 1 & \vdots & 1 \\ 0 & 0 & 0 & \vdots & 0 \\ 0 & 0 & 0 & \vdots & 0 \end{pmatrix}$$

$R(A) = R(\bar{A}) = 1 < 3$，方程组有无穷多解. 求解过程同解法 1.

由定理 3.2 容易得到关于齐次线性方程组的如下推论：

推论 1 齐次线性方程组

$$AX = \mathbf{0}$$

（其中 A 为 $m \times n$ 矩阵）有非零解的充要条件是 $R(A) < n$.

推论 2 若齐次线性方程组 $AX = \mathbf{0}$ 中方程的个数小于未知量的个数，即 $m < n$，则它必有非零解.（A 为 m×n 矩阵）

推论 3 若 $m = n$，则齐次线性方程组 $AX = \mathbf{0}$ 有非零解的充要条件是 $|A| = 0$.（A 为 $m \times n$ 矩阵）

例 5 判断下列齐次线性方程组解的情况

(1) $\begin{cases} x_1 - x_2 - x_3 + x_4 = 0 \\ x_1 + x_2 - x_3 - 2x_4 = 0 \\ 3x_1 + x_2 - 2x_3 - x_4 = 0 \end{cases}$ (2) $\begin{cases} x_1 - 3x_2 + 2x_3 = 0 \\ x_1 + 2x_2 - x_3 = 0 \\ 2x_1 - x_2 - x_3 = 0 \end{cases}$

(3) $\begin{cases} x_1 + 2x_2 + 3x_3 = 0 \\ 3x_1 + x_2 - x_3 = 0 \\ 4x_1 + 3x_2 + 2x_3 = 0 \\ -2x_1 - x_2 = 0 \end{cases}$

解 （1）因方程的个数小于未知量的个数，所以方程组有非零解；

（2）因方程的个数等于未知量的个数，计算系数行列式得

$$|A|=\begin{vmatrix}1 & -3 & 2\\ 1 & 2 & -1\\ 2 & -1 & -1\end{vmatrix}=-10\neq 0$$

故方程组只有零解；

（3）$A=\begin{pmatrix}1 & 2 & 3\\ 3 & 1 & -1\\ 4 & 3 & 2\\ -2 & -1 & 0\end{pmatrix}\xrightarrow{\text{初等行变换}}\begin{pmatrix}1 & 2 & 3\\ 0 & 1 & 2\\ 0 & 0 & 0\\ 0 & 0 & 0\end{pmatrix}$

因 $R(A)=2<3$，故方程组有非零解.

习题 3.1

1. 用消元法解下列线性方程组

（1）$\begin{cases}2x_1-x_2+3x_3=1\\ 2x_1+2x_3=6\\ 4x_1+2x_2+5x_3=7\end{cases}$　　（2）$\begin{cases}2x_1-x_2+3x_3=1\\ 4x_1-2x_2+5x_3=4\\ 2x_1-x_2+4x_3=-1\\ 6x_1-3x_2+5x_3=11\end{cases}$

（3）$\begin{cases}x_1+3x_2-x_3-x_4=6\\ 3x_1-x_2+5x_3-3x_4=6\\ 2x_1+x_2+2x_3-2x_4=8\end{cases}$　　（4）$\begin{cases}x_1+x_2+x_3+x_4+x_5=1\\ 3x_1+2x_2+x_3+x_4-3x_5=0\\ x_2+2x_3+2x_4+6x_5=3\\ 5x_1+4x_2+3x_3+3x_4-x_5=2\end{cases}$

2. 设线性方程组

$$\begin{cases}x_1+x_2+tx_3=4\\ -x_1+tx_2+x_3=t^2\\ x_1-x_2+2x_3=-4\end{cases}$$

t 为何值时方程组无解？t 为何值时方程组有解？有解时，求其解.

3. 设线性方程组

$$\begin{cases} x_1+x_2+2x_3+3x_4=1 \\ x_1+3x_2+6x_3+x_4=3 \\ 3x_1-x_2-ax_3+15x_4=3 \\ x_1-5x_2-10x_3+12x_4=b \end{cases}$$

（1）a，b 为何值时方程组有唯一解？

（2）a，b 为何值时方程组无解？

（3）a，b 为何值时方程组有无穷多解？并求其一般解.

3.2 n 维向量

为了进一步研究线性方程组中方程与方程、未知量的系数与常数项之间的关系，以及线性方程组在有解时解的结构等问题，还需进一步学习 n 维向量及其有关理论.

3.2.1 向量的概念

定义 3.1 由数域 P 中 n 个数 a_1，a_2，…，a_n 组成的 n 元有序数组称为数域 P 上的一个 n 维向量，第 i 个数 a_i 称为向量的第 i 个分量. 实数域上的向量称为实向量；复数域上的向量称为复向量.

向量可以记为行矩阵的形式：

$$(a_1,\ a_2,\ \cdots,\ a_n)$$

也可记为列矩阵的形式：

$$\begin{pmatrix} a_1 \\ a_2 \\ \vdots \\ a_n \end{pmatrix}$$

行矩阵形式的向量称为行向量，列形式的向量称为列向量. 向量通常用希腊字母 α、β、γ 或者大写英文字母 X、Y、Z 等表示. 若 α 为行向量，则 α^T 为列向量；若 α 为列向量，则 α^T 为行向量.

线性方程组的一个解就是一个有序数组亦即一个向量，称为方程组的解向量.

方程组（3.1）的第 i 个方程可由该方程中 n 个未知量的系数及常数项所构成的 $n+1$ 元有序数组即 $n+1$ 维向量

$$(a_{i1},\ a_{i2},\ \cdots,\ a_{in},\ b_i)$$

来表示.

矩阵的每一行就是一个行向量，而每一列则是一个列向量.

例如在方程组（3.1）的增广矩阵 $\bar{A}$ 中记

$$\alpha_j=\begin{pmatrix}a_{1j}\\a_{2j}\\\vdots\\a_{mj}\end{pmatrix}\ (j=1,\ 2,\ \cdots,\ n),\ \beta=\begin{pmatrix}b_1\\b_2\\\vdots\\b_m\end{pmatrix}$$

则

$$\bar{A}=(\alpha_1,\ \alpha_2,\ \cdots,\ \alpha_n,\ \beta)$$

分量全为零的向量称为**零向量**，用 θ 记.

若

$$\alpha=(a_1,\ a_2,\ \cdots,\ a_n)$$

则称

$$(-a_1,\ -a_2,\ \cdots,\ -a_n)$$

为 α 的**负向量**，记作 $-\alpha$.

3.2.2 向量的运算

首先介绍向量相等的概念.

定义 3.2 设向量

$$\alpha=(a_1,\ a_2,\ \cdots,\ a_n),\ \beta=(b_1,\ b_2,\ \cdots,\ b_n)$$

若

$$a_i=b_i\qquad(i=1,\ 2,\ \cdots,\ n)$$

则称向量 α 与 β 相等，记作

$$\alpha=\beta$$

1. 加法

定义 3.3 设向量 $\alpha=(a_1,\ a_2,\ \cdots,\ a_n)$，$\beta=(b_1,\ b_2,\ \cdots,\ b_n)$

称向量

$$(a_1+b_1,\ a_2+b_2,\ \cdots,\ a_n+b_n)$$

为向量 α 与 β 的和，记作 $\alpha+\beta$. 即

$$\alpha+\beta=(a_1+b_1,\ a_2+b_2,\ \cdots,\ a_n+b_n)$$

向量 α 与 β 的差 $\alpha-\beta$ 定义为 $\alpha+(-\beta)$，即

$$\alpha-\beta=\alpha+(-\beta)=(a_1-b_1,\ a_2-b_2,\ \cdots,\ a_n-b_n)$$

2. **数乘**

定义 3.4 设 $\alpha=(a_1, a_2, \cdots, a_n)$为 n 维向量，k 为数，称向量

$$(ka_1, ka_2, \cdots, ka_n)$$

为数 k 与向量 α 的数量乘积，简称数乘，记作 $k\alpha$，即

$$k\alpha=(ka_1, ka_2, \cdots, ka_n)$$

向量的加法和数乘运算统称为向量的**线性运算**. 容易验证向量的线性运算满足下面的运算律：

(1) 加法交换律，即 $\alpha+\beta=\beta+\alpha$

(2) 加法结合律，即$(\alpha+\beta)+\gamma=\alpha+(\beta+\gamma)$

(3) 对任一向量 α，有 $\alpha+\theta=\alpha$

(4) 对任一向量 α，有 $\alpha+(-\alpha)=\theta$

(5) $1\cdot\alpha=\alpha$

(6) $(kl)\alpha=k(l\alpha)=l(k\alpha)$

(7) $(k+l)\alpha=k\alpha+l\alpha$

(8) $k(\alpha+\beta)=k\alpha+k\beta$

其中 α, β, γ 为向量，k, l 为数.

此外，不难推出

(1) $0\alpha=\theta$

(2) $(-1)\alpha=-\alpha$

(3) $k\theta=\theta$

(4) 若 $k\neq0$，$\alpha\neq\theta$，则 $k\alpha\neq\theta$，即若 $k\alpha=\theta$，则 $k=0$ 或 $\alpha=\theta$

3.2.3 n 维向量空间

定义 3.5 称定义了上述加法与数乘的全体数域 P 上的 n 维向量的集合为数域 P 上的 n 维向量空间，记作 P^n. 特别地，当数域为实数域时称为实 n 维向量空间，记作 R^n.

在本章后面的讨论中，提及的向量都是 R^n 中的向量.

习题 3.2

1. 设 $\alpha_1=(1, 1, -1, -2)$，$\alpha_2=(-2, 1, 0, 1)$，$\alpha_3=(-1, -2, 0, 2)$，求

(1) $\alpha_1+\alpha_2+\alpha_3$　　(2) $2\alpha_1-3\alpha_2+5\alpha_3$

2. 设 n 维向量

$$\varepsilon_1=(1,\ 0,\ \cdots,\ 0)$$
$$\varepsilon_2=(0,\ 1,\ \cdots,\ 0)$$
$$\cdots\cdots$$
$$\varepsilon_n=(0,\ 0,\ \cdots,\ 1)$$

求 $a_1\varepsilon_1+a_2\varepsilon_2+\cdots+a_n\varepsilon_n$.

3. 设 $\alpha=(2,-2,0,4,2)$，$\beta=(2,1,3,-1,1)$，求向量 γ，使 $\alpha+2\gamma=4\beta$.

4. 设 $\alpha_1=(2,0,1)$，$\alpha_2=(3,1,-1)$ 满足 $2\beta+3\alpha_1=4\beta+\alpha_2$，求 β.

5. 设 $3\alpha+4\beta=(2,1,1,2)$，$2\alpha+3\beta=(-1,2,3,1)$. 求 α，β.

3.3 向量组的线性关系

3.3.1 线性组合

定义 3.6 设 n 维向量组 α_1，α_2，$\cdots$，α_m，β，若存在一组数 k_1，k_2，$\cdots$，k_m，使得

$$\beta=k_1\alpha_1+k_2\alpha_2+\cdots+k_m\alpha_m$$

则称向量 β 是向量 α_1，α_2，$\cdots$，α_m 的线性组合，或称向量 β 可由向量 α_1，α_2，$\cdots$，α_m 线性表示. k_1，k_2，$\cdots$，k_m 称为表示系数或组合系数.

由定义可以得到如下的结论：

(1) 零向量 θ 是任意与它同维的向量组 α_1，α_2，$\cdots$，α_m 的线性组合.

因为

$$\theta=0\alpha_1+0\alpha_2+\cdots+0\alpha_m$$

(2) 向量组 α_1，α_2，$\cdots$，α_m 中的任一向量 $\alpha_i(i=1,\ 2,\ \cdots,\ m)$ 都可由该向量组线性表示.

因为

$$\alpha_i=0\alpha_1+\cdots+0\alpha_{i-1}+1\alpha_i+0\alpha_{i+1}+\cdots+0\alpha_m$$

(3) 任何一个 n 维向量 $\alpha=(a_1,\ a_2,\ \cdots,\ a_n)^T$ 都可由 n **维基本向量组**

$$\varepsilon_1=\begin{pmatrix}1\\0\\\vdots\\0\end{pmatrix},\ \varepsilon_2=\begin{pmatrix}0\\1\\\vdots\\0\end{pmatrix},\ \cdots,\ \varepsilon_n=\begin{pmatrix}0\\0\\\vdots\\1\end{pmatrix}$$

线性表示：

$$\alpha=a_1\varepsilon_1+a_2\varepsilon_2+\cdots+a_n\varepsilon_n \tag{3.7}$$

其中表示系数恰是 α 的分量 a_1，a_2，…，a_n.

例1 设

$\alpha_1=(1,2,-1,3)$，$\alpha_2=(1,1,3,-1)$，$\beta=(2,3,2,2)$

判断 β 可否由 α_1，α_2 线性表示.

解 容易看出

$$\beta=\alpha_1+\alpha_2$$

所以 β 可由 α_1，α_2 线性表示.

对那些不易直接看出线性关系的向量组又如何判断呢？我们看下面的例题.

例2 设

$$\alpha_1=\begin{pmatrix}3\\1\\2\\3\end{pmatrix},\ \alpha_2=\begin{pmatrix}1\\0\\1\\4\end{pmatrix},\ \alpha_3=\begin{pmatrix}5\\2\\3\\6\end{pmatrix},\ \beta=\begin{pmatrix}0\\-1\\1\\5\end{pmatrix}$$

判断 β 可否由 α_1，α_2，α_3 线性表示，若可以，写出其表达式.

解 设

$$x_1\alpha_1+x_2\alpha_2+x_3\alpha_3=\beta$$

即

$$x_1\begin{pmatrix}3\\1\\2\\3\end{pmatrix}+x_2\begin{pmatrix}1\\0\\1\\4\end{pmatrix}+x_3\begin{pmatrix}5\\2\\3\\6\end{pmatrix}=\begin{pmatrix}3x_1+x_2+5x_3\\x_1+0x_2+2x_3\\2x_1+x_2+3x_3\\3x_1+4x_2+6x_3\end{pmatrix}=\begin{pmatrix}0\\-1\\1\\5\end{pmatrix}$$

由向量相等的定义得到以 x_1，x_2，x_3 为未知量的线性方程组

$$\begin{cases}3x_1+x_2+5x_3=0\\x_1+0x_2+2x_3=-1\\2x_1+x_2+3x_3=1\\3x_1+4x_2+6x_3=5\end{cases}$$

于是判断 β 可否由 α_1，α_2，α_3 线性表示的问题即转为判断上述方程组是否有解的问题.

由

$$\bar{A}=\begin{pmatrix}3&1&5&\vdots&0\\1&0&2&\vdots&-1\\2&1&3&\vdots&1\\3&4&6&\vdots&5\end{pmatrix}\xrightarrow{\text{初等行变换}}\begin{pmatrix}1&0&0&\vdots&1\\0&1&0&\vdots&2\\0&0&1&\vdots&-1\\0&0&0&\vdots&0\end{pmatrix}$$

知 $R(A)=R(\bar{A})=3$，方程组有唯一解. 所以 β 可由 α_1，α_2，α_3 线性表示且表示法唯一.

方程组的唯一解为

$$\begin{cases} x_1=1 \\ x_2=2 \\ x_3=-1 \end{cases}$$

于是有表达式

$$\beta=\alpha_1+2\alpha_2-\alpha_3$$

例 3 设

$$\alpha_1=\begin{pmatrix}2\\4\\2\end{pmatrix},\ \alpha_2=\begin{pmatrix}-1\\-2\\-1\end{pmatrix},\ \alpha_3=\begin{pmatrix}3\\5\\4\end{pmatrix},\ \beta=\begin{pmatrix}1\\4\\0\end{pmatrix}$$

判定 β 可否由 α_1，α_2，α_3 线性表示.

解 设

$$x_1\alpha_1+x_2\alpha_2+x_3\alpha_3=\beta$$

这是一个线性方程组，因

$$\bar{A}=\begin{pmatrix}2 & -1 & 3 & \vdots & 1\\ 4 & -2 & 5 & \vdots & 4\\ 2 & -1 & 4 & \vdots & 0\end{pmatrix}\xrightarrow{\text{初等行变换}}\begin{pmatrix}2 & -1 & 3 & \vdots & 1\\ 0 & 0 & -1 & \vdots & 2\\ 0 & 0 & 0 & \vdots & 1\end{pmatrix}$$

所以方程组无解，这表明不存在满足 $x_1\alpha_1+x_2\alpha_2+x_3\alpha_3=\beta$ 的数 x_1，x_2，x_3，于是 β 不能由 α_1，α_2，α_3 线性表示.

例 4 设 $\alpha_1=\begin{pmatrix}1\\1\\2\end{pmatrix}$，$\alpha_2=\begin{pmatrix}1\\2\\1\end{pmatrix}$，$\alpha_3=\begin{pmatrix}1\\-1\\4\end{pmatrix}$，$\beta=\begin{pmatrix}1\\0\\3\end{pmatrix}$，判断 β 可否由 α_1，α_2，α_3 线性表示，若可以，写出其表达式.

解 设

$$x_1\alpha_1+x_2\alpha_2+x_3\alpha_3=\beta$$

这是一个线性方程组. 因

$$\bar{A}=\begin{pmatrix}1 & 1 & 1 & \vdots & 1\\ 1 & 2 & -1 & \vdots & 0\\ 2 & 1 & 4 & \vdots & 3\end{pmatrix}\xrightarrow{\text{初等行变换}}\begin{pmatrix}1 & 0 & 3 & \vdots & 2\\ 0 & 1 & -2 & \vdots & -1\\ 0 & 0 & 0 & \vdots & 0\end{pmatrix}$$

$R(A)=R(\bar{A})=2<3$，方程组有无穷多解，所以 β 可由 α_1，α_2，α_3 线性表

示且表法不唯一.

由

$$\begin{cases}x_1+3x_3=2\\x_2-2x_3=-1\end{cases}$$

解得

$$\begin{cases}x_1=2-3x_3\\x_2=-1+2x_3\end{cases}$$

令 $x_3=c$，则

$$\begin{cases}x_1=2-3c\\x_2=-1+2c\\x_3=c\end{cases}$$

于是

$$\beta=(2-3c)\alpha_1+(-1+2c)\alpha_2+c\alpha_3$$

其中 c 为任意常数.

一般地，若

$$\alpha_1=\begin{pmatrix}a_{11}\\a_{21}\\\vdots\\a_{m1}\end{pmatrix},\ \alpha_2=\begin{pmatrix}a_{12}\\a_{22}\\\vdots\\a_{m2}\end{pmatrix},\ \cdots,\ \alpha_n=\begin{pmatrix}a_{1n}\\a_{2n}\\\vdots\\a_{mn}\end{pmatrix},\ \beta=\begin{pmatrix}b_1\\b_2\\\vdots\\b_m\end{pmatrix},$$

设

$$x_1\alpha_1+x_2\alpha_2+\cdots+x_n\alpha_n=\beta \tag{3.8}$$

由等式两边向量的对应分量相等得到线性方程组：

$$\begin{cases}a_{11}x_1+a_{12}x_2+\cdots+a_{1n}x_n=b_1\\a_{21}x_1+a_{22}x_2+\cdots+a_{2n}x_n=b_2\\\cdots\cdots\cdots\cdots\cdots\cdots\cdots\cdots\cdots\cdots\cdots\\a_{m1}x_1+a_{m2}x_2+\cdots+a_{mn}x_n=b_m\end{cases}$$

向量 β 可否由向量组 α_1，α_2，…，α_n 线性表示的问题可归结为上述线性方程组的解的判定问题.

注：(3.8) 式称为线性方程组 (3.1) 的向量形式. 该方程组的增广矩阵就是

$$\bar{A}=(\alpha_1\quad\alpha_2\quad\cdots\quad\alpha_n\quad\vdots\quad\beta)$$

注意：若向量为行向量，只需在构成增广矩阵时将其写为列向量的形式即可.

定理 3.3 设 $\alpha_1, \alpha_2, \cdots, \alpha_n, \beta$ 为 m 维向量，则 β 可由 $\alpha_1, \alpha_2, \cdots, \alpha_n$ 线性表示的充要条件是线性方程组 $x_1\alpha_1+x_2\alpha_2+\cdots+x_n\alpha_n=\beta$ 有解.

例 5 设

$$\alpha_1=\begin{pmatrix}1\\1\\2\end{pmatrix},\ \alpha_2=\begin{pmatrix}0\\2\\1\end{pmatrix},\ \alpha_3=\begin{pmatrix}1\\-1\\-a\end{pmatrix},\ \beta=\begin{pmatrix}2\\0\\b\end{pmatrix}$$

（1）a，b 为何值时，β 不能由 α_1，α_2，α_3 线性表示；

（2）a，b 为何值时，β 能由 α_1，α_2，α_3 线性表示，且表达式唯一，写出表达式；

（3）a，b 为何值时，β 能由 α_1，α_2，α_3 线性表示，且表达式不唯一，写出全体表达式.

解 设

$$x_1\alpha_1+x_2\alpha_2+x_3\alpha_3=\beta \tag{3.9}$$

$$\bar{A}=(\alpha_1\quad\alpha_2\quad\alpha_3\quad\vdots\quad\beta)=\begin{pmatrix}1&0&1&\vdots&2\\1&2&-1&\vdots&0\\2&1&-a&\vdots&b\end{pmatrix}$$

$$\xrightarrow[r_3-2r_1]{r_2-r_1}\begin{pmatrix}1&0&1&\vdots&2\\0&2&-2&\vdots&-2\\0&1&-a-2&\vdots&b-4\end{pmatrix}$$

$$\xrightarrow{\frac{1}{2}r_2}\begin{pmatrix}1&0&1&\vdots&2\\0&1&-1&\vdots&-1\\0&1&-a-2&\vdots&b-4\end{pmatrix}\xrightarrow{r_3-r_2}\begin{pmatrix}1&0&1&\vdots&2\\0&1&-1&\vdots&-1\\0&0&-a-1&\vdots&b-3\end{pmatrix}$$

（1）当 $a=-1$ 且 $b\neq3$ 时，$R(A)=2$，$R(\bar{A})=3$，$R(A)\neq R(\bar{A})$，方程组（3.9）无解，β 不能由 α_1，α_2，α_3 线性表示；

（2）当 $a\neq-1$ 时，$R(A)=R(\bar{A})=3$，方程组（3.9）有唯一解，β 能由 α_1，α_2，α_3 线性表示，且表达式唯一，为写出表达式，还需求出方程组的解，为此，继续将增广矩阵化为行最简阶梯形：

$$\bar{A}\to\begin{pmatrix}1&0&1&\vdots&2\\0&1&-1&\vdots&-1\\0&0&-a-1&\vdots&b-3\end{pmatrix}\xrightarrow{\frac{1}{-(a+1)}r_3}\begin{pmatrix}1&0&1&\vdots&2\\0&1&-1&\vdots&-1\\0&0&1&\vdots&\dfrac{3-b}{a+1}\end{pmatrix}$$

第三章 线性方程组

$$\xrightarrow[r_1 - r_3]{r_2 + r_3} \begin{pmatrix} 1 & 0 & 0 & \vdots & \dfrac{2a+b-1}{a+1} \\ 0 & 1 & 0 & \vdots & \dfrac{2-a-b}{a+1} \\ 0 & 0 & 1 & \vdots & \dfrac{3-b}{a+1} \end{pmatrix}$$

得到唯一解：

$$\begin{cases} x_1 = \dfrac{2a+b-1}{a+1} \\ x_2 = \dfrac{2-a-b}{a+1} \\ x_3 = \dfrac{3-b}{a+1} \end{cases}$$

于是

$$\beta = \frac{2a+b-1}{a+1}\alpha_1 + \frac{2-a-b}{a+1}\alpha_2 + \frac{3-b}{a+1}\alpha_3$$

（3）当 $a=-1$ 且 $b=3$ 时，$R(A)=R(\bar{A})=2<3$，方程组（3.9）有无穷多解，β 能由 α_1，α_2，α_3 线性表示，且表达式不唯一，此时

$$\bar{A} \to \begin{pmatrix} 1 & 0 & 1 & \vdots & 2 \\ 0 & 1 & -1 & \vdots & -1 \\ 0 & 0 & 0 & \vdots & 0 \end{pmatrix}$$

由

$$\begin{cases} x_1 \qquad + x_3 = 2 \\ \qquad x_2 - x_3 = -1 \end{cases}$$

得

$$\begin{cases} x_1 = 2 - x_3 \\ x_2 = -1 + x_3 \end{cases}$$

令 $x_3 = c$，则

$$\begin{cases} x_1 = 2 - c \\ x_2 = -1 + c \\ x_3 = c \end{cases}$$

其中 c 为任意常数.

于是有表达式

$$\beta=(2-c)\alpha_1+(c-1)\alpha_2+c\alpha_3$$

3.3.2 线性相关与线性无关

定义 3.7 设 α_1，α_2，…，α_m 为 n 维向量组，若存在不全为 0 的数 k_1，k_2，…，k_m，使

$$k_1\alpha_1+k_2\alpha_2+\cdots+k_m\alpha_m=\theta \tag{3.10}$$

则称向量组 α_1，α_2，…，α_m 线性相关，否则称它们线性无关，即只有当 k_1，k_2，…，k_m 全为 0 时（3.10）式才成立，则称 α_1，α_2，…，α_m 线性无关.

由定义可以得到下面的结论：

（1）一个向量 α 线性相关的充要条件是 $\alpha=\theta$.

证 必要性：若 α 线性相关，由定义 3.9，存在不为 0 的数 k 使得 $k\alpha=\theta$，由 $k\neq0$ 得 $\alpha=\theta$.

充分性：若 $\alpha=\theta$，取 $k=1\neq0$ 有 $1\cdot\alpha=\theta$，所以 α 线性相关.

由此可得：一个向量 α 线性无关的充要条件是 $\alpha\neq\theta$.

（2）两个向量 α，β 线性相关的充要条件是 α，β 成比例，即 $\beta=k\alpha$（k 为常数）.

证 必要性：因 α，β 线性相关，由定义 3.9，存在不全为 0 的数 k_1，k_2，使得

$$k_1\alpha+k_2\beta=\theta$$

不妨设 $k_2\neq0$，解得

$$\beta=-\frac{k_1}{k_2}\alpha$$

令

$$k=-\frac{k_1}{k_2}$$

则

$$\beta=k\alpha$$

充分性：因 $\beta=k\alpha$，则 $k\alpha-\beta=\theta$，因组合系数 k，-1 不全为 0，所以 α，β 线性相关.

由此结论可得：α，β 线性无关的充要条件是 α，β 不成比例.

一般地，设

$$\alpha_1=\begin{pmatrix}a_{11}\\a_{21}\\\vdots\\a_{m1}\end{pmatrix},\ \alpha_2=\begin{pmatrix}a_{12}\\a_{22}\\\vdots\\a_{m2}\end{pmatrix},\ \cdots,\ \alpha_n=\begin{pmatrix}a_{1n}\\a_{2n}\\\vdots\\a_{mn}\end{pmatrix},$$

则

$$x_1\alpha_1+x_2\alpha_2+\cdots+x_n\alpha_n=\theta$$

即是齐次线性方程组

$$\begin{cases}a_{11}x_1+a_{12}x_2+\cdots+a_{1n}x_n=0\\a_{21}x_1+a_{22}x_2+\cdots+a_{2n}x_n=0\\\cdots\cdots\cdots\cdots\cdots\cdots\cdots\cdots\cdots\cdots\\a_{m1}x_1+a_{m2}x_2+\cdots+a_{mn}x_n=0\end{cases}\tag{3.11}$$

上述方程组的系数矩阵为 $A=(\alpha_1,\ \alpha_2,\ \cdots,\ \alpha_n)$，方程的个数就是向量的维数，未知量的个数就是向量的个数，于是向量组 α_1，α_2，…，α_n 线性相关与线性无关的判定可归结为该齐次线性方程组是有非零解还是只有零解的判定问题. 于是有下面的定理：

定理 3.4 *m 维向量组 α_1，α_2，…，α_n 线性相关的充要条件是齐次线性方程组（3.11）有非零解；m 维向量组 α_1，α_2，…，α_n 线性无关的充要条件是齐次线性方程组（3.11）仅有零解.*

有下面的结论：

（1）当 $m<n$ 时，此时齐次线性方程组（3.11）必有非零解，于是当向量组中向量个数大于向量维数时，向量组 α_1，α_2，…，α_n 线性相关.

（2）当 $m=n$ 时（3.11）的系数矩阵 A 为方阵，可由 A 的行列式判断齐次线性方程组（3.11）的解. 即当向量个数等于向量维数时：

若 $|A|=0$，则向量组 α_1，α_2，…，α_n 线性相关；

若 $|A|\neq 0$，则向量组 α_1，α_2，…，α_n 线性无关.

（3）由前面的知识我们知道，齐次线性方程组（3.11）有非零解的充要条件是

$$R(A)<n$$

于是有：

向量组 α_1，α_2，…，α_n 线性无关的充要条件是 $R(A)=n$；

向量组 α_1，α_2，…，α_n 线性相关的充要条件是 $R(A)<n$.

例 6 判定 n 维基本向量组

$$\varepsilon_1=\begin{pmatrix}1\\0\\\vdots\\0\end{pmatrix},\ \varepsilon_2=\begin{pmatrix}0\\1\\\vdots\\0\end{pmatrix},\ \cdots,\ \varepsilon_n=\begin{pmatrix}0\\0\\\vdots\\1\end{pmatrix}$$

是否线性相关.

解 因向量的个数等于维数，所以选择用行列式判断.

$$|A| = |\varepsilon_1, \varepsilon_2, \cdots, \varepsilon_n| = |E| = 1 \neq 0$$

所以 n 维基本向量组 ε_1, ε_2, $\cdots$, ε_n 线性无关.

例 7 判定下列向量组是否线性相关.

（1）$\alpha_1 = \begin{pmatrix} 1 \\ 2 \\ 3 \end{pmatrix}$, $\alpha_2 = \begin{pmatrix} -1 \\ -1 \\ 4 \end{pmatrix}$, $\alpha_3 = \begin{pmatrix} 2 \\ 0 \\ 3 \end{pmatrix}$

（2）$\alpha_1 = \begin{pmatrix} 5 \\ 2 \\ 3 \end{pmatrix}$, $\alpha_2 = \begin{pmatrix} -3 \\ -1 \\ 4 \end{pmatrix}$, $\alpha_3 = \begin{pmatrix} 1 \\ 1 \\ 3 \end{pmatrix}$, $\alpha_4 = \begin{pmatrix} -3 \\ 1 \\ 7 \end{pmatrix}$

（3）$\alpha_1 = \begin{pmatrix} 1 \\ -1 \\ 0 \\ 1 \end{pmatrix}$, $\alpha_2 = \begin{pmatrix} 2 \\ -1 \\ 1 \\ 3 \end{pmatrix}$, $\alpha_3 = \begin{pmatrix} 0 \\ 2 \\ 2 \\ 2 \end{pmatrix}$

解 （1）因向量的个数等于维数，所以用行列式进行判断.

$$|A| = \begin{vmatrix} 1 & -1 & 2 \\ 2 & -1 & 0 \\ 3 & 4 & 3 \end{vmatrix} = 25 \neq 0$$

向量组 α_1, α_2, α_3 线性无关.

（2）因向量个数大于向量维数，所以向量组 α_1, α_2, α_3, α_4 线性相关.

（3）$A = (\alpha_1, \alpha_2, \alpha_3) = \begin{pmatrix} 1 & 2 & 0 \\ -1 & -1 & 2 \\ 0 & 1 & 2 \\ 1 & 3 & 2 \end{pmatrix} \rightarrow \begin{pmatrix} 1 & 2 & 0 \\ 0 & 1 & 2 \\ 0 & 0 & 0 \\ 0 & 0 & 0 \end{pmatrix}$

因

$$R(A) = 2 < 3$$

所以向量组 α_1, α_2, α_3 线性相关.

定理 3.5 若向量组

$$\alpha_1 = \begin{pmatrix} a_{11} \\ a_{21} \\ \vdots \\ a_{m1} \end{pmatrix}, \alpha_2 = \begin{pmatrix} a_{12} \\ a_{22} \\ \vdots \\ a_{m2} \end{pmatrix}, \cdots, \alpha_n = \begin{pmatrix} a_{1n} \\ a_{2n} \\ \vdots \\ a_{mn} \end{pmatrix}$$

线性无关，则它的接长向量组：

$$\beta_1=\begin{pmatrix}a_{11}\\a_{21}\\\vdots\\a_{m1}\\a_{m+1,1}\\\vdots\\a_{m+k,1}\end{pmatrix},\ \beta_2=\begin{pmatrix}a_{12}\\a_{22}\\\vdots\\a_{m2}\\a_{m+1,2}\\\vdots\\a_{m+k,2}\end{pmatrix},\ \cdots,\ \beta_n=\begin{pmatrix}a_{1n}\\a_{2n}\\\vdots\\a_{mn}\\a_{m+1,n}\\\vdots\\a_{m+k,n}\end{pmatrix}$$

也线性无关.

证 方程组

$$x_1\alpha_1+x_2\alpha_2+\cdots+x_n\alpha_n=\theta$$

即是齐次线性方程组

$$\begin{cases}a_{11}x_1+a_{12}x_2+\cdots+a_{1n}x_n=0\\a_{21}x_1+a_{22}x_2+\cdots+a_{2n}x_n=0\\\cdots\cdots\cdots\cdots\cdots\cdots\cdots\cdots\cdots\cdots\\a_{m1}x_1+a_{m2}x_2+\cdots+a_{mn}x_n=0\end{cases}\tag{3.12}$$

而方程组

$$x_1\beta_1+x_2\beta_2+\cdots+x_n\beta_n=\theta$$

是齐次线性方程组

$$\begin{cases}a_{11}x_1+a_{12}x_2+\cdots+a_{1n}x_n=0\\a_{21}x_1+a_{22}x_2+\cdots+a_{2n}x_n=0\\\cdots\cdots\cdots\cdots\cdots\cdots\cdots\cdots\cdots\cdots\\a_{m1}x_1+a_{m2}x_2+\cdots+a_{mn}x_n=0\\a_{m+1,1}x_1+a_{m+1,2}x_2+\cdots+a_{m+1,n}x_n=0\\\cdots\cdots\cdots\cdots\cdots\cdots\cdots\cdots\cdots\cdots\\a_{m+k,1}x_1+a_{m+k,2}x_2+\cdots+a_{m+k,n}x_n=0\end{cases}\tag{3.13}$$

因 α_1，α_2，…，α_n 线性无关，所以（3.12）只有零解. 方程组（3.13）只是比方程组（3.12）多出一些方程而已. 于是，方程组（3.13）的解全是方程组（3.12）的解. 假设（3.13）有非零解，则它的非零解也是（3.12）的非零解，这就与（3.12）只有零解矛盾，所以假设不成立，于是（3.13）只有零解，因此 β_1，β_2，…，β_n 线性无关.

由上面的证明还可知道，在接长向量时，增加的分量对应的方程可以放在方程组的前面也可以放在中间，这并不影响方程组的解，于是在接长向量（即增加向量的分量）时，其增加的分量无论加在原向量的分量的前面、后面、中间，定理的结论仍然成立.

定理 3.6　若向量组 $\alpha_1, \alpha_2, \cdots, \alpha_m$ 中有部分向量线性相关，则此向量组线性相关.

证　不妨设 $\alpha_1, \alpha_2, \cdots, \alpha_l$ 线性相关（$l<m$）. 于是存在不全为零的数 $k_1, k_2, \cdots, k_l$ 使得

$$k_1\alpha_1+k_2\alpha_2+\cdots+k_l\alpha_l=\theta$$

于是

$$k_1\alpha_1+\cdots+k_l\alpha_l+0\alpha_{l+1}+\cdots+0\alpha_m=\theta$$

因 $k_1, k_2, \cdots, k_l, 0, \cdots, 0$ 不全为零，因此向量组 $\alpha_1, \alpha_2, \cdots, \alpha_m$ 线性相关.

推论　若向量组 $\alpha_1, \alpha_2, \cdots, \alpha_m$ 线性无关，则它的任一部分向量组也线性无关.

这是定理 3.6 的逆否定理，所以成立.

例 8　判定下列向量组是否线性相关：

（1）$\varepsilon_1=\begin{pmatrix}1\\0\\0\\0\end{pmatrix}, \varepsilon_2=\begin{pmatrix}0\\1\\0\\0\end{pmatrix}, \varepsilon_3=\begin{pmatrix}0\\0\\1\\0\end{pmatrix}$

（2）$\alpha_1=\begin{pmatrix}1\\0\\0\\3\end{pmatrix}, \alpha_2=\begin{pmatrix}0\\1\\0\\5\end{pmatrix}, \alpha_3=\begin{pmatrix}0\\0\\1\\-1\end{pmatrix}$

（3）$\alpha_1=\begin{pmatrix}1\\2\\3\end{pmatrix}, \alpha_2=\begin{pmatrix}4\\-3\\5\end{pmatrix}, \alpha_3=\begin{pmatrix}2\\4\\6\end{pmatrix}$

解（1）因向量组 $\varepsilon_1=\begin{pmatrix}1\\0\\0\\0\end{pmatrix}, \varepsilon_2=\begin{pmatrix}0\\1\\0\\0\end{pmatrix}, \varepsilon_3=\begin{pmatrix}0\\0\\1\\0\end{pmatrix}, \varepsilon_4=\begin{pmatrix}0\\0\\0\\1\end{pmatrix}$ 线性无关，所以

它的部分组 $\varepsilon_1=\begin{pmatrix}1\\0\\0\\0\end{pmatrix}$，$\varepsilon_2=\begin{pmatrix}0\\1\\0\\0\end{pmatrix}$，$\varepsilon_3=\begin{pmatrix}0\\0\\1\\0\end{pmatrix}$也线性无关.

（2）这个向量组是 R^3 中基本向量组 ε_1，ε_2，ε_3 的接长向量组，因 R^3 中基本向量组 ε_1，ε_2，ε_3 线性无关，于是它的接长向量组也线性无关.

（3）因向量组的部分向量 α_1，α_3 成比例，从而 α_1，α_3 线性相关，所以整个向量组线性相关.

例 9 设 α_1，α_2，α_3 线性无关

$$\beta_1=\alpha_1+\alpha_2,\ \beta_2=\alpha_1+\alpha_3,\ \beta_3=\alpha_2+\alpha_3$$

判断 β_1，β_2，β_3 是否线性无关.

解 设

$$k_1\beta_1+k_2\beta_2+k_3\beta_3=\theta$$

即

$$k_1(\alpha_1+\alpha_2)+k_2(\alpha_1+\alpha_3)+k_3(\alpha_2+\alpha_3)=\theta$$

整理得

$$(k_1+k_2)\alpha_1+(k_1+k_3)\alpha_2+(k_2+k_3)\alpha_3=\theta$$

因为 α_1，α_2，α_3 线性无关，所以

$$\begin{cases}k_1+k_2=0\\k_1+k_3=0\\k_2+k_3=0\end{cases}\tag{3.14}$$

方程组（3.14）的系数行列式

$$\begin{vmatrix}1&1&0\\1&0&1\\0&1&1\end{vmatrix}=-2\neq0$$

故方程组（3.14）只有零解，即只有 k_1，k_2，k_3 全为 0. 从而 β_1，β_2，β_3 线性无关.

注意到上题中的方程组（3.14）的系数行列式正是由 β_1，β_2，β_3 的组合系数构成的，于是用类似上题的方法可以证明：

若 α_1，α_2，…，α_n 线性无关，则

$$\beta_1 = a_{11}\alpha_1 + a_{21}\alpha_2 + \cdots + a_{n1}\alpha_n$$
$$\beta_2 = a_{12}\alpha_1 + a_{22}\alpha_2 + \cdots + a_{n2}\alpha_n$$
$$\cdots\cdots\cdots\cdots\cdots\cdots\cdots\cdots\cdots\cdots$$
$$\beta_n = a_{1n}\alpha_1 + a_{2n}\alpha_2 + \cdots + a_{nn}\alpha_n$$

线性无关的充要条件是它们的组合系数构成的行列式

$$\begin{vmatrix} a_{11} & a_{12} & \vdots & a_{1n} \\ a_{21} & a_{22} & \vdots & a_{2n} \\ \vdots & \vdots & \vdots & \vdots \\ a_{n1} & a_{n2} & \vdots & a_{nn} \end{vmatrix} \neq 0$$

关于向量组的线性相关性的判定我们还有如下的定理：

定理 3.7　向量组 α_1，α_2，…，$\alpha_m(m\geqslant 2)$ 线性相关的充要条件是其中至少有一个向量可由其余向量线性表示.

证　必要性：若 α_1，α_2，…，α_m 线性相关，则存在一组不全为零的数 k_1，k_2，…，k_m 使

$$k_1\alpha_1 + k_2\alpha_2 + \cdots + k_m\alpha_m = \theta$$

不妨设 $k_i \neq 0$，则

$$\alpha_i = -\frac{k_1}{k_i}\alpha_1 - \cdots - \frac{k_{i-1}}{k_i}\alpha_{i-1} - \frac{k_{i+1}}{k_i}\alpha_{i+1} - \cdots - \frac{k_m}{k_i}\alpha_m$$

即 α_i 可由其余向量 α_1，…，α_{i-1}，α_{i+1}，…，α_m 的线性表示.

充分性：不妨设 α_i 可由 α_1，…，α_{i-1}，α_{i+1}，…，α_m 线性表示，即

$$\alpha_i = l_1\alpha_1 + \cdots + l_{i-1}\alpha_{i-1} + l_{i+1}\alpha_{i+1} + \cdots + l_m\alpha_m$$

移项得

$$l_1\alpha_1 + \cdots + l_{i-1}\alpha_{i-1} - \alpha_i + l_{i+1}\alpha_{i+1} + \cdots + l_m\alpha_m = \theta$$

因为 l_1，…，l_{i-1}，-1，l_{i+1}，…，l_m 不全为零，所以 α_1，α_2，…，α_m 线性相关.

由上面的定理立即可以得到：

推论　若 α 可由 α_1，α_2，…，α_m 线性表示，则向量组 α，α_1，α_2，…，α_m 线性相关.

定理 3.8　若向量组 α_1，α_2，…，α_m 线性无关，而向量组 α_1，α_2，…，α_m，β 线性相关，则 β 必可由 α_1，α_2，…，α_m 线性表示，且表达式唯一.

证　因 α_1，α_2，…，α_m，β 线性相关，故存在一组不全为零的数 k_1，k_2，…，k_m，k 使得

$$k_1\alpha_1 + k_2\alpha_2 + \cdots + k_m\alpha_m + k\beta = \theta$$

上式中的 $k\neq 0$(若 $k=0$，则 k_1，k_2，…，k_m 不全为 0，因此 α_1，α_2，…，α_m 线性相关，与定理假设矛盾)，于是

$$\beta=-\frac{k_1}{k}\alpha_1-\cdots-\frac{k_i}{k}\alpha_i-\cdots-\frac{k_m}{k}\alpha_m$$

即 β 可由 α_1，α_2，…，α_m 线性表示.

下证表达式的唯一性.

设 β 可由 α_1，α_2，…，α_m 线性表示为

$$\beta=l_1\alpha_1+l_2\alpha_2+\cdots+l_m\alpha_m$$
$$\beta=k_1\alpha_1+k_2\alpha_2+\cdots+k_m\alpha_m$$

将以上两式相减，得

$$(l_1-k_1)\alpha_1+(l_2-k_2)\alpha_2+\cdots+(l_m-k_m)\alpha_m=\theta$$

因 α_1，α_2，…，α_m 线性无关，所以

$$l_i-k_i=0,\ (i=1,\ 2,\ \cdots,\ m)$$

即

$$l_i=k_i,\ (i=1,\ 2,\ \cdots,\ m)$$

所以 β 由 α_1，α_2，…，α_m 线性表示的表达式是唯一的.

例 10 设向量组 α_1，α_2，α_3 线性相关，α_2，α_3，α_4 线性无关，证明：α_1 能由 α_2，α_3 线性表示.

证 因为向量组 α_2，α_3，α_4 线性无关，所以部分组 α_2，α_3 线性无关，而 α_1，α_2，α_3 线性相关，由定理（3.8）知，α_1 能由 α_2，α_3 线性表示.

习题 3.3

1. 判断向量 β 能否由向量 α_1，α_2，α_3，α_4 线性表示，若可以，求出表达式.

(1) $\beta=(1,1,-1,-1)$,

$\alpha_1=(1,1,1,1)$，$\alpha_2=(1,-1,1,-1)$,

$\alpha_3=(1,-1,-1,1)$，$\alpha_4=(1,1,3,-1)$

(2) $\beta=(1,2,1,1)$,

$\alpha_1=(1,1,1,1)$，$\alpha_2=(1,1,-1,-1)$,

$\alpha_3=(1,-1,1,-1)$，$\alpha_4=(1,-1,-1,1)$

(3) $\beta=(-4,-3,1,3)$

$\alpha_1=(2,1,3,7)$，$\alpha_2=(-1,0,1,0)$,

$\alpha_3=(4,1,1,7)$，$\alpha_4=(-3,-1,0,-3)$

2. 设

$$\alpha_1=\begin{pmatrix}1\\4\\0\\2\end{pmatrix},\ \alpha_2=\begin{pmatrix}2\\7\\1\\3\end{pmatrix},\ \alpha_3=\begin{pmatrix}0\\1\\-1\\a\end{pmatrix},\ \beta=\begin{pmatrix}3\\10\\b\\4\end{pmatrix}$$

（1）a，b 取何值时，β 不能由 α_1，α_2，α_3 线性表示；

（2）a，b 取何值时，β 能由 α_1，α_2，α_3 唯一线性表示，写出该表达式；

（3）a，b 取何值时，β 能由 α_1，α_2，α_3 线性表示且表达式不唯一，写出全体表达式.

3. 判断下列向量组的线性相关性.

（1）$\alpha_1=\begin{pmatrix}4\\1\\10\\0\end{pmatrix},\ \alpha_2=\begin{pmatrix}1\\2\\5\\1\end{pmatrix},\ \alpha_3=\begin{pmatrix}2\\0\\2\\1\end{pmatrix},\ \alpha_4=\begin{pmatrix}4\\2\\0\\7\end{pmatrix}$

（2）$\alpha_1=\begin{pmatrix}2\\1\\-3\\3\end{pmatrix},\ \alpha_2=\begin{pmatrix}-1\\0\\1\\2\end{pmatrix},\ \alpha_3=\begin{pmatrix}0\\2\\1\\0\end{pmatrix},\ \alpha_4=\begin{pmatrix}1\\3\\-1\\2\end{pmatrix}$

（3）$\alpha_1=\begin{pmatrix}1\\1\\2\\3\end{pmatrix},\ \alpha_2=\begin{pmatrix}1\\-1\\1\\1\end{pmatrix},\ \alpha_3=\begin{pmatrix}1\\-2\\5\\6\end{pmatrix}$

（4）$\alpha_1=\begin{pmatrix}2\\-1\\-1\\0\\3\end{pmatrix},\ \alpha_2=\begin{pmatrix}1\\1\\0\\1\\2\end{pmatrix},\ \alpha_3=\begin{pmatrix}0\\3\\1\\2\\-1\end{pmatrix},\ \alpha_4=\begin{pmatrix}4\\4\\0\\4\\1\end{pmatrix}$

（5）$\alpha_1=\begin{pmatrix}4\\2\\-3\\6\end{pmatrix},\ \alpha_2=\begin{pmatrix}5\\-6\\7\\9\end{pmatrix},\ \alpha_3=\begin{pmatrix}6\\7\\2\\3\end{pmatrix},\ \alpha_4=\begin{pmatrix}4\\5\\3\\4\end{pmatrix},\ \alpha_5=\begin{pmatrix}2\\3\\-9\\7\end{pmatrix}$

（6）$\alpha_1=\begin{pmatrix}1\\2\\1\\1\end{pmatrix}$, $\alpha_2=\begin{pmatrix}3\\6\\3\\3\end{pmatrix}$, $\alpha_3=\begin{pmatrix}-2\\0\\2\\1\end{pmatrix}$, $\alpha_4=\begin{pmatrix}3\\2\\0\\-7\end{pmatrix}$

（7）$\alpha_1=\begin{pmatrix}1\\0\\0\\3\\-5\end{pmatrix}$, $\alpha_2=\begin{pmatrix}0\\1\\0\\8\\3\end{pmatrix}$, $\alpha_3=\begin{pmatrix}0\\0\\1\\3\\4\end{pmatrix}$

4. 设向量组

$$\alpha_1=\begin{pmatrix}1+a\\1\\1\\1\end{pmatrix},\ \alpha_2=\begin{pmatrix}2\\2+a\\2\\2\end{pmatrix},\ \alpha_3=\begin{pmatrix}3\\3\\3+a\\3\end{pmatrix},\ \alpha_4=\begin{pmatrix}4\\4\\4\\4+a\end{pmatrix}$$

（1）a 为何值时，α_1，α_2，α_3，α_4 线性相关；

（2）a 为何值时，α_1，α_2，α_3，α_4 线性无关.

5. 讨论向量组

$$\alpha_1=\begin{pmatrix}1\\1\\2\\2\\1\end{pmatrix},\ \alpha_2=\begin{pmatrix}0\\2\\1\\5\\-1\end{pmatrix},\ \alpha_3=\begin{pmatrix}1\\a\\4\\b\\-1\end{pmatrix}$$

的线性相关性.

6. 已知向量组 α_1，…，α_i，…，α_n 线性无关，证明 α_1，…，$k\alpha_i$，…，α_n（$k\neq0$）线性无关.

7. 已知向量组 α_1，α_2，…，α_n 线性无关，$\beta_1=\alpha_1$，$\beta_2=\alpha_1+\alpha_2$，…，$\beta_n=\alpha_1+\alpha_2+\cdots+\alpha_n$，证明 β_1，β_2，…，β_n 线性无关.

8. 设 α_1，α_2，…，α_n 线性无关，

$$\begin{aligned}\beta_1&=a_{11}\alpha_1+a_{12}\alpha_2+\cdots+a_{1n}\alpha_n\\\beta_2&=a_{21}\alpha_1+a_{22}\alpha_2+\cdots+a_{2n}\alpha_n\\&\cdots\quad\cdots\quad\cdots\quad\cdots\cdots\\\beta_n&=a_{n1}\alpha_1+a_{n2}\alpha_2+\cdots+a_{nn}\alpha_n\end{aligned}$$

证明：β_1，β_2，…，β_n 线性无关的充要条件是行列式

$$D=\begin{vmatrix} a_{11} & a_{12} & \cdots & a_{1n} \\ a_{21} & a_{22} & \cdots & a_{2n} \\ \cdots & \cdots & \cdots & \cdots \\ a_{n1} & a_{2n} & \cdots & a_{nn} \end{vmatrix} \neq 0$$

9. 已知向量组 $\alpha_1, \alpha_2, \cdots, \alpha_m$ 线性无关，设

$\beta_1=\alpha_1+\alpha_2$，$\beta_2=\alpha_2+\alpha_3$，$\cdots$，$\beta_{m-1}=\alpha_{m-1}+\alpha_m$，$\beta_m=\alpha_m+\alpha_1$

证明：

（1）当 m 为偶数时，$\beta_1, \beta_2, \cdots, \beta_m$ 线性相关；

（2）当 m 为奇数时，$\beta_1, \beta_2, \cdots, \beta_m$ 线性无关.

3.4 向量组的秩

3.4.1 向量组的等价

定义 3.8 设向量组

$$(\text{I})\ \alpha_1, \alpha_2, \cdots, \alpha_s \text{ 及 } (\text{II})\ \beta_1, \beta_2, \cdots \beta_t$$

若向量组（I）中的每个向量都可由向量组（II）线性表示，则称向量组（I）可由向量组（II）线性表示；若向量组（I）与向量组（II）可相互线性表示，则称向量组（I）与向量组（II）等价.

定理 3.9 若向量组 $\alpha_1, \alpha_2, \cdots, \alpha_s$ 可由向量组 $\beta_1, \beta_2, \cdots, \beta_t$ 线性表示，向量组 $\beta_1, \beta_2, \cdots, \beta_t$ 可由向量组 $\gamma_1, \gamma_2, \cdots, \gamma_p$ 线性表示，则向量组 $\alpha_1, \alpha_2, \cdots, \alpha_s$ 可由向量组 $\gamma_1, \gamma_2, \cdots, \gamma_p$ 线性表示.

证 设

$$\alpha_i=\sum_{j=1}^{t} a_{ij}\beta_j,\ i=1, 2, \cdots, s$$

$$\beta_j=\sum_{k=1}^{p} b_{jk}\gamma_k,\ j=1, 2, \cdots, t$$

则

$$\alpha_i=\sum_{j=1}^{t} a_{ij}\beta_j=\sum_{j=1}^{t} a_{ij}\sum_{k=1}^{p} b_{jk}\gamma_k=\sum_{k=1}^{p}\left(\sum_{j=1}^{t} a_{ij}b_{jk}\right)\gamma_k, i=1,2,\cdots,s$$

即向量组 $\alpha_1, \alpha_2, \cdots, \alpha_s$ 可由向量组 $\gamma_1, \gamma_2, \cdots, \gamma_p$ 线性表示.

此定理说明向量组的线性表示具有**传递性**.

向量组的等价关系满足：

1° 反身性. 即向量组与自身等价.

2° 对称性. 即若向量组（I）与向量组（II）等价，则向量组（II）与向量

组（I）等价.

3° 传递性. 即若向量组（I）与向量组（II）等价，向量组（II）与向量组（III）等价，则向量组（I）与向量组（III）等价.

3.4.2 极大线性无关组

定义 3.9 设 α_{i_1}，α_{i_2}，…，α_{i_r}是向量组 α_1，α_2，…，α_m 的一个部分组，若

(1) α_{i_1}，α_{i_2}，…，α_{i_r}线性无关；

(2) 向量组 α_1，α_2，…，α_m 中每一个向量都可由 α_{i_1}，α_{i_2}，…，α_{i_r}线性表示.

则称 α_{i_1}，α_{i_2}，…，α_{i_r}是向量组 α_1，α_2，…，α_m 的一个极大线性无关组，简称极大无关组.

定义 3.9′ 设 α_{i_1}，α_{i_2}，…，α_{i_r}是向量组 α_1，α_2，…，α_m 的一个部分组，若

(1)′ α_{i_1}，α_{i_2}，…，α_{i_r}线性无关；

(2)′ 从向量组 α_1，α_2，…，α_m 中除 α_{i_1}，α_{i_2}，…，α_{i_r}后余下的向量（如果还有的话）任意添一个向量到 α_{i_1}，α_{i_2}，…，α_{i_r}中去所得的向量组都线性相关.

则称 α_{i_1}，α_{i_2}，…，α_{i_r}是向量组 α_1，α_2，…，α_m 的一个极大线性无关组.

下面证明定义 3.9 与定义 3.9′等价，即它们可以相互推出.

因定义 3.9 的条件（1）与定义 3.9′的条件（1）′是完全相同的，所以只需证明定义 3.9 的条件（2）与定义 3.9′的条件（2）′可相互推出即可.

如果（2）成立，即向量组 α_1，α_2，…，α_m 中每一个向量都可由 α_{i_1}，α_{i_2}，…，α_{i_r}线性表示，设 α_i 是向量组中除 α_{i_1}，α_{i_2}，…，α_{i_r}后余下的任一向量，则

$$\alpha_i = k_1\alpha_{i_1} + k_2\alpha_{i_2} + \cdots + k_r\alpha_{i_r}$$

由定理 3.7 的推论知 α_i，α_{i_1}，α_{i_2}，…，α_{i_r}线性相关，即（2）′成立.

反之，如果（2）′成立，不妨设 α_i 是余下的任一向量，将它添加到 α_{i_1}，α_{i_2}，…，α_{i_r}中去得到的部分向量组 α_i，α_{i_1}，α_{i_2}，…，α_{i_r}线性相关，因 α_{i_1}，α_{i_2}，…，α_{i_r}线性无关，所以由定理 3.8 知 α_i 必可由 α_{i_1}，α_{i_2}，…，α_{i_r}线性表示；而 α_{i_1}，α_{i_2}，…，α_{i_r}中的任一向量必可由 α_{i_1}，α_{i_2}，…，α_{i_r}线性表示，于是，向量组 α_1，α_2，…，α_m 中每一个向量都可由 α_{i_1}，α_{i_2}，…，α_{i_r}线性表示.

由上述证明可知，（2）与（2）′可相互推出，从而定义 3.9 与定义 3.9′等价.

注：只含零向量的向量组没有极大无关组.

由定义 3.9 不难得到下面的结论：

（1）向量组与它的极大无关组等价；

（2）向量组的任意两个极大无关组等价.

例 1 设向量组

$$\alpha_1=\begin{pmatrix}1\\2\\-1\end{pmatrix},\ \alpha_2=\begin{pmatrix}1\\0\\1\end{pmatrix},\ \alpha_3=\begin{pmatrix}1\\4\\-3\end{pmatrix}$$

因 α_1，α_2 线性无关，α_1，α_2，α_3 线性相关，所以 α_1，α_2 是向量组的一个极大无关组；

因 α_1，α_3 线性无关，α_1，α_2，α_3 线性相关，所以 α_1，α_3 也是向量组的一个极大无关组；

因 α_2，α_3 线性无关，α_1，α_2，α_3 线性相关，所以 α_2，α_3 也是向量组的一个极大无关组；

这个向量组的极大无关组不唯一.

例 2 向量组 $\alpha_1=(1,\ 0,\ 0)$，$\alpha_2=(1,\ 2,\ 0)$，$\alpha_3=(-1,\ 3,\ 1)$ 中 α_1，α_2，α_3 线性无关，因此 α_1，α_2，α_3 就是向量组的一个极大无关组，这个向量组的极大无关组唯一.

例 3 向量组 $\alpha_1=(1,\ 0,\ 0)$，$\alpha_2=(1,\ 2,\ 0)$，$\alpha_3=(-1,\ 3,\ 1)$，$\alpha_4=(0,\ 0,\ 0)$ 中 α_1，α_2，α_3 线性无关，而 α_1，α_2，α_3，α_4 线性相关. 因此 α_1，α_2，α_3 就是向量组的一个极大无关组，而且该向量组没有其他的极大无关组，所以这个向量组的极大无关组唯一.

实际上，如果向量组线性无关，则它的极大无关组唯一，且向量组就是它自身的极大无关组；如果向量组线性相关，则它的极大无关组可能唯一（如例 3），也可能不唯一（如例 1）.

3.4.3 向量组的秩

在例 1 中，我们注意到，向量组的极大无关组不唯一，但各极大无关组含向量的个数却是相同的. 这是否是一个必然的规律？以下将作进一步的研究.

定理 3.10 若向量组 α_1，α_2，…，α_s 可由向量组 β_1，β_2，…，β_t 线性表示，且 $s>t$，则向量组 α_1，α_2，…，α_s 线性相关.

证 设

$$k_1\alpha_1+k_2\alpha_2+\cdots+k_s\alpha_s=\theta$$

因向量组 α_1，α_2，…，α_s 可由向量组 β_1，β_2，…，β_t 线性表示，不妨设

$$\alpha_i = a_{1i}\beta_1 + a_{2i}\beta_2 + \cdots a_{ti}\beta_t = (\beta_1, \beta_2, \cdots, \beta_t)\begin{pmatrix} a_{1i} \\ a_{2i} \\ \vdots \\ a_{ti} \end{pmatrix}, \ (i=1, 2, \cdots, s)$$

就是

$$(\alpha_1, \alpha_2, \cdots, \alpha_s) = (\beta_1, \beta_2, \cdots, \beta_t)\begin{pmatrix} a_{11} & a_{12} & \cdots & a_{1s} \\ a_{21} & a_{22} & \cdots & a_{2s} \\ \cdots & \cdots & \cdots & \cdots \\ a_{t1} & a_{t2} & \cdots & a_{ts} \end{pmatrix} = (\beta_1, \beta_2, \cdots, \beta_t)A$$

其中

$$A = \begin{pmatrix} a_{11} & a_{12} & \cdots & a_{1s} \\ a_{21} & a_{22} & \cdots & a_{2s} \\ \cdots & \cdots & \cdots & \cdots \\ a_{t1} & a_{t2} & \cdots & a_{ts} \end{pmatrix}$$

由所设 $t < s$，因而齐次线性方程组

$$AX = \mathbf{0}$$

有非零解，即存在不全为零的数 k_1，k_2，…，k_s，使得

$$A\begin{pmatrix} k_1 \\ k_2 \\ \vdots \\ k_s \end{pmatrix} = \mathbf{0}$$

于是

$$k_1\alpha_1 + k_2\alpha_2 + \cdots + k_s\alpha_s = (\alpha_1, \alpha_2, \cdots, \alpha_s)\begin{pmatrix} k_1 \\ k_2 \\ \vdots \\ k_s \end{pmatrix}$$

$$= (\beta_1, \beta_2, \cdots, \beta_t)A\begin{pmatrix} k_1 \\ k_2 \\ \vdots \\ k_s \end{pmatrix} = \theta$$

所以 α_1，α_2，…，α_s 线性相关.

推论 1 若向量组 α_1，α_2，…，α_s 可由向量组 β_1，β_2，…β_t 线性表示，且

向量组 α_1，α_2，…，α_s 线性无关，则 $s \leqslant t$.

证 假设 $s > t$，由定理（3.10）知向量组 α_1，α_2，…，α_s 线性相关，与定理所设矛盾，所以假设不成立，于是 $s \leqslant t$.

推论 2 两个线性无关的等价向量组必含有相同个数的向量.

证 设线性无关向量组（Ⅰ）α_1，α_2，…，α_s 与线性无关向量组（Ⅱ）β_1，β_2，…β_t 等价.

因（Ⅰ）线性无关且可由（Ⅱ）线性表示，由推论 1 有 $s \leqslant t$；

又因（Ⅱ）线性无关且可由（Ⅰ）线性表示，再由推论 1 有 $t \leqslant s$；

于是 $s = t$.

推论 3 向量组 α_1，α_2，…，α_m 的任意两个极大无关组（如果有的话）所含向量个数相同.

证 因为向量组的任意两个极大无关组显然是线性无关的等价向量组，由推论 2 知所含向量个数相同.

定义 3.10 向量组 α_1，α_2，…，α_m 的极大无关组所含向量的个数称为向量组 α_1，α_2，…，α_m 的秩. 记作

$$R(\alpha_1, \alpha_2, \cdots, \alpha_m)$$

注： 1° 零向量组没有极大无关组，所以规定其秩为零；

2° $0 \leqslant R(\alpha_1, \alpha_2, \cdots, \alpha_m) \leqslant m$；

3° 向量组 α_1，α_2，…，α_m 线性无关的充要条件是

$$R(\alpha_1, \alpha_2, \cdots, \alpha_m) = m$$

向量组 α_1，α_2，…，α_m 线性相关的充要条件是

$$R(\alpha_1, \alpha_2, \cdots, \alpha_m) < m$$

定理 3.11 等价的向量组秩相等.

证 设向量组 α_1，α_2，…，α_s 与向量组 β_1，β_2，…，β_t 等价，α_{i_1}，α_{i_2}，…，α_{i_r} 为 α_1，α_2，…，α_s 的一个极大无关组，β_{j_1}，β_{j_2}，…，β_{j_k} 为 β_1，β_2，…，β_t 的一个极大无关组，因为 α_{i_1}，α_{i_2}，…，α_{i_r} 与 α_1，α_2，…，α_s 等价，α_1，α_2，…，α_s 与 β_1，β_2，…，β_t 等价，β_1，β_2，…，β_t 与 β_{j_1}，β_{j_2}，…，β_{j_k} 等价. 由等价关系的传递性知 α_{i_1}，α_{i_2}，…，α_{i_r} 与 β_{j_1}，β_{j_2}，…，β_{j_k} 等价，又由于它们线性无关，所以由定理（3.10）的推论知 $r = k$，即

$$R(\alpha_1, \alpha_2, \cdots, \alpha_s) = R(\beta_1, \beta_2, \cdots, \beta_t)$$

定理 3.12 若向量组 α_1，α_2，…，α_s 可由向量组 β_1，β_2，…，β_t 线性表示，则

$$R(\alpha_1, \alpha_2, \cdots, \alpha_s) \leqslant R(\beta_1, \beta_2, \cdots, \beta_t)$$

证明 设 α_{i_1}, α_{i_2}, …, α_{i_r} 为 α_1, α_2, …, α_s 的一个极大无关组, β_{j_1}, β_{j_2}, …, β_{j_k} 为 β_1, β_2, …, β_t 的一个极大无关组, 因 α_{i_1}, α_{i_2}, …, α_{i_r} 可由 α_1, α_2, …, α_s 线性表示, α_1, α_2, …, α_s 可由 β_1, β_2, …, β_t 线性表示, β_1, β_2, …, β_t 可由 β_{j_1}, β_{j_2}, …, β_{j_k} 线性表示, 由线性表示的传递性知 α_{i_1}, α_{i_2}, …, α_{i_r} 可由 β_{j_1}, β_{j_2}, …, β_{j_k} 线性表示, 又因 α_{i_1}, α_{i_2}, …, α_{i_r} 线性无关, 所以由定理 3. 10 的推论 1 知 $r\leqslant k$, 即

$$R(\alpha_1, \alpha_2, \cdots, \alpha_s)\leqslant R(\beta_1, \beta_2, \cdots, \beta_t)$$

例 4 已知 n 维基本向量组 ε_1, ε_2, …, ε_n 可由 n 维向量组 α_1, α_2, …, α_n 线性表示, 证明: α_1, α_2, …, α_n 线性无关.

证 因任一 n 维向量都可由 n 维基本向量组 ε_1, ε_2, …, ε_n 线性表示, 所以 α_1, α_2, …, α_n 可由 ε_1, ε_2, …, ε_n 线性表示, 再由题设 ε_1, ε_2, …, ε_n 可由 α_1, α_2, …, α_n 线性表示, 故 α_1, α_2, …, α_n 与 ε_1, ε_2, …, ε_n 等价, 又因 ε_1, ε_2, …, ε_n 线性无关, 所以

$$R(\varepsilon_1, \varepsilon_2, \cdots, \varepsilon_n)=n$$

于是

$$R(\alpha_1, \alpha_2, \cdots, \alpha_n)=R(\varepsilon_1, \varepsilon_2, \cdots, \varepsilon_n)=n,$$

故 α_1, α_2, …, α_n 线性无关.

3.4.4 向量组的秩与矩阵秩的关系

定理 3. 13 设 A 为 $m\times n$ 矩阵, 则 A 的列向量组的秩等于矩阵 A 的秩; A 的行向量组的秩也等于矩阵 A 的秩.

证 设 $R(A)=r$, 则 A 中必有一个 r 阶子式 $D\neq 0$. 因此 D 的 r 列线性无关, 于是 D 所在 A 中的 r 列也线性无关; 又由于 A 中所有 $r+1$ 阶子式全为 0, 用反证法可证: A 中任意 $r+1$ 列线性相关, 于是 D 所在 A 中的 r 列是 A 的列向量组的一个极大无关组. 所以 A 的列向量组的秩为 r.

类似可证, A 的行向量组的秩也为 r.

定义 3. 11 矩阵 A 的行向量组的秩称为 A 的行秩, 矩阵 A 的列向量组的秩称为 A 的列秩.

根据定理 3. 13 有

$$R(A)=A\text{ 的列秩}=A\text{ 的行秩}$$

因为矩阵的初等变换不改变矩阵的秩, 所以矩阵的初等变换不改变矩阵的行秩与列秩即矩阵的初等变换不改变矩阵的行向量组与列向量组的秩.

定理 3. 14 矩阵的初等行变换不改变矩阵列向量间的线性关系.

证 设

$$A=(\alpha_1, \alpha_2, \cdots, \alpha_n)\xrightarrow{\text{初等行变换}}(\beta_1, \beta_2, \cdots, \beta_n)=B$$

则方程组 $AX=\mathbf{0}$ 与 $BX=\mathbf{0}$ 同解，即方程组

$$x_1\alpha_1+x_2\alpha_2+\cdots+x_n\alpha_n=\theta$$

与

$$x_1\beta_1+x_2\beta_2+\cdots+x_n\beta_n=\theta$$

同解，因此向量组 $\alpha_1, \alpha_2, \cdots, \alpha_n$ 与向量组 $\beta_1, \beta_2, \cdots, \beta_n$ 之间有相同的线性关系.

A 的列向量组 $\alpha_1, \alpha_2, \cdots, \alpha_n$ 与 B 的列向量组 $\beta_1, \beta_2, \cdots, \beta_n$ 之间有相同的线性关系是指：

（1）A 的列向量组中的部分组 $\alpha_{j_1}, \alpha_{j_2}, \cdots, \alpha_{j_r}$ 线性无关的充要条件是 B 的列向量组中对应的部分组 $\beta_{j_1}, \beta_{j_2}, \cdots, \beta_{j_r}$ 线性无关；

（2）A 的列向量组 $\alpha_1, \alpha_2, \cdots, \alpha_n$ 中的某个向量 α_j 可由部分组 $\alpha_{j_1}, \alpha_{j_2}, \cdots, \alpha_{j_r}$ 线性表示为

$$\alpha_j=k_1\alpha_{j_1}+k_2\alpha_{j_2}+\cdots+k_r\alpha_{j_r}$$

的充要条件是 B 的列向量组 $\beta_1, \beta_2, \cdots, \beta_n$ 中对应的向量 β_j 可以由对应的部分组 $\beta_{j_1}, \beta_{j_2}, \cdots, \beta_{j_r}$ 线性表示为

$$\beta_j=k_1\beta_{j_1}+k_2\beta_{j_2}+\cdots+k_r\beta_{j_r}$$

根据定理 3.14 我们可以利用矩阵的初等行变换求向量组的秩、向量组的极大无关组并将向量组中其余向量用所求出的极大无关组线性表示.

例 5 设有向量组

$$\alpha_1=\begin{pmatrix}1\\3\\4\\-2\end{pmatrix}, \alpha_2=\begin{pmatrix}2\\1\\3\\-1\end{pmatrix}, \alpha_3=\begin{pmatrix}3\\-1\\2\\0\end{pmatrix}, \alpha_4=\begin{pmatrix}4\\-3\\1\\1\end{pmatrix}$$

求向量组的秩和一个极大无关组，并将其余向量（若有的话）用求出的极大无关组线性表示.

解 构造矩阵 $A=(\alpha_1, \alpha_2, \alpha_3, \alpha_4)$，对 A 作初等行变换将其化为行最简阶梯形矩阵，即

$$A=(\alpha_1, \alpha_2, \alpha_3, \alpha_4)=\begin{pmatrix}1&2&3&4\\3&1&-1&-3\\4&3&2&1\\-2&-1&0&1\end{pmatrix}\xrightarrow[r_4+2r_1]{\substack{r_2-3r_1\\r_3-4r_1}}\begin{pmatrix}1&2&3&4\\0&-5&-10&-15\\0&-5&-10&-15\\0&3&6&9\end{pmatrix}$$

第三章 线性方程组

$$\xrightarrow{-\frac{1}{5}\times r_2}\begin{pmatrix}1&2&3&4\\0&1&2&3\\0&-5&-10&-15\\0&3&6&9\end{pmatrix}\xrightarrow[r_4-3r_2]{r_3+5r_2}\begin{pmatrix}1&2&3&4\\0&1&2&3\\0&0&0&0\\0&0&0&0\end{pmatrix}$$

$$\xrightarrow{r_1-2r_2}\begin{pmatrix}1&0&-1&-2\\0&1&2&3\\0&0&0&0\\0&0&0&0\end{pmatrix}=B=(\beta_1,\beta_2,\beta_3,\beta_4)$$

因 $R(A)=2$，所以 $R(\alpha_1,\alpha_2,\alpha_3,\alpha_4)=2$；$\beta_1$，$\beta_2$ 是 B 的列向量组的一个极大无关组，所以 α_1，α_2 是 α_1，α_2，α_3，α_4 的一个极大无关组.

因

$$\beta_3=-\beta_1+2\beta_2,\ \beta_4=-2\beta_1+3\beta_2$$

所以

$$\alpha_3=-\alpha_1+2\alpha_2,\qquad \alpha_4=-2\alpha_1+3\alpha_2$$

注：当向量为行形式时，在构成矩阵时写成列形式，就可使用上述行变换的方法了.

因 α_1，α_2，…，α_n 是线性方程组（3.1）的系数矩阵 A 的列向量组，α_1，α_2，…，α_n，β 是线性方程组（3.1）的增广矩阵 $\bar{A}$ 的列向量组，线性方程组（3.1）的向量形式为

$$x_1\alpha_1+x_2\alpha_2+\cdots+x_n\alpha_n=\beta$$

于是，线性方程组（3.1）有解等价于向量 β 可由向量组 α_1，α_2，…，α_n 线性表示.

在下面的例中我们用向量理论再一次证明线性方程组有解的充要条件.

例 6　证明：线性方程组（3.1）有解的充要条件是 $R(A)=R(\bar{A})$.

证　必要性：如果方程组（3.1）有解，则向量 β 可由向量组 α_1，α_2，…，α_n 线性表示. 于是向量组 α_1，α_2，…，α_n 与 α_1，α_2，…α_n，β 等价，所以

$$R(\alpha_1,\ \alpha_2,\ \cdots,\ \alpha_n)=R(\alpha_1,\ \alpha_2,\ \cdots,\ \alpha_n,\ \beta)$$

即

$$R(A)=R(\bar{A})$$

充分性：若

$$R(A)=R(\bar{A})$$

则

$$R(\alpha_1,\ \alpha_2,\ \cdots,\ \alpha_n)=R(\alpha_1,\ \alpha_2,\ \cdots,\ \alpha_n,\ \beta)$$

于是向量组 α_1，α_2，…，α_n 的极大无关组也是 α_1，α_2，…，α_n，β 的极大无关组. 所以 β 可由 α_1，α_2，…，α_n 的极大无关组线性表示，从而 β 也可由向量组 α_1，α_2，…，α_n 线性表示. 于是方程组（3.1）有解.

定理 3.15　设 A 为 $m\times p$ 矩阵，B 为 $p\times n$ 矩阵，则

$$R(AB)\leqslant \min\{R(A),\ R(B)\}$$

证　设 $A=(a_{ij})_{m\times p}$，$B=(b_{ij})_{p\times n}$. 将矩阵 A 按列分块：

$$A=(\alpha_1,\ \alpha_2,\ \cdots,\ \alpha_p)$$

则

$$AB=(\alpha_1,\alpha_2,\cdots,\alpha_p)\begin{pmatrix} b_{11} & b_{12} & \cdots & b_{1n}\\ b_{21} & b_{22} & \cdots & b_{2n}\\ \cdots & \cdots & \cdots & \cdots\\ b_{p1} & b_{p2} & \cdots & b_{pn}\end{pmatrix}$$

$$=\left(\sum_{i=1}^{p} b_{i1}\alpha_i,\quad \sum_{i=1}^{p} b_{i2}\alpha_i,\quad \cdots,\quad \sum_{i=1}^{p} b_{in}\alpha_i\right)$$

由此可知 AB 的列向量组可由 α_1，α_2，…，α_p 线性表示，所以 AB 的列向量组的秩小于 α_1，α_2，…，α_p 的秩，于是有

$$R(AB)\leqslant R(A)$$

类似可证

$$R(AB)\leqslant R(B)$$

综合上述两个结论得

$$R(AB)\leqslant \min\{R(A),\ R(B)\}$$

习题 3.4

1. 求下列向量组的秩与一个极大线性无关组.

（1）$\alpha_1=\begin{pmatrix}4\\3\\1\end{pmatrix}$，$\alpha_2=\begin{pmatrix}2\\-1\\3\end{pmatrix}$，$\alpha_3=\begin{pmatrix}-1\\2\\0\end{pmatrix}$，$\alpha_4=\begin{pmatrix}2\\10\\8\end{pmatrix}$

（2）$\alpha_1=\begin{pmatrix}1\\2\\5\end{pmatrix}$，$\alpha_2=\begin{pmatrix}1\\1\\3\end{pmatrix}$，$\alpha_3=\begin{pmatrix}0\\1\\2\end{pmatrix}$，$\alpha_4=\begin{pmatrix}0\\2\\2\end{pmatrix}$，$\alpha_5=\begin{pmatrix}5\\1\\3\end{pmatrix}$

(3) $\alpha_1=\begin{pmatrix}0\\0\\0\\1\end{pmatrix}$, $\alpha_2=\begin{pmatrix}1\\2\\-1\\1\end{pmatrix}$, $\alpha_3=\begin{pmatrix}1\\-2\\-1\\0\end{pmatrix}$, $\alpha_4=\begin{pmatrix}-1\\-2\\1\\1\end{pmatrix}$, $\alpha_5=\begin{pmatrix}2\\0\\1\\-1\end{pmatrix}$

2. 求下列向量组的秩与一个极大无关组并将其余向量用求出的极大无关组线性表示.

(1) $\alpha_1=\begin{pmatrix}2\\-1\\-1\\0\end{pmatrix}$, $\alpha_2=\begin{pmatrix}1\\1\\0\\1\end{pmatrix}$, $\alpha_3=\begin{pmatrix}0\\3\\1\\2\end{pmatrix}$, $\alpha_4=\begin{pmatrix}4\\4\\0\\4\end{pmatrix}$

(2) $\alpha_1=\begin{pmatrix}2\\1\\3\\2\end{pmatrix}$, $\alpha_2=\begin{pmatrix}3\\2\\-2\\-3\end{pmatrix}$, $\alpha_3=\begin{pmatrix}1\\0\\8\\7\end{pmatrix}$, $\alpha_4=\begin{pmatrix}-3\\-2\\3\\4\end{pmatrix}$, $\alpha_5=\begin{pmatrix}-7\\-4\\0\\3\end{pmatrix}$

(3) $\alpha_1=\begin{pmatrix}2\\2\\3\\1\end{pmatrix}$, $\alpha_2=\begin{pmatrix}1\\-3\\-2\\0\end{pmatrix}$, $\alpha_3=\begin{pmatrix}8\\0\\5\\3\end{pmatrix}$, $\alpha_4=\begin{pmatrix}3\\7\\8\\2\end{pmatrix}$, $\alpha_5=\begin{pmatrix}7\\-5\\0\\0\end{pmatrix}$

3. 求向量组

$$\alpha_1=\begin{pmatrix}1\\2\\0\\1\end{pmatrix},\ \alpha_2=\begin{pmatrix}1\\0\\1\\-3\end{pmatrix},\ \alpha_3=\begin{pmatrix}3\\a\\2\\-5\end{pmatrix},\ \alpha_4=\begin{pmatrix}1\\0\\1\\b\end{pmatrix}$$

的秩和一个极大无关组.

4. 设 A, B 均为 $m\times n$ 矩阵, 证明: $R(A+B)\leqslant R(A)+R(B)$

5. 设向量组 α_1, α_2, …, $\alpha_m(m>1)$的秩为 r,

$\beta_1=\alpha_2+\alpha_3+\cdots+\alpha_m$, $\beta_2=\alpha_1+\alpha_3+\cdots+\alpha_m$, …, $\beta_m=\alpha_1+\alpha_2+\cdots+\alpha_{m-1}$

证明: 向量组 β_1, β_2, …, β_m 的秩为 r.

6. 设 A 为 $n\times m$ 矩阵, B 为 $m\times n$ 矩阵, 且 $n>m$, 证明 $|AB|=0$.

3.5 齐次线性方程组解的结构

我们知道，当 $R(A)<n$ 时，n 元齐次线性方程组

$$AX=\mathbf{0} \tag{3.15}$$

有无穷多个非零解. 能否将（3.12）的无穷多个解由它的有限个解表示出来呢？为解决这个问题，下面介绍齐次线性方程组的解的性质与基础解系.

3.5.1 解的性质

性质 1　若 η 是齐次线性方程组 $AX=\mathbf{0}$ 的解，则对任意常数 k，$k\eta$ 也是它的解.

证　因 η_1 是方程组 $AX=\mathbf{0}$ 的解，故有

$$A\eta_1=\mathbf{0}$$

于是

$$A(k\eta_1)=kA\eta_1=k\mathbf{0}=\mathbf{0}$$

所以 $k\eta$ 也是 $AX=\mathbf{0}$ 的解.

性质 2　若 η_1，η_2 是齐次线性方程组 $AX=\mathbf{0}$ 的解，则 $\eta_1+\eta_2$ 也是它的解.

证　因 η_1，η_2 是方程组 $AX=\mathbf{0}$ 的解，故有

$$A\eta_1=\mathbf{0},\ A\eta_2=\mathbf{0}$$

于是 $A(\eta_1+\eta_2)=A\eta_1+A\eta_2=\mathbf{0}+\mathbf{0}=\mathbf{0}$

所以 $\eta_1+\eta_2$ 是 $AX=\mathbf{0}$ 的解.

综合性质 1 与性质 2 得到如下的结论：

若 η_1，η_2，…，η_s 是方程组 $AX=\mathbf{0}$ 的 s 个解向量，则它们的线性组合

$$k_1\eta_1+k_2\eta_2+\cdots+k_s\eta_s=\sum_{i=1}^{s}k_i\eta_i$$

仍然是 $AX=\mathbf{0}$ 的解，其中 k_1，k_2，…，k_s 为任意常数.

3.5.2 基础解系与解的结构

由前面的知识容易想到，当齐次线性方程组有非零解时，可以用 $AX=\mathbf{0}$ 的全体解向量所构成的向量组的极大无关组来表示全体解.

定义 3.12　设 η_1，η_2，…，η_s 是齐次线性方程组 $AX=\mathbf{0}$ 的一组解向量，若

（1）η_1，η_2，…，η_s 线性无关；

（2）$AX=\mathbf{0}$ 的任一解都可由 η_1，η_2，…，η_s 线性表示.

则称 η_1，η_2，…，η_s 为齐次线性方程组 $AX=\mathbf{0}$ 的一个**基础解系**.

由此定义可知 $AX=\mathbf{0}$ 的基础解系就是 $AX=\mathbf{0}$ 的全体解向量的一个极大线性无

关组．要表出齐次线性方程组的全部解，求出它的基础解系即可．

齐次线性方程组在什么情况下存在基础解系？如果存在基础解系，基础解系中又含有多少个解向量呢？下面的定理回答了这些问题．

定理 3.16 设 A 是 $m\times n$ 矩阵，若 $R(A)=r<n$，则方程组 $AX=\mathbf{0}$ 存在基础解系，且基础解系中含有 $n-r$ 个解向量．

证 因 $R(A)=r<n$，对矩阵 A 作行初等变换将其化为行最简阶梯形矩阵 B．不失一般性，设

$$A\xrightarrow{\text{初等行变换}}B=\begin{pmatrix}1&0&\cdots&0&c_{1,r+1}&\cdots&c_{1n}\\0&1&\cdots&0&c_{2,r+1}&\cdots&c_{2n}\\\cdots&\cdots&\cdots&\cdots&\cdots&\cdots&\cdots\\0&0&\cdots&1&c_{r,r+1}&\cdots&c_{rn}\\0&0&\cdots&0&0&\cdots&0\\\cdots&\cdots&\cdots&\cdots&\cdots&\cdots&\cdots\\0&0&\cdots&0&0&0&\end{pmatrix}$$

则原方程组的同解方程组为

$$\begin{cases}x_1+\qquad\qquad c_{1,r+1}x_{r+1}+\cdots+c_{1n}x_n=0\\\qquad x_2+\qquad c_{2,r+1}x_{r+1}+\cdots+c_{2n}x_n=0\\\qquad\cdots\cdots\cdots\cdots\cdots\cdots\cdots\cdots\cdots\cdots\\\qquad\qquad x_r+c_{r,r+1}x_{r+1}+\cdots+c_{rn}x_n=0\end{cases}$$

于是

$$\begin{cases}x_1=-c_{1,r+1}x_{r+1}-\cdots-c_{1n}x_n\\x_2=-c_{2,r+1}x_{r+1}-\cdots-c_{2n}x_n\\\cdots\cdots\cdots\cdots\cdots\cdots\cdots\cdots\cdots\cdots\\x_r=-c_{r,r+1}x_{r+1}-\cdots-c_{rn}x_n\end{cases}\tag{3.16}$$

其中 x_{r+1}，x_{r+2}，…，x_n 为 $n-r$ 个自由未知量．将它们分别取以下的 $n-r$ 组值

$$x_{r+1}=1,\ x_{r+2}=0,\ \cdots,\ x_n=0$$
$$x_{r+1}=0,\ x_{r+2}=1,\ \cdots,\ x_n=0$$
$$\cdots\cdots\cdots\cdots\cdots\cdots\cdots\cdots\cdots$$
$$x_{r+1}=0,\ x_{r+2}=0,\ \cdots,\ x_n=1$$

将每一组值分别代入（3.16）式确定出相应的非自由未知量 x_1，x_2，…，x_r 的值，得到方程组的 $n-r$ 个解向量：

$$\eta_1=\begin{pmatrix}-c_{1,r+1}\\-c_{2,r+1}\\\vdots\\-c_{r,r+1}\\1\\0\\\vdots\\0\end{pmatrix},\ \eta_2=\begin{pmatrix}-c_{1,r+2}\\-c_{2,r+2}\\\vdots\\-c_{r,r+2}\\0\\1\\\vdots\\0\end{pmatrix},\ \cdots,\ \eta_{n-r}=\begin{pmatrix}-c_{1n}\\-c_{2n}\\\vdots\\-c_{rn}\\0\\0\\\vdots\\1\end{pmatrix}$$

因 $n-r$ 维的向量组

$$\begin{pmatrix}1\\0\\\vdots\\0\end{pmatrix},\begin{pmatrix}0\\1\\\vdots\\0\end{pmatrix},\cdots,\begin{pmatrix}0\\0\\\vdots\\1\end{pmatrix}$$

线性无关，从而其接长向量组 η_1，η_2，…，η_{n-r}也线性无关.

下证方程组 $AX=\mathbf{0}$ 的任一解都可由 η_1，η_2，…，η_{n-r}线性表示.

设

$$\eta=(c_1,\ c_2,\ \cdots,\ c_r,\ c_{r+1},\ c_{r+2},\ \cdots,\ c_n)^T$$

是方程组 $AX=\mathbf{0}$ 的任一解，则 η_1，η_2，…，η_{n-r}的线性组合 $\tilde{\eta}=c_{r+1}\eta_1+c_{r+2}\eta_2+\cdots+c_n\eta_{n-r}$也是 $AX=\mathbf{0}$ 的解

$$\tilde{\eta}=c_{r+1}\eta_1+c_{r+2}\eta_2+\cdots+c_n\eta_{n-r}=(*,\ *,\ \cdots,\ *,\ c_{r+1},\ c_{r+2},\ \cdots\ c_n)^T$$

因 η 与 $\tilde{\eta}$ 的后面 $n-r$ 个自由未知量的值完全相同，所以 $\eta=\tilde{\eta}$，即

$$\eta=c_{r+1}\eta_1+c_{r+2}\eta_2+\cdots+c_n\eta_{n-r}$$

于是齐次线性方程组 $AX=\mathbf{0}$ 的任意一个解都可由 η_1，η_2，…，η_{n-r}线性表示. 所以 η_1，η_2，…，η_{n-r}是齐次线性方程组 $AX=\mathbf{0}$ 的基础解系.

如果 η_1，η_2，…，η_{n-r}是 $AX=\mathbf{0}$ 的基础解系，则由解的性质与基础解系的定义知 $k_1\eta_1+k_2\eta_2+\cdots+k_{n-r}\eta_{n-r}$（$k_1$，$k_2$，…，$k_{n-r}$ 为任意常数）是 $AX=\mathbf{0}$ 的全部解（通解）.

定义 3.13　若齐次线性方程组 $AX=\mathbf{0}$ 的一个基础解系为 η_1，η_2，…，η_{n-r}，则称 $k_1\eta_1+k_2\eta_2+\cdots+k_{n-r}\eta_{n-r}$（$k_1$，$k_2$，…，$k_{n-r}$ 为任意常数）为齐次线性方程组 $AX=\mathbf{0}$ 的结构式通解.

定理（3.16）的证明过程同时也给出了齐次线性方程组 $AX=\mathbf{0}$ 的基础解系

的一种求法. 可以证明：若 $R(A)=r<n$，则齐次线性方程组 $AX=\mathbf{0}$ 的任意 $n-r$ 个线性无关的解向量就是 $AX=\mathbf{0}$ 的基础解系. 因此齐次线性方程组 $AX=\mathbf{0}$ 如果存在基础解系，则它的基础解系不是唯一的.

例 1 求方程组

$$\begin{cases} x_1+x_2+x_3-x_4=0 \\ x_1-x_2+x_3-3x_4=0 \\ x_1+3x_2+x_3+x_4=0 \end{cases}$$

的一个基础解系并写出结构式通解.

解

$$A=\begin{pmatrix} 1 & 1 & 1 & -1 \\ 1 & -1 & 1 & -3 \\ 1 & 3 & 1 & 1 \end{pmatrix} \xrightarrow{\text{初等行变换}} \begin{pmatrix} 1 & 0 & 1 & -2 \\ 0 & 1 & 0 & 1 \\ 0 & 0 & 0 & 0 \end{pmatrix}$$

原方程组的同解方程组为

$$\begin{cases} x_1 \qquad +x_3-2x_4=0 \\ \qquad x_2 \qquad +x_4=0 \end{cases}$$

选择 x_3，x_4 为自由未知量，则

$$\begin{cases} x_1=-x_3+2x_4 \\ x_2=\qquad -x_4 \end{cases} \tag{3.17}$$

取 $x_3=1$，$x_4=0$ 和 $x_3=0$，$x_4=1$ 得基础解系：

$$\boldsymbol{\eta}_1=\begin{pmatrix} -1 \\ 0 \\ 1 \\ 0 \end{pmatrix},\ \boldsymbol{\eta}_2=\begin{pmatrix} 2 \\ -1 \\ 0 \\ 1 \end{pmatrix}$$

原方程组的结构式通解为

$$k_1\boldsymbol{\eta}_1+k_2\boldsymbol{\eta}_2(k_1,\ k_2 \text{ 为任意常数})$$

也可用下面的方法写出结构式通解并求出方程组的基础解系.

在（3.17）式中，令 $x_3=k_1$，$x_4=k_2$，则

$$\begin{cases} x_1=-k_1+2k_2 \\ x_2=0k_1-k_2 \\ x_3=k_1+0k_2 \\ x_4=0k_1+k_2 \end{cases}$$

于是方程组的结构式通解为

$$X=\begin{pmatrix}x_1\\x_2\\x_3\\x_4\end{pmatrix}=k_1\begin{pmatrix}-1\\0\\1\\0\end{pmatrix}+k_2\begin{pmatrix}2\\-1\\0\\1\end{pmatrix}$$

其中 k_1，k_2 为任意常数.

$$\boldsymbol{\eta}_1=\begin{pmatrix}-1\\0\\1\\0\end{pmatrix},\ \boldsymbol{\eta}_2=\begin{pmatrix}2\\-1\\0\\1\end{pmatrix}$$

为方程组的一个基础解系.

例 2 设 A，B 分别为 $m\times n$ 与 $n\times p$ 矩阵，且 $AB=O$，证明

$$R(A)+R(B)\leqslant n$$

证 $B=O$ 时结论显然成立.

现设 $B\neq O$，$R(A)=r$.

将 B 按列分块为 $B=(\boldsymbol{\beta}_1,\ \boldsymbol{\beta}_2,\ \cdots,\ \boldsymbol{\beta}_p)$，则 $\boldsymbol{\beta}_1$，$\boldsymbol{\beta}_2$，$\cdots$，$\boldsymbol{\beta}_p$ 中至少有一个是非零向量. 由 $AB=O$，即

$$AB=A(\boldsymbol{\beta}_1,\ \boldsymbol{\beta}_2,\ \cdots,\ \boldsymbol{\beta}_p)=(A\boldsymbol{\beta}_1,\ A\boldsymbol{\beta}_2,\ \cdots,\ A\boldsymbol{\beta}_p)=(\mathbf{0},\ \mathbf{0},\ \cdots,\ \mathbf{0})$$

得

$$A\boldsymbol{\beta}_j=\mathbf{0}\ \ (j=1,\ 2,\ \cdots,\ p)$$

故 B 的每一列都是齐次线性方程组 $AX=\mathbf{0}$ 的解. 于是 $AX=\mathbf{0}$ 有非零解，从而有基础解系.

设 $AX=\mathbf{0}$ 的基础解系为 $\boldsymbol{\eta}_1$，$\boldsymbol{\eta}_2$，$\cdots$，$\boldsymbol{\eta}_{n-r}$，于是 B 的列向量组$(\boldsymbol{\beta}_1,\ \boldsymbol{\beta}_2,\ \cdots,\ \boldsymbol{\beta}_p)$可由 $\boldsymbol{\eta}_1$，$\boldsymbol{\eta}_2$，$\cdots$，$\boldsymbol{\eta}_{n-r}$线性表示，所以

$$R(\boldsymbol{\beta}_1,\ \boldsymbol{\beta}_2,\ \cdots,\ \boldsymbol{\beta}_p)\leqslant R(\boldsymbol{\eta}_1,\ \boldsymbol{\eta}_2,\ \cdots,\ \boldsymbol{\eta}_{n-r})=n-r$$

即

$$R(B)\leqslant n-R(A)$$

所以

$$R(B)+R(A)\leqslant n$$

例 3 设 A 是 $n(n\geqslant 2)$阶矩阵，A^* 是其伴随矩阵，证明

(1) 当 $R(A)=n$ 时，$R(A^*)=n$

(2) 当 $R(A)=n-1$ 时，$R(A^*)=1$

(3) 当 $R(A)<n-1$ 时，$R(A^*)=0$

证 (1) 当 $R(A)=n$ 时，$|A|\neq 0$，由

$$|A^*|=|A|^{n-1}\neq 0$$

所以

$$R(A^*)=n$$

(2) 当 $R(A)=n-1$ 时，A 存在 $n-1$ 阶非零子式，从而 A^* 是非零矩阵，所以 $R(A^*)\geqslant 1$. 又因为 $R(A)=n-1$，所以 $|A|=0$，于是

$$AA^*=|A|E=0E=O$$

由例 2 的结论

$$R(A)+R(A^*)\leqslant n$$

于是

$$R(A^*)\leqslant n-(n-1)=1$$

所以

$$R(A^*)=1$$

(3) 当 $R(A)<n-1$ 时，A 的所有 $n-1$ 阶子式全等于 0，所以 A^* 为零矩阵，于是

$$R(A^*)=0$$

综合本题的三个结论为

$$R(A^*)=\begin{cases}n, & \text{当 } R(A)=n\\ 1, & \text{当 } R(A)=n-1\\ 0, & \text{当 } R(A)<n-1\end{cases}$$

上述结论可以帮助我们由 A 的秩得到 A^* 的秩，也可由 A^* 的秩推断出 A 的秩的情况.

习题 3.5

1. 求下列齐次线性方程组的一个基础解系并用它表出方程组的通解.

(1) $\begin{cases}2x_1-x_2+4x_3-3x_4=0\\ x_1+x_3-x_4=0\\ 3x_1+x_2+x_3=0\\ 7x_1+7x_3-3x_4=0\end{cases}$

(2) $\begin{cases} x_1 - 2x_2 + x_3 - x_4 + x_5 = 0 \\ 2x_1 + x_2 - x_3 + 2x_4 - 3x_5 = 0 \\ 3x_1 - 2x_2 - x_3 + x_4 - 2x_5 = 0 \\ 2x_1 - 5x_2 + x_3 - 2x_4 + 2x_5 = 0 \end{cases}$

2. 设线性方程组

$$\begin{cases} (\lambda - 2)x_1 - 3x_2 - 2x_3 = 0 \\ -x_1 + (\lambda - 8)x_2 - 2x_3 = 0 \\ 2x_1 + 14x_2 + (\lambda + 3)x_3 = 0 \end{cases}$$

问 λ 为何值时，该方程组有非零解？并求出它的全部解.

3. 设 n 阶方阵 A 的每行元素之和都为零，且 $R(A) = n - 1$，求方程组 $AX = \mathbf{0}$ 的通解.

4. 已知 3 阶非零矩阵 B 的每个列向量都是线性方程组

$$\begin{cases} x_1 + 2x_2 - 2x_3 = 0 \\ 2x_1 - x_2 + \lambda x_3 = 0 \\ 3x_1 + x_2 - x_3 = 0 \end{cases}$$

的解，求 λ 的值.

5. 已知线性方程组

$$\begin{cases} x_1 + 2x_2 + x_3 + 2x_4 = 0 \\ \qquad x_2 + cx_3 + cx_4 = 0 \\ x_1 + cx_2 \qquad + x_4 = 0 \end{cases}$$

的基础解系由两个解向量构成，求 c 的值与该方程组的通解.

6. 设

$$A = \begin{pmatrix} 1 & 2 & 3 \\ -1 & 3 & 2 \\ 2 & 1 & t \\ -2 & 1 & -1 \end{pmatrix}$$

B 是 3 阶非零矩阵，且 $AB = O$，求 t 的值.

3.6 非齐次线性方程组解的结构

设非齐次线性方程组

$$\begin{cases} a_{11}x_1 + a_{12}x_2 + \cdots + a_{1n}x_n = b_1 \\ a_{21}x_1 + a_{22}x_2 + \cdots + a_{2n}x_n = b_2 \\ \cdots\cdots \\ a_{m1}x_1 + a_{m2}x_2 + \cdots + a_{mn}x_n = b_m \end{cases} \tag{3.18}$$

其矩阵形式为

$$AX = B$$

令它的常数项为零($b_1 = b_2 = \cdots = b_m = 0$)，得到齐次线性方程组

$$\begin{cases} a_{11}x_1 + a_{12}x_2 + \cdots + a_{1n}x_n = 0 \\ a_{21}x_1 + a_{22}x_2 + \cdots + a_{2n}x_n = 0 \\ \cdots\cdots \\ a_{m1}x_1 + a_{m2}x_2 + \cdots + a_{mn}x_n = 0 \end{cases} \tag{3.19}$$

其矩阵形式为

$$AX = \mathbf{0}$$

称 $AX = \mathbf{0}$ 为非齐次线性方程组 $AX = B$ **的导出组**.

3.6.1 解的性质

非齐次线性方程组 $AX = B$ 的解与其导出组 $AX = \mathbf{0}$ 的解具有如下性质：

性质1 若 γ_1，γ_2 是 $AX = B$ 的解，则 $\gamma_1 - \gamma_2$ 是其导出组 $AX = \mathbf{0}$ 的解.

证 由所设有

$$A\gamma_1 = B, \ A\gamma_2 = B$$

则

$$A(\gamma_1 - \gamma_2) = A\gamma_1 - A\gamma_2 = B - B = \mathbf{0}$$

所以 $\gamma_1 - \gamma_2$ 为 $AX = \mathbf{0}$ 的解.

性质2 若 γ_0 是 $AX = B$ 的解，η 是其导出组 $AX = \mathbf{0}$ 的解，则 $\gamma_0 + \eta$ 是 $AX = B$ 的解.

证 由所设有

$$A\gamma_0 = B, \ A\eta = \mathbf{0}$$

于是

$$A(\gamma_0 + \eta) = A\gamma_0 + A\eta = B + \mathbf{0} = B$$

所以 $\gamma_0+\eta$ 是 $AX=B$ 的解.

可以证明（证明留作习题）：若非齐次线性方程组 $AX=B$ 的解向量为 γ_1，γ_2，…，γ_s，线性组合 $k_1\gamma_1+k_2\gamma_2+\cdots+k_s\gamma_s$ 是 $AX=B$ 的解的充分必要条件是 $k_1+k_2+\cdots+k_s=1$；线性组合 $k_1\gamma_1+k_2\gamma_2+\cdots+k_s\gamma_s$ 是 $AX=\mathbf{0}$ 的解的充分必要条件是 $k_1+k_2+\cdots+k_s=0$.

3.6.2 解的结构

定理 3.17 若 γ_0 是 $AX=B$ 的一个解，η_1，η_2，…，η_{n-r} 是导出组 $AX=\mathbf{0}$ 的一个基础解系，则方程组 $AX=B$ 的通解为

$$\gamma_0+k_1\eta_1+k_2\eta_2+\cdots+k_{n-r}\eta_{n-r} \tag{3.20}$$

（k_1，k_2，…，k_{n-r} 为任意常数）

证 由性质2，$X=\gamma_0+k_1\eta_1+k_2\eta_2+\cdots+k_{n-r}\eta_{n-r}$ 必是方程组 $AX=B$ 的解. 下面证明方程组 $AX=B$ 的任一个解 γ，一定具有（3.20）的形式.

由性质1，$\gamma-\gamma_0$ 一定是导出组 $AX=\mathbf{0}$ 的解，因而必可由 $AX=\mathbf{0}$ 的基础解系 η_1，η_2，…，η_{n-r} 线性表示，即存在常数 k_1，k_2，…，k_{n-r} 使得

$$\gamma-\gamma_0=k_1\eta_1+k_2\eta_2+\cdots+k_{n-r}\eta_{n-r}$$

于是

$$\gamma=\gamma_0+k_1\eta_1+k_2\eta_2+\cdots+k_{n-r}\eta_{n-r}$$

因此，方程组 $AX=B$ 的通解为

$$\gamma_0+k_1\eta_1+k_2\eta_2+\cdots+k_{n-r}\eta_{n-r}$$

定义 3.14 若 γ_0 是 $AX=B$ 的一个特解，η_1，η_2，…，η_{n-r} 是导出组 $AX=\mathbf{0}$ 的一个基础解系，则称

$$\gamma_0+k_1\eta_1+k_2\eta_2+\cdots+k_{n-r}\eta_{n-r}\quad (k_1,\ k_2,\ \cdots,\ k_{n-r}\text{为任意常数})$$

为非齐次线性方程组 $AX=B$ 的结构式通解.

例 1 求非齐次线性方程组

$$\begin{cases}2x_1+4x_2-x_3+3x_4=9\\x_1+2x_2+x_3=6\\x_1+2x_2+2x_3-x_4=7\\2x_1+4x_2+x_3+x_4=11\end{cases}$$

的结构式通解.

第三章 线性方程组

解

$$\bar{A}=\begin{pmatrix}2 & 4 & -1 & 3 & \vdots & 9\\ 1 & 2 & 1 & 0 & \vdots & 6\\ 1 & 2 & 2 & -1 & \vdots & 7\\ 2 & 4 & 1 & 1 & \vdots & 11\end{pmatrix}\xrightarrow{\text{初等行变换}}\begin{pmatrix}1 & 2 & 0 & 1 & \vdots & 5\\ 0 & 0 & 1 & -1 & \vdots & 1\\ 0 & 0 & 0 & 0 & \vdots & 0\\ 0 & 0 & 0 & 0 & \vdots & 0\end{pmatrix}$$

$R(A)=R(\bar{A})=2<4$，方程组有无穷多解.

同解方程组为

$$\begin{cases}x_1+2x_2\qquad +x_4=5\\ \qquad\qquad x_3-x_4=1\end{cases}$$

解得

$$\begin{cases}x_1=5-2x_2-x_4\\ x_3=1\qquad\quad +x_4\end{cases}\tag{3.21}$$

其中 x_2，x_4 为自由未知量．令 $x_2=x_4=0$ 得特解

$$\gamma_0=\begin{pmatrix}5\\0\\1\\0\end{pmatrix}$$

原方程组的导出组的同解方程组为

$$\begin{cases}x_1+2x_2\qquad +x_4=0\\ \qquad\qquad x_3-x_4=0\end{cases}$$

即

$$\begin{cases}x_1=-2x_2-x_4\\ x_3=\qquad\quad +x_4\end{cases}$$

分别令 $x_2=1$，$x_4=0$ 和 $x_2=0$，$x_4=1$ 得导出组的基础解系为

$$\eta_1=\begin{pmatrix}-2\\1\\0\\0\end{pmatrix},\ \eta_2=\begin{pmatrix}-1\\0\\1\\1\end{pmatrix}$$

于是，原方程组的结构式通解为

$$X=\gamma_0+k_1\eta_1+k_2\eta_2=\begin{pmatrix}5\\0\\1\\0\end{pmatrix}+k_1\begin{pmatrix}-2\\1\\0\\0\end{pmatrix}+k_2\begin{pmatrix}-1\\0\\1\\1\end{pmatrix}$$

其中 k_1，k_2 为任意常数.

也可在（3.21）式中令 $x_2=k_1$，$x_4=k_2$，则

$$\begin{cases}x_1=5-2k_1-k_2\\x_2=0+k_1+0k_2\\x_3=1+0k_1+k_2\\x_4=0+0k_1+k_2\end{cases}$$

于是方程组的通解为

$$X=\begin{pmatrix}5\\0\\1\\0\end{pmatrix}+k_1\begin{pmatrix}-2\\1\\0\\0\end{pmatrix}+k_2\begin{pmatrix}-1\\0\\1\\1\end{pmatrix}$$

其中 k_1，k_2 为任意常数.

例 2 已知 γ_1、γ_2、γ_3 是四元非齐次线性方程组 $AX=B$ 的三个解，$R(A)=2$ 且

$$\gamma_1+\gamma_2=\begin{pmatrix}2\\1\\-1\\3\end{pmatrix},\ \gamma_2+\gamma_3=\begin{pmatrix}1\\1\\0\\2\end{pmatrix},\ \gamma_1+\gamma_3=\begin{pmatrix}1\\3\\1\\0\end{pmatrix}$$

求方程组 $AX=B$ 的通解.

解 因 $R(A)=2<4$，所以导出组的基础解系含有 2 个解向量.

由解的性质（1）知

$$\eta_1=(\gamma_1+\gamma_2)-(\gamma_2+\gamma_3)=\gamma_1-\gamma_3=\begin{pmatrix}1\\0\\-1\\1\end{pmatrix}$$

$$\eta_2=(\gamma_1+\gamma_2)-(\gamma_1+\gamma_3)=\gamma_2-\gamma_3=\begin{pmatrix}1\\-2\\-2\\3\end{pmatrix}$$

是方程组 $AX=B$ 的导出组的解. 因 η_1, η_2 线性无关，所以 η_1, η_2 是导出组的一个基础解系.

$$\gamma_0=\frac{\gamma_1+\gamma_2}{2}=\begin{pmatrix}1\\ \frac{1}{2}\\ -\frac{1}{2}\\ \frac{3}{2}\end{pmatrix}$$

是原方程组的一个解.

于是方程组 $AX=B$ 的通解为

$$X=\gamma_0+k_1\eta_1+k_2\eta_2=\begin{pmatrix}1\\ \frac{1}{2}\\ -\frac{1}{2}\\ \frac{3}{2}\end{pmatrix}+k_1\begin{pmatrix}1\\ 0\\ -1\\ 1\end{pmatrix}+k_2\begin{pmatrix}1\\ -2\\ -2\\ 3\end{pmatrix}$$

其中 k_1, k_2 为任意常数.

例 3 已知 4 阶矩阵 $A=(\alpha_1, \alpha_2, \alpha_3, \alpha_4)$ 的列向量组中，α_1, α_2, α_4 线性无关，$\alpha_3=3\alpha_1-\alpha_2-2\alpha_4$，且 $\beta=\alpha_1+\alpha_2-\alpha_3+\alpha_4$，求非齐次线性方程组 $AX=\beta$ 的通解.

解 由题意知，$AX=\beta$ 为四元非齐次线性方程组，且

$$R(A)=3<4$$

所以导出组的基础解系中含有一个解向量. 又 $AX=\beta$ 的向量形式为

$$x_1\alpha_1+x_2\alpha_2+x_3\alpha_3+x_4\alpha_4=\beta$$

其导出组的向量形式为

$$x_1\alpha_1+x_2\alpha_2+x_3\alpha_3+x_4\alpha_4=\theta$$

由

$$\alpha_3=3\alpha_1-\alpha_2-2\alpha_4$$

得

$$3\alpha_1-\alpha_2-\alpha_3-2\alpha_4=\theta$$

于是导出组的一个非零解为

$$\begin{pmatrix}3\\-1\\-1\\-2\end{pmatrix}$$

因为该向量线性无关，所以它是导出组的一个基础解系．再由

$$\beta=\alpha_1+\alpha_2-\alpha_3+\alpha_4$$

得 $AX=\beta$ 的一个特解为

$$\begin{pmatrix}1\\1\\-1\\1\end{pmatrix}$$

于是方程组 $AX=\beta$ 的通解为

$$X=\begin{pmatrix}1\\1\\-1\\1\end{pmatrix}+k\begin{pmatrix}3\\-1\\-1\\-2\end{pmatrix}$$

其中 k 为任意常数.

习题 3.6

1．解下列线性方程组（在有无穷多解时求出其结构式通解）.

（1）$\begin{cases}2x_1+3x_2+x_3=4\\x_1-2x_2+4x_3=-5\\3x_1+8x_2-2x_3=13\\4x_1-x_2+9x_3=-6\end{cases}$　　（2）$\begin{cases}x_1-x_2-x_3+x_4=0\\x_1-x_2\qquad-x_4=\dfrac{1}{2}\\2x_1-2x_2-4x_3+6x_4=-1\end{cases}$

2．已知线性方程组

$$\begin{cases}x_1+2x_2+x_3=1\\2x_1+3x_2+(a+2)x_3=3\\x_1+ax_2-2x_3=0\end{cases}$$

无解，求 a 的值.

3．参数 λ，μ 取何值时，线性方程组

第三章　线性方程组

$$\begin{cases} x_1+x_2-2x_3+3x_4=0 \\ 3x_1+2x_2+\lambda x_3+7x_4=1 \\ x_1-x_2-6x_3-x_4=2\mu \end{cases}$$

有解、无解?

4. 参数 a, b 为何值时，线性方程组

$$\begin{cases} x_1+x_2+x_3+x_4+x_5=1 \\ 3x_1+2x_2+x_3+x_4-3x_5=a \\ \qquad x_2+2x_3+2x_4+6x_5=3 \\ 5x_1+4x_2+3x_3+3x_4-x_5=b \end{cases}$$

有解、无解? 在有解时，求其解.

5. 参数 a, b 为何值时，线性方程组

$$\begin{cases} ax_1+x_2+x_3=4 \\ x_1+bx_2+x_3=3 \\ x_1+2bx_2+x_3=4 \end{cases}$$

无解、有唯一解、有无穷多解? 在有解时，求其解.

6. 向量 γ_1, γ_2, γ_3 是四元非齐次线性方程组 $AX=B$ 的解向量，$R(A)=2$ 且

$$\gamma_1+\gamma_2=\begin{pmatrix}1\\3\\2\\1\end{pmatrix},\ \gamma_2+\gamma_3=\begin{pmatrix}1\\1\\0\\-2\end{pmatrix},\ \gamma_1+\gamma_3=\begin{pmatrix}2\\1\\1\\0\end{pmatrix}$$

求线性方程组 $AX=B$ 的通解.

7. 设线性方程组

$$\begin{cases} x_1+a_1x_2+a_1^2x_3=a_1^3 \\ x_1+a_2x_2+a_2^2x_3=a_2^3 \\ x_1+a_3x_2+a_3^2x_3=a_3^3 \\ x_1+a_4x_2+a_4^2x_3=a_4^3 \end{cases}$$

(1) 若 a_1, a_2, a_3, a_4 互不相同，证明方程组无解;

(2) 若 $a_1=a_3=k$, $a_2=a_4=-k$ $(k\neq0)$，证明方程组有解，并求其通解.

8. 证明线性方程组$\begin{cases}x_1-x_2=a_1\\x_2-x_3=a_2\\x_3-x_4=a_3\\x_4-x_5=a_4\\x_5-x_1=a_5\end{cases}$有解的充分必要条件是$\sum_{i=1}^{5}a_i=0$，并在有解时求其通解.

9. 设非齐次线性方程组$AX=B$的解向量γ_1，γ_2，…，γ_s，证明

（1）线性组合$k_1\gamma_1+k_2\gamma_2+\cdots+k_s\gamma_s$是$AX=B$的解的充分必要条件是$k_1+k_2+\cdots+k_s=1$；

（2）线性组合$k_1\gamma_1+k_2\gamma_2+\cdots+k_s\gamma_s$是$AX=\mathbf{0}$的解的充分必要条件是$k_1+k_2+\cdots+k_s=0$.

习题三

（A）

一、填空题

1. 设

$$\alpha_1=\begin{pmatrix}\lambda\\1\\1\end{pmatrix},\ \alpha_2=\begin{pmatrix}1\\\lambda\\1\end{pmatrix},\ \alpha_3=\begin{pmatrix}1\\1\\\lambda\end{pmatrix}$$

当λ满足________时，α_1，α_2，α_3线性相关；

当λ满足________时，α_1，α_2，α_3线性无关.

2. 已知向量组

$$\alpha_1=\begin{pmatrix}1\\0\\2\\3\end{pmatrix},\ \alpha_2=\begin{pmatrix}1\\1\\3\\5\end{pmatrix},\ \alpha_3=\begin{pmatrix}1\\-1\\t+2\\1\end{pmatrix},\ \alpha_4=\begin{pmatrix}1\\2\\4\\t+9\end{pmatrix}$$

线性相关，则t满足________.

3. 设向量组α_1，α_2，α_3线性无关，则当参数l，m满足________时，$l\alpha_2-\alpha_1$，$m\alpha_3-\alpha_2$，$\alpha_1-\alpha_3$也线性无关.

4. 已知α_1，α_2，α_3线性无关，若$\alpha_1+2\alpha_2$，$m\alpha_1-4\alpha_2+m\alpha_3$，$\alpha_1+2\alpha_2-$

α_3 也线性无关，则 m ________.

5. 设向量组 $\alpha_1=(a, 0, c)$，$\alpha_2=(b, c, 0)$，$\alpha_3=(0, a, b)$线性无关，则 a，b，c 满足________.

6. 设向量组 $\alpha_1=(2, 1, 1, 1)$，$\alpha_2=(2, 1, a, a)$，$\alpha_3=(3, 2, 1, a)$，$\alpha_4=(4, 3, 2, 1)$线性相关，且 $a\neq1$，则 $a=$ ________.

7. 当 $k=$ ________时，向量 $\beta=(0, k, k^2)^T$ 可由向量组 $\alpha_1=(1+k, 1, 1)^T$，$\alpha_2=(1, 1+k, 1)^T$，$\alpha_3=(1, 1, 1+k)^T$ 线性表示且表示方法不唯一.

8. 已知 $\alpha_1=(1, 2, -1, 1)$，$\alpha_2=(2, 0, t, 0)$，$\alpha_3=(0, -4, 5, -2)$的秩为2，则 $t=$ ________.

9. 设 $A=\begin{pmatrix}1 & 2 & -2\\ 4 & t & 3\\ 3 & -1 & 1\end{pmatrix}$，$B$ 为3阶非零矩阵，且 $AB=O$，则 $t=$ ________.

10. 设 B 为3阶非零矩阵，且 B 的每个列向量都是方程组

$$\begin{cases}x_1+2x_2+kx_3=0\\ 2x_1-x_2+x_3=0\\ 3x_1+x_2-x_3=0\end{cases}$$

的解，则 $k=$ ________，$|B|=$ ________.

11. 设 α_1，α_2，α_3 是齐次线性方程组 $AX=\mathbf{0}$ 的一个基础解系，则当参数 a 满足________时，$\alpha_1+a\alpha_2$，$\alpha_2+\alpha_3$，$\alpha_3+\alpha_1$ 也是该方程组的基础解系.

12. 已知向量组 α_1，α_2，α_3，α_4 的秩为3，且 α_1，α_2，α_3，α_4 可由向量组 β_1，β_2，β_3 线性表示，则向量组 β_1，β_2，β_3 必线性________.

二、单项选择题

1. 已知 $\alpha_1=\begin{pmatrix}1\\4\\3\end{pmatrix}$，$\alpha_2=\begin{pmatrix}2\\t\\-1\end{pmatrix}$，$\alpha_3=\begin{pmatrix}-2\\3\\1\end{pmatrix}$线性相关，则 $t=$（　　）.

(A) 2　　(B) -2　　(C) 3　　(D) -3

2. 已知向量组 α_1，α_2，α_3，α_4 线性无关，则向量组（　　）线性无关.

(A) $\alpha_1+\alpha_2$，$\alpha_2+\alpha_3$，$\alpha_3+\alpha_4$，$\alpha_4+\alpha_1$

(B) $\alpha_1+\alpha_2$，$\alpha_2+\alpha_3$，$\alpha_3+\alpha_4$，$\alpha_4-\alpha_1$

(C) $\alpha_1-\alpha_2$，$\alpha_2-\alpha_3$，$\alpha_3-\alpha_4$，$\alpha_4-\alpha_1$

(D) $\alpha_1+\alpha_2$，$\alpha_2+\alpha_3$，$\alpha_3-\alpha_4$，$\alpha_4-\alpha_1$

3. 对任意实数 a，b，c，则下列向量组线性无关的是（　　）.

(A) $(a, 1, 2)$，$(2, b, 3)$，$(0, 0, 0)$

(B) $(b, 1, 1)$，$(1, a, 3)$，$(2, 3, c)$，$(a, 0, c)$

(C) $(1, a, 1, 1)$，$(1, b, 1, 0)$，$(1, c, 0, 0)$

(D) $(1, 1, 1, a)$，$(2, 2, 2, b)$，$(0, 0, 0, c)$

4. 若向量组 α，β，γ 线性无关，α，β，δ 线性相关，则（　　）.

(A) α 必可由 β，γ，δ 线性表示　　(B) β 必不可由 α，γ，δ 线性表示

(C) δ 必可由 α，β，γ 线性表示　　(D) δ 必不可由 α，β，γ 线性表示

5. 设同维向量组

$$A: \alpha_1, \alpha_2, \cdots, \alpha_r$$

$$B: \alpha_1, \alpha_2, \cdots, \alpha_r, \alpha_{r+1}, \cdots, \alpha_m$$

则下列说法正确的是（　　）.

(A) A 组与 B 组的线性相关性相同

(B) 当 A 组线性无关时，B 组也线性无关

(C) 当 B 组线性相关时，A 组也线性相关

(D) 当 A 组线性相关时，B 组也线性相关

6. 下列说法正确的是（　　）.

(A) 若 α_1，α_2 线性相关，β_1，β_2 线性相关，则 $\alpha_1+\beta_1$，$\alpha_2+\beta_2$ 一定线性相关

(B) 若 α_1，α_2 线性无关，β 为任一向量，则 $\alpha_1+\beta$，$\alpha_2+\beta$ 一定线性无关

(C) 若 α_1，α_2，$\cdots$，$\alpha_m(m\geqslant 2)$ 线性相关，则其中任何一个向量都可由其余向量线性表示

(D) 若 n 维向量组 α_1，α_2，$\cdots$，$\alpha_m(m\geqslant 2)$ 线性无关，则对于任意不全为零的数 k_1，k_2，$\cdots$，k_m 一定有 $k_1\alpha_1+k_2\alpha_2+\cdots+k_m\alpha_m\neq\theta$

7. 已知向量组 α_1，α_2，α_3 线性无关，向量 β 可由 α_1，α_2，α_3 线性表示，向量 γ 不能由 α_1，α_2，α_3 线性表示，则对任意常数 k，必有（　　）.

(A) α_1，α_2，α_3，$k\beta+\gamma$ 线性无关

(B) α_1，α_2，α_3，$k\beta+\gamma$ 线性相关

(C) α_1，α_2，α_3，$\beta+k\gamma$ 线性无关

(D) α_1，α_2，α_3，$\beta+k\gamma$ 线性相关

8. 一个向量组的极大线性无关组（　　）.

(A) 个数唯一　　(B) 个数不唯一

(C) 所含向量个数唯一　　(D) 所含向量个数不唯一

9. 已知任一 n 维向量均可由 α_1，α_2，$\cdots$，α_n 线性表示，则 α_1，α_2，$\cdots$，

α_n（　　）.

（A）线性相关　　（B）秩等于 n

（C）秩小于 n　　（D）秩不能确定

10. 已知 $A=\begin{pmatrix}2&1&3\\4&t&6\\6&3&9\end{pmatrix}$，$B$ 为三阶非零矩阵且 $AB=O$，则（　　）.

（A）当 $t=2$ 时，B 的秩必为 1　　（B）当 $t=2$ 时，B 的秩必为 2

（C）当 $t\neq2$ 时，B 的秩必为 1　　（D）当 $t\neq2$ 时，B 的秩必为 2

11. 设非齐次线性方程组 $AX=B$ 中未知量个数为 n，方程个数为 m，系数矩阵 A 的秩为 r，则（　　）.

（A）$r=m$ 时，方程组 $AX=B$ 有解

（B）$r=n$ 时，方程组 $AX=B$ 有唯一解

（C）$m=n$ 时，方程组 $AX=B$ 有唯一解

（D）$r<n$ 时，方程组 $AX=B$ 有无穷多解

12. n 元线性方程组 $AX=B$ 有唯一解的充分必要条件是（　　）.

（A）导出组 $AX=\mathbf{0}$ 仅有零解

（B）A 为方阵，且 $|A|\neq0$

（C）$R(A)=n$

（D）系数矩阵 A 的列向量组线性无关，且常数项向量 B 可由 A 的列向量组线性表示

13. 设 A 是 n 阶矩阵，α 是 n 维列向量，若 $R\begin{pmatrix}A&\alpha\\\alpha^T&0\end{pmatrix}=R(A)$，则线性方程组（　　）.

（A）$AX=\alpha$ 必有无穷多解

（B）$AX=\alpha$ 必有唯一解

（C）$\begin{pmatrix}A&\alpha\\\alpha^T&0\end{pmatrix}\begin{pmatrix}X\\y\end{pmatrix}=\mathbf{0}$ 仅有零解

（D）$\begin{pmatrix}A&\alpha\\\alpha^T&0\end{pmatrix}\begin{pmatrix}X\\y\end{pmatrix}=\mathbf{0}$ 必有非零解

14. 将齐次线性方程组 $\begin{cases}\lambda x_1+x_2+\lambda^2x_3=0\\x_1+\lambda x_2+x_3=0\\x_1+x_2+\lambda x_3=0\end{cases}$ 的系数矩阵记为 A，若存在 3 阶

矩阵 $B\neq O$ 使得 $AB=O$，则（　　）.

(A) $\lambda=-2$ 且 $|B|=0$　　(B) $\lambda=-2$ 且 $|B|\neq 0$

(C) $\lambda=1$ 且 $|B|=0$　　(D) $\lambda=1$ 且 $|B|\neq 0$

15. 已知 α_1，α_2，α_3 是非齐次线性方程组 $AX=B$ 的 3 个解，则（　　）不是导出组 $AX=\mathbf{0}$ 的解.

(A) $\alpha_1+\alpha_2-2\alpha_3$　　(B) $\frac{1}{3}(\alpha_1-\alpha_2)$

(C) $\alpha_1-2\alpha_3$　　(D) $\frac{1}{2}(\alpha_3-\alpha_1)$

16. 已知 α_1，α_2，α_3 是非齐次线性方程组 $AX=B$ 的 3 个解，则（　　）是 $AX=B$ 的解.

(A) $\alpha_1+\alpha_2-2\alpha_3$　　(B) $\alpha_1+\alpha_2-\alpha_3$

(C) $\alpha_1-2\alpha_3$　　(D) $\frac{1}{2}(\alpha_3-\alpha_1)$

17. 已知 α_1，α_2，α_3 是 4 元非齐次线性方程组 $AX=B$ 的 3 个不同的解且 $R(A)=3$，则下列（　　）是导出组 $AX=\mathbf{0}$ 的基础解系.

(A) $\alpha_1+\alpha_2-\alpha_3$，$\alpha_1-\alpha_2$　　(B) $\alpha_1-\alpha_2$

(C) $\alpha_1+\alpha_3$　　(D) $\alpha_3-\alpha_1$，$\alpha_2-\alpha_1$

(B)

1. 设

$$\alpha_1=\begin{pmatrix}1\\1\\0\\0\end{pmatrix},\ \alpha_2=\begin{pmatrix}0\\1\\1\\0\end{pmatrix},\ \alpha_3=\begin{pmatrix}0\\0\\1\\1\end{pmatrix}$$

$$\beta_1=\begin{pmatrix}1\\a\\b\\1\end{pmatrix},\ \beta_2=\begin{pmatrix}2\\1\\1\\2\end{pmatrix},\ \beta_3=\begin{pmatrix}0\\1\\2\\1\end{pmatrix}$$

求 a，b 的值，使向量组 α_1，α_2，α_3 与向量组 β_1，β_2，β_3 等价.

2. 设 t_1，t_2，…，t_r 是互不相同的数，$r\leqslant n$.

证明：$\alpha_i=(1,\ t_i,\ t_i^2,\ \cdots,\ t_i^{n-1})(i=1,\ 2,\ \cdots,\ r)$线性无关.

3. 设向量α，β，γ及数a，b，c满足$a\alpha+b\beta+c\gamma=\theta$，且$abc\neq0$，证明$\alpha$，$\beta$和$\alpha$，$\gamma$均与$\beta$，$\gamma$等价.

4. 设向量组

$$\alpha_1=\begin{pmatrix}1\\1\\1\\3\end{pmatrix},\ \alpha_2=\begin{pmatrix}-1\\-3\\5\\1\end{pmatrix},\ \alpha_3=\begin{pmatrix}3\\2\\-1\\p\end{pmatrix},\ \alpha_4=\begin{pmatrix}-2\\-6\\10\\p\end{pmatrix}$$

(1) p为何值时，α_1，α_2，α_3，α_4线性无关，并在此时将向量$\beta=(4,1,6,10)^T$用该向量组线性表示；

(2) p为何值时，α_1，α_2，α_3，α_4线性相关，并在此时求出该向量组的秩和一个极大无关组.

5. 求向量组

$$\alpha_1=\begin{pmatrix}1\\1\\1\\k\end{pmatrix},\ \alpha_2=\begin{pmatrix}1\\1\\k\\1\end{pmatrix},\ \alpha_3=\begin{pmatrix}1\\2\\1\\1\end{pmatrix}$$

的秩和一个极大无关组.

6. 设A为$m\times n$矩阵，B为$n\times m$矩阵，且$m<n$，若$AB=E$，证明B的列向量组线性无关.

7. 已知向量组

$$\alpha_1=\begin{pmatrix}1\\2\\-3\end{pmatrix},\ \alpha_2=\begin{pmatrix}3\\0\\1\end{pmatrix},\ \alpha_3=\begin{pmatrix}9\\6\\-7\end{pmatrix}$$

与

$$\beta_1=\begin{pmatrix}0\\1\\-1\end{pmatrix},\ \beta_2=\begin{pmatrix}a\\2\\1\end{pmatrix},\ \beta_3=\begin{pmatrix}b\\1\\0\end{pmatrix}$$

具有相同的秩且β_3可由α_1，α_2，α_3线性表示，求a，b的值.

8. 已知3阶矩阵$B\neq O$且B的列向量都是线性方程组

$$\begin{cases}x_1+2x_2-x_3=0\\2x_1-x_2+x_3=0\\ax_1+x_2-x_3=0\end{cases}$$

的解.

(1) 求 a 的值;

(2) 证明 $|B|=0$.

9. 已知线性方程组

$$\begin{cases} x_1+x_2+x_3=0 \\ ax_1+bx_2+cx_3=0 \\ a^2x_1+b^2x_2+c^2x_3=0 \end{cases}$$

(1) 当 a, b, c 满足何种关系时, 方程组仅有零解?

(2) 当 a, b, c 满足何种关系时, 方程组有无穷多组解? 求出其通解.

10. 两个齐次线性方程组

$$\begin{cases} a_{11}x_1+\cdots+a_{1n}x_n=0 \\ a_{21}x_1+\cdots+a_{2n}x_n=0 \\ \cdots\cdots\cdots\cdots\cdots\cdots \\ a_{m1}x_1+\cdots+a_{mn}x_n=0 \end{cases} \quad 与 \quad \begin{cases} b_{11}x_1+\cdots+b_{1n}x_n=0 \\ b_{21}x_1+\cdots+b_{2n}x_n=0 \\ \cdots\cdots\cdots\cdots\cdots\cdots \\ b_{t1}x_1+\cdots+b_{tn}x_n=0 \end{cases}$$

的系数矩阵 A 与 B 的秩都小于 $n/2$. 证明: 这两个方程组必有相同的非零解.

11. 设 α_1, α_2, …, α_s 为某齐次线性方程组的一个基础解系, $\beta_1=t_1\alpha_1+t_2\alpha_2$, $\beta_2=t_1\alpha_2+t_2\alpha_3$, …, $\beta_s=t_1\alpha_s+t_2\alpha_1$, 问当参数 t_1, t_2 满足什么条件时, β_1, β_2, …, β_s 也为该方程组的一个基础解系.

12. 设四元齐次线性方程组(Ⅰ) $\begin{cases} 2x_1+3x_2-x_3=0 \\ x_1+2x_2+x_3-x_4=0 \end{cases}$, 且已知另一四元齐次线性方程组(Ⅱ)的一个基础解系为 $\alpha_1=(2,\ -1,\ a+2,\ 1)^T$, $\alpha_2=(-1,\ 2,\ 4,\ a+8)^T$

(1) 求方程组(Ⅰ)的一个基础解系;

(2) a 为何值时, (Ⅰ)与(Ⅱ)有非零公共解? 在有非零公共解时, 求出全部非零公共解.

13. 设 γ_0, γ_1, γ_2, …, γ_{n-r} 为非齐次线性方程组 $AX=\beta$ 的 $n-r+1$ 个线性无关的解向量, 其中 $r=R(A)$. 证明: $\gamma_1-\gamma_0$, $\gamma_2-\gamma_0$, …, $\gamma_{n-r}-\gamma_0$ 是其导出组 $AX=\mathbf{0}$ 的一个基础解系.

14. 若线性方程组

$$\begin{cases} a_{11}x_1 + \cdots + a_{1n}x_n = b_1 \\ a_{21}x_1 + \cdots + a_{2n}x_n = b_2 \\ \cdots\cdots\cdots\cdots \\ a_{n1}x_1 + \cdots + a_{nn}x_n = b_n \end{cases}$$ 的系数矩阵的秩等于矩阵 $B = \begin{pmatrix} a_{11} & \cdots & a_{1n} & b_1 \\ \cdots & \cdots & \cdots & \cdots \\ a_{n1} & \cdots & a_{nn} & b_n \\ b_1 & \cdots & b_n & 0 \end{pmatrix}$

的秩. 证明此方程组有解.

15. 设 4 元非齐次线性方程组 $AX = B$，已知 $R(A) = 3$，α_1，α_2，α_3 为该方程组的解向量且

$$\alpha_1 = \begin{pmatrix} 2 \\ 0 \\ 0 \\ 2 \end{pmatrix},\ 2\alpha_2 + \alpha_3 = \begin{pmatrix} 2 \\ 0 \\ 0 \\ 8 \end{pmatrix}$$

求该方程组的通解.

16. 设线性方程组

$$\text{Ⅰ}: \quad \begin{cases} x_1 + x_2 + x_3 = 0 \\ x_1 + 2x_2 + ax_3 = 0 \\ x_1 + 4x_2 + a^2x_3 = 0 \end{cases}$$

$$\text{Ⅱ}: \quad x_1 + 2x_2 + x_3 = a - 1$$

有公共解，求 a 的值及所有公共解.

第四章　多项式

多项式是高等代数研究的最基本的对象之一，多项式的理论是高等代数的重要理论. 多项式不仅是进一步研究线性代数所必要的，而且在经济管理学和数学的其他分支领域亦有重要的应用.

4.1　多项式

4.1.1　多项式的基本概念

定义 4.1　设 P 是一个数域，x 是一个符号，形式表达式

$$a_nx^n+a_{n-1}x^{n-1}+\cdots+a_1x+a_0$$

$(n\geqslant 0,\ a_n\neq 0,\ a_i\in P\ (i=0,\ 1,\ 2,\ \cdots,\ n))$

称为数域 P 上的一元多项式，a_nx^n 称为首项，a_n 为首项系数，称 n 为多项式的次数. 数域 P 上全体一元多项式的集合记作 $P[x]$.

通常用 $f(x)$，$g(x)$，$\cdots$ 或简单用 f，g，$\cdots$ 表示多项式. 多项式 $f(x)$ 的次数记作 $\deg(f(x))$.

当 $f(x)=a_0$ 且 $a_0\neq 0$ 时为零次多项式. $f(x)=0$ 称为零多项式，零多项式是唯一没有定义次数的多项式.

多项式也可简单写成

$$f(x)=\sum_{i=0}^{n}a_ix^i$$

定义 4.2　如果两个多项式 $f(x)$ 与 $g(x)$ 次数相同且同次项系数相等，则称这两个多项式相等，记作

$$f(x)=g(x)$$

4.1.2 多项式的运算

因在多项式中总可以增加一些系数为零的项，于是可设

$$f(x)=a_nx^n+a_{n-1}x^{n-1}+\cdots+a_1x+a_0$$

$$g(x)=b_nx^n+b_{n-1}x^{n-1}+\cdots+b_1x+b_0$$

定义$f(x)$ 与$g(x)$ 的和为

$$f(x)+g(x)=(a_n+b_n)x^n+(a_{n-1}+b_{n-1})x^{n-1}+\cdots+(a_1+b_1)x+(a_0+b_0)$$

$$=\sum_{i=0}^{n}(a_i+b_i)x^i$$

设

$$f(x)=a_nx^n+a_{n-1}x^{n-1}+\cdots+a_1x+a_0$$

$$g(x)=b_mx^m+b_{m-1}x^{m-1}+\cdots+b_1x+b_0$$

定义$f(x)$与$g(x)$的乘积为

$$f(x)g(x)=a_0b_0+(a_1b_0+a_0b_1)x+\cdots+(a_sb_0+a_{s-1}b_1+\cdots+a_0b_s)x^s+\cdots+a_nb_mx^{n+m}$$

$$=\sum_{s=0}^{n+m}(\sum_{i+j=s}a_ib_j)x^s$$

当$g(x)$为常数多项式时，即$g(x)=c$时，乘积$cf(x)$即为数乘.

多项式的加法与乘法满足以下运算律：

(1) 交换律：

$$f(x)+g(x)=g(x)+f(x)$$

$$f(x)g(x)=g(x)f(x)$$

(2) 结合律：

$$(f(x)+g(x))+h(x)=f(x)+(g(x)+h(x))$$

$$(f(x)g(x))h(x)=f(x)(g(x)h(x))$$

(3) 分配律：

$$f(x)(g(x)+h(x))=f(x)g(x)+f(x)h(x)$$

(4) 消去律：

如果$f(x)g(x)=f(x)h(x)$且$f(x)\neq 0$，则

$$g(x)=h(x)$$

容易证明，多项式的次数满足：

$$\deg(f(x)\pm g(x))\leqslant \max(\deg f(x),\deg g(x))$$

$$\deg(f(x)g(x))=\deg(f(x))+\deg(g(x))$$

习题4.1

1. 设$f(x)=5x^4+x^3-2x^2-1$，$g(x)=-5x^4+4x^3-x+4$，求$\deg(f(x)+g(x))$，$\deg(f(x)g(x))$.

2. 设$f(x)=x-5$，$g(x)=a(x-2)^2+b(x+1)+c(x^2-x+2)$，$f(x)=g(x)$，求$a$，$b$，$c$的值.

4.2 整除

4.2.1 带余除法

以下给出带余除法的定义与有关结论.

定理4.1 设$f(x)$，$g(x)\in P[x]$，$g(x)\neq 0$，则必存在唯一的$q(x)$，$r(x)\in P[x]$，使得

$$f(x)=g(x)q(x)+r(x) \qquad (4.1)$$

其中$\deg(r(x))<\deg(g(x))$或$r(x)=0$.

称$q(x)$，$r(x)$为$g(x)$除$f(x)$所得的商和余式. $f(x)$和$g(x)$分别称为被除式和除式.

证 先证$q(x)$，$r(x)$的存在性.

(1) 如果$f(x)=0$，取$q(x)=r(x)=0$.

(2) 如果$f(x)\neq 0$，设$f(x)$，$g(x)$的次数分别为n，m.

当$n<m$时，取$q(x)=0$，$r(x)=f(x)$.

当$n\geqslant m$时，对n作数学归纳法.

1° 当$n=0$时，此时$m=0$，设$f(x)=a$，$g(x)=b(a\neq 0,b\neq 0)$，令$q(x)=ab^{-1}$，$r(x)=0$即可.

2° 假设$f(x)$的次数小于n时$q(x)$，$r(x)$存在.

3° 当$f(x)$的次数为n时，ax^n，bx^m分别是$f(x)$，$g(x)$的首项，于是$b^{-1}ax^{n-m}g(x)$是与$f(x)$有相同首项的多项式，设多项式

$$f_1(x)=f(x)-b^{-1}ax^{n-m}g(x)$$

于是$f_1(x)$的次数小于n或$f_1(x)$为0. 如果$f_1(x)$为0，则取$q(x)=b^{-1}ax^{n-m}$，$r(x)=0$；如果$f_1(x)$的次数小于n，由归纳法假设，对$f_1(x)$，$g(x)$有满足条件的$q_1(x)$和$r_1(x)$存在，使

$$f_1(x)=g(x)q_1(x)+r_1(x)$$

因

$$f(x)=f_1(x)+b^{-1}ax^{n-m}g(x)$$

于是

$$f(x)=(q_1(x)+b^{-1}ax^{n-m})g(x)+r_1(x)$$

取 $q(x)=q_1(x)+b^{-1}ax^{n-m}$，$r(x)=r_1(x)$，则

$$f(x)=g(x)q(x)+r(x)$$

$q(x)$，$r(x)$的存在性得证.

下证唯一性. 设

$$f(x)=g(x)q(x)+r(x)$$

$$f(x)=g(x)q'(x)+r'(x)$$

将以上两式相减得

$$(q(x)-q'(x))g(x)=r'(x)-r(x)$$

假设 $q(x)\neq q'(x)$，又据 $g(x)\neq 0$，则有 $r'(x)-r(x)\neq 0$，于是

$$\deg(q(x)-q'(x))+\deg(g(x))=\deg(r'(x)-r(x))$$

而另一方面

$$\deg(g(x))>\deg(r'(x)-r(x))$$

这就是矛盾，所以假设不成立，即只有 $q(x)=q'(x)$，所以 $r'(x)=r(x)$.

例 1 设 $f(x)=3x^4-4x^3+5x-1$，$g(x)=x^2-x+1$，求 $g(x)$除 $f(x)$所得的商和余式.

解

$g(x)$	$f(x)$	$q(x)$
x^2-x+1	$3x^4-4x^3\quad +5x-1$ $3x^4-3x^3+3x^2$	$3x^2-x-4$
	$-x^3-3x^2+5x$ $-x^3+x^2-x$	
	$-4x^2+6x-1$ $-4x^2+4x-4$	
	$r(x)=2x+3$	

因此 $g(x)$ 除 $f(x)$ 所得的商和余式分别为 $q(x)=3x^2-x-4$，$r(x)=2x+3$.

4.2.2 整除

定义 4.3 设 $f(x)$，$g(x)\in P[x]$，如果存在 $h(x)\in P[x]$，使

$$f(x)=g(x)h(x)$$

则称 $g(x)$ 能整除 $f(x)$，记作 $g(x)\mid f(x)$.

当 $g(x)$ 能整除 $f(x)$ 时，称 $g(x)$ 为 $f(x)$ 的因式，称 $f(x)$ 为 $g(x)$ 的倍式.

由带余除法可得 $g(x)\neq 0$ 时整除性的判别法：

定理 4.2 设 $f(x)$，$g(x)\in P[x]$，$g(x)\neq 0$，则 $g(x)\mid f(x)$ 的充要条件是 $g(x)$ 除 $f(x)$ 所得的余式为零.

注：带余除法中 $g(x)$ 必须不为零，而整除定义中，$g(x)$ 可以为零. 这时

$$f(x)=g(x)\cdot h(x)=0\cdot h(x)=0$$

当 $g(x)\neq 0$ 时，$g(x)$ 除 $f(x)$ 所得的商 $q(x)$ 可用 $\dfrac{f(x)}{g(x)}$ 表示.

整除的性质：

(1) 如果 $f(x)\mid g(x)$，$g(x)\mid f(x)$，则 $f(x)=cg(x)$. (c 为非零常数)

(2) 如果 $f(x)\mid g(x)$，$g(x)\mid h(x)$，则 $f(x)\mid h(x)$.

(3) 如果 $f(x)\mid g_i(x)$，$i=1, 2, \cdots, r$，则

$$f(x)\mid(u_1(x)g_1(x)+u_2(x)g_2(x)+\cdots+u_r(x)g_r(x)).$$

其中 $u_i(x)(i=1, 2, \cdots, r)$ 是数域 P 上的任意多项式.

证 (1) 由 $f(x)\mid g(x)$ 有 $g(x)=h_1(x)f(x)$，由 $g(x)\mid f(x)$ 有 $f(x)=h_2(x)g(x)$，于是

$$f(x)=h_1(x)h_2(x)f(x)$$

若 $f(x)=0$，则 $g(x)=0$ 时，若 $f(x)\neq 0$，则消去 $f(x)$ 有

$$h_1(x)h_2(x)=1$$

从而

$$\deg(h_1(x))+\deg(h_2(x))=0$$

由此得

$$\deg(h_1(x))=\deg(h_2(x))=0$$

所以 $h_2(x)$ 是非零常数，设为 c，于是 $f(x)=cg(x)$. (c 为非零常数)

(2) 由 $f(x)\mid g(x)$ 有 $g(x)=h_1(x)f(x)$，由 $g(x)\mid h(x)$ 有 $h(x)=h_2(x)g(x)$，于是

$$h(x)=h_1(x)h_2(x)f(x)$$

所以 $f(x)\mid h(x)$.

(3) 如果$f(x)\mid g_i(x)$，则$g_i(x)=h_i(x)f(x)$，$i=1,2,\cdots,r$，有

$$\begin{aligned}&u_1(x)g_1(x)+u_2(x)g_2(x)+\cdots+u_r(x)g_r(x)\\=&[u_1(x)h_1(x)+u_2(x)h_2(x)+\cdots+u_r(x)h_r(x)]f(x)\end{aligned}$$

于是，$f(x)\mid(u_1(x)g_1(x)+u_2(x)g_2(x)+\cdots+u_r(x)g_r(x))$.

称$u_1(x)g_1(x)+u_2(x)g_2(x)+\cdots+u_r(x)g_r(x)$为多项式$g_1(x)$，$g_2(x)$，$\cdots$，$g_r(x)$的一个组合.

习题 4.2

1. 用$g(x)$除$f(x)$，求商$q(x)$与余式$r(x)$.

(1) $f(x)=2x^3+3x^2+5$，$g(x)=x^2+2x-1$

(2) $f(x)=x^4+4x^2-x+6$，$g(x)=x^2+x+1$

(3) $f(x)=3x^3+4x^2-5x+6$，$g(x)=x^2-3x+1$

2. 已知$x^2+3x+2\mid x^4+mx^2-px+2$，求$m$，$p$的值.

4.3 最大公因式

4.3.1 最大公因式

定义 4.4 设$f(x)$，$g(x)$，$h(x)\in P[x]$，若$h(x)\mid f(x)$，$h(x)\mid g(x)$，则称$h(x)$为$f(x)$与$g(x)$的公因式.

定义 4.5 设$f(x)$，$g(x)\in P[x]$，$d(x)$是$f(x)$与$g(x)$的公因式，若对$f(x)$与$g(x)$的任一公因式$h(x)$，必有$h(x)\mid d(x)$，则称$d(x)$为$f(x)$与$g(x)$的最大公因式.

怎样求两个多项式的最大公因式呢？为解决最大公因式的计算问题，我们先来证明下面的引理.

引理 如果

$$f(x)=g(x)q(x)+r(x)$$

则$f(x)$，$g(x)$和$g(x)$，$r(x)$有相同的最大公因式.

证 设$h(x)$为$g(x)$，$r(x)$的公因式，即$h(x)\mid g(x)$，$h(x)\mid r(x)$，于是$h(x)$就能整除$g(x)$，$r(x)$的组合$f(x)$. 所以$h(x)$是$f(x)$，$g(x)$的公因式.

如果$h(x)$是$f(x)$，$g(x)$的公因式，即$h(x)\mid f(x)$，$h(x)\mid g(x)$，因

$$r(x)=f(x)-g(x)q(x)$$

于是$h(x)$就能整除$f(x)$，$g(x)$的组合$r(x)$. 即$h(x)$是$g(x)$，$r(x)$的公

因式.

这就说明$f(x)$，$g(x)$和$g(x)$，$r(x)$有相同的公因式. 所以如果$g(x)$，$r(x)$有一个最大公因式$d(x)$，那么$d(x)$也是$f(x)$，$g(x)$的最大公因式.

定理4.3 设$f(x)$，$g(x)\in P[x]$，则必存在$f(x)$与$g(x)$的最大公因式$d(x)$，且$d(x)$可表为$f(x)$与$g(x)$的组合，即存在$u(x)$，$v(x)\in P[x]$，使

$$d(x)=u(x)f(x)+v(x)g(x) \tag{4.2}$$

证 若$f(x)=0$，则$f(x)$，$g(x)$的最大公因式为$g(x)$，若$g(x)=0$，则$f(x)$，$g(x)$的最大公因式为$f(x)$，于是不妨设$f(x)\neq 0$，$g(x)\neq 0$，由 Euclidean 辗转相除法得到下面一组式子

$$\begin{aligned}
f(x)&=g(x)q_1(x)+r_1(x)\\
g(x)&=r_1(x)q_2(x)+r_2(x)\\
r_1(x)&=r_2(x)q_3(x)+r_3(x)\\
&\cdots\cdots\\
r_{i-2}(x)&=r_{i-1}(x)q_i(x)+r_i(x)\\
&\cdots\cdots\\
r_{s-3}(x)&=r_{s-2}(x)q_{s-1}(x)+r_{s-1}(x)\\
r_{s-2}(x)&=r_{s-1}(x)q_s(x)+r_s(x)\\
r_{s-1}(x)&=r_s(x)q_{s+1}(x)+0
\end{aligned}$$

因$r_s(x)$是$r_s(x)$与0的最大公因式，由引理和上面最后一式知$r_s(x)$是$r_{s-1}(x)$与$r_s(x)$的最大公因式，逐步推上去知$r_s(x)$是$f(x)$，$g(x)$的最大公因式.

下证（4.2）式.

由上面辗转相除法所得的一组式子中的倒数第二个式子有

$$r_s(x)=r_{s-2}(x)-r_{s-1}(x)q_s(x) \tag{4.3}$$

由倒数第三个式子有

$$r_{s-1}(x)=r_{s-3}(x)-r_{s-2}(x)q_{s-1}(x) \tag{4.4}$$

将（4.4）式代入（4.3）式得

$$r_s(x)=(1+q_s(x)q_{s-1}(x))r_{s-2}(x)-r_{s-3}(x)q_s(x)$$

用类似的方法逐个地消去$r_{s-2}(x)$，…，$r_1(x)$最后并项得到

$$r_s(x)=u(x)f(x)+v(x)g(x)$$

显然$u(x)$，$v(x)\in P[x]$.

若$d_1(x)$，$d_2(x)$都是$f(x)$，$g(x)$的最大公因式，则$d_1(x)\mid d_2(x)$，$d_2(x)$

$|d_1(x)$，因此 $d_2(x)=cd_1(x)$，（$c\neq 0$，$c\in P$）．于是，我们约定，用$(f(x),g(x))$表示首项系数为 1 的最大公因式.

例 1　设 $f(x)=x^4-x^3-x^2+2x-1$，$g(x)=x^3-2x+1$

（1）求（$f(x)$，$g(x)$）；

（2）求 $u(x)$，$v(x)$使（$f(x)$，$g(x)$）$=u(x)f(x)+v(x)g(x)$.

解　（1）作辗转相除法：

	$g(x)$	$f(x)$	
$q_2(x)=x+1$	$x^3\quad -2x+1$ x^3-x^2	$x^4-x^3-x^2+2x-1$ $x^4\quad -2x^2+x$	$q_1(x)=x-1$
	x^2-2x+1 x^2-x	$-x^3+x^2+x-1$ $-x^3\quad +2x-1$	
	$r_2(x)=-x+1$	$r_1(x)=x^2-x$ x^2-x	$q_3(x)=-x$
		0	

$f(x)$，$g(x)$的最大公因式为 $r_2(x)=-x+1$，所以$(f(x),g(x))=x-1$.

（2）因

$$f(x)=g(x)q_1(x)+r_1(x)$$

$$g(x)=r_1(x)q_2(x)+r_2(x)$$

$$r_1(x)=r_2(x)q_3(x)+0$$

由上面的第二式与第一式有

$$\begin{aligned} r_2(x)&=g(x)-r_1(x)q_2(x)\\ &=g(x)-[f(x)-g(x)q_1(x)]q_2(x)\\ &=(-q_2(x))f(x)+[1+q_1(x)q_2(x)]g(x) \end{aligned}$$

所以 $r_2(x)$是$f(x)$，$g(x)$的最大公因式．于是

$$(f(x),\ g(x))=-r_2(x)=q_2(x)f(x)-[1+q_1(x)q_2(x)]g(x)$$

令

$$u(x)=q_2(x)=x+1,\quad v(x)=-[1+q_1(x)q_2(x)]=-x^2$$

则

$$(f(x),\ g(x))=u(x)f(x)+v(x)g(x)=(x+1)f(x)-x^2g(x)$$

4.3.2 互素

定义 4.6 设 $f(x)$, $g(x) \in P[x]$, 如果 $(f(x), g(x))=1$, 则称 $f(x)$ 与 $g(x)$ 互素.

定理 4.4 设 $f(x)$, $g(x) \in P[x]$, 则 $f(x)$ 与 $g(x)$ 互素的充要条件是存在 $u(x)$, $v(x) \in P[x]$, 使

$$u(x)f(x)+v(x)g(x)=1$$

证 必要性: 因为 $f(x)$ 与 $g(x)$ 互素, 由定义 $(f(x), g(x))=1$, 于是存在 $u(x)$, $v(x) \in P[x]$, 使

$$u(x)f(x)+v(x)g(x)=1$$

充分性: 因为存在 $u(x)$, $v(x) \in P[x]$, 使

$$u(x)f(x)+v(x)g(x)=1$$

设 $\varphi(x)$ 是 $f(x)$, $g(x)$ 的一个最大公因式, 于是 $\varphi(x) \mid f(x)$, $\varphi(x) \mid g(x)$, 所以 $\varphi(x) \mid 1$. 于是 $\varphi(x)$ 是非零常数, 所以 $(f(x), g(x))=1$. 即 $f(x)$ 与 $g(x)$ 互素.

定理 4.5 若 $f(x)$ 与 $g(x)$ 互素, 且 $f(x) \mid h(x)g(x)$, 则 $f(x) \mid h(x)$.

证 因 $f(x)$ 与 $g(x)$ 互素, 即 $(f(x), g(x))=1$, 于是有 $u(x)$, $v(x) \in P[x]$, 使

$$u(x)f(x)+v(x)g(x)=1$$

上式两边乘 $h(x)$, 得

$$u(x)f(x)h(x)+v(x)g(x)h(x)=h(x)$$

显然 $f(x)$ 能整除左边第一项, 又 $f(x) \mid h(x)g(x)$, 所以 $f(x)$ 能整除左边第二项, 从而 $f(x)$ 能整除左边, 所以 $f(x) \mid h(x)$.

类似地也可定义任意多个多项式的最大公因式和互素, 本书不再讨论.

习题 4.3

1. 设 $f(x)=x^3+2x^2-5x-6$, $g(x)=x^2+x-2$

(1) 求 $(f(x), g(x))$;

(2) 求 $u(x)$, $v(x)$ 使 $(f(x), g(x))=u(x)f(x)+v(x)g(x)$.

2. 设 $f(x)=x^3+x^2-7x+2$, $g(x)=3x^2-5x-2$

(1) 求 $(f(x), g(x))$;

(2) 求 $u(x)$, $v(x)$ 使 $(f(x), g(x))=u(x)f(x)+v(x)g(x)$.

3. 如果$f(x)$，$g(x)$不全为零，且

$$u(x)f(x)+v(x)g(x)=(f(x),\ g(x))$$

证明：$(u(x),\ v(x))=1$.

4.4　因式分解与重因式

4.4.1　因式分解

定义 4.7　设$p(x)\in P[x]$且$\deg(p(x))>0$，如果$p(x)$不能表成P上的两个次数非零且小于$p(x)$的次数的多项式的乘积，则称$p(x)$为P上的不可约多项式，否则称$p(x)$为P上的可约多项式.

定理 4.6　如果$p(x)$是P上的不可约多项式，$f(x)$，$g(x)\in P[x]$，$p(x)\mid f(x)g(x)$，则$p(x)\mid f(x)$或$p(x)\mid g(x)$.

证　如果$p(x)$能整除$f(x)$，则结论已成立. 如果$p(x)$不能整除$f(x)$，则$p(x)$与$f(x)$互素，由定理 4.5，$p(x)\mid g(x)$.

下面是因式分解及唯一性定理.

定理 4.7　设$f(x)$是数域P上任一多项式，且$\deg(f(x))\geqslant 1$，则$f(x)$可唯一地分解为数域P上一些不可约多项式的乘积.

这里的唯一性是指，如果$f(x)$有两个分解式

$$f(x)=p_1(x)p_2(x)\cdots p_s(x)=q_1(x)q_2(x)\cdots q_t(x) \tag{4.5}$$

则必有$s=t$且适当排列因式的次序后有

$$p_i(x)=c_iq_i(x),\ i=1,\ 2,\ \cdots,\ s$$

证　先证分解式的存在性.

对$f(x)$的次数n使用数学归纳法.

1°　$n=1$时，因为一次多项式是不可约的，所以结论成立.

2°　假设结论对$n-1$次多项式成立.

3°　当$f(x)$为n次多项式时，如果$f(x)$是不可约的，则结论已成立；如果$f(x)$是可约的，即有

$$f(x)=f_1(x)f_2(x)$$

其中$f_1(x)$，$f_2(x)$的次数都小于n，由归纳法假设$f_1(x)$，$f_2(x)$都可分解为数域P上一些不可约多项式的乘积，将它们的分解式合起来就得到$f(x)$的分解式. 结论成立.

再证分解式的唯一性.

对个数s使用数学归纳法.

1° $s=1$ 时，则 $f(x)=p_1(x)$，这说明 $f(x)$ 是不可约多项式，所以 $t=1$，于是 $p_1(x)=q_1(x)$.

2° 假设个数小于 s 时结论成立.

3° 个数为 s 时，因为 $p_1(x)\mid f(x)$，所以 $p_1(x)\mid q_1(x)q_2(x)\cdots q_t(x)$，因为 $q_1(x)$，…，$q_t(x)$ 互素，所以 $p_1(x)$ 必能整除其中一个，不妨设

$$p_1(x)\mid q_1(x)$$

因为 $q_1(x)$ 也是不可约多项式，于是它们最多相差一个常数因子，即

$$q_1(x)=c_1p_1(x) \tag{4.6}$$

在（4.5）式两边消去 $p_1(x)$，得到

$$p_2(x)\cdots p_s(x)=c_1q_2(x)\cdots q_t(x)$$

由归纳法假设，有

$$s-1=t-1$$

即

$$s=t$$

在适当排列因式的次序后有

$$p_i(x)=c_iq_i(x),\ i=2,\ \cdots,\ s$$

综合上式和（4.6）式，唯一性得证.

应该指出的是，该定理并没有给出一个具体的分解办法. 事实上，对于一般的多项式，普遍可行的分解方法是没有的. 另外还需强调的是，多项式的分解是与所讨论的数域有关的. 例如，x^2+2 在实数域上不可再分解，但在复数域上却是可以再分解的，在复数域上它可分解为 $x^2+2=(x-\sqrt{2}i)(x+\sqrt{2}i)$. 因此在进行多项式的分解时必须明确所讨论的数域.

在多项式的因式分解中，可将每个不可约因式的首项系数提出来，从而使每个不可约因式的首项系数为 1，再将相同的不可约因式合并，使最后的分解式成为如下形式：

$$f(x)=cp_1^{r_1}(x)p_2^{r_2}(x)\cdots p_s^{r_s}(x)$$

其中 $p_i(x)(i=1,\ 2,\ \cdots,\ s)$ 是首项系数为 1 的不可约多项式，$r_i(i=1,\ 2,\ \cdots,\ s)$ 为正整数. 我们称这种形式的分解式为多项式 $f(x)$ 的标准分解式.

4.4.2 重因式

定义 4.8 如果不可约多项式 $p(x)$ 满足 $p^k(x)\mid f(x)$，而 $p^{k+1}(x)\nmid f(x)$，$(k\geqslant 1)$. 则称 $p(x)$ 为 $f(x)$ 的 k 重因式. 如果 $k=1$，则称 $p(x)$ 为 $f(x)$ 的单因式；如果 $k>1$，则称 $p(x)$ 为 $f(x)$ 的重因式.

因为没有一般可行的方法来分解多项式，所以多项式有没有重因式的判定需

要寻求另外的方法.

在数学分析中我们知道，如果

$$f(x)=a_nx^n+a_{n-1}x^{n-1}+\cdots+a_1x+a_0$$

则它的导数为

$$f'(x)=na_nx^{n-1}+(n-1)a_{n-1}x^{n-2}+\cdots+a_1$$

如果我们将它作为一个形式的定义，同样可以定义多项式的高阶导数. 按此定义可验证多项式的导数的运算法则和数学分析中导数的运算法则相同.

定理 4.8　如果不可约多项式 $p(x)$ 是 $f(x)$ 的 k 重因式，则 $p(x)$ 是 $f'(x)$ 的 $k-1$ 重因式.

证　因为 $p(x)$ 是 $f(x)$ 的 k 重因式，即 $p^k(x)\mid f(x)$，即

$$f(x)=p^k(x)g(x)$$

其中 $p(x)$ 不能整除 $g(x)$. 求导得

$$f'(x)=p^{k-1}(x)[kg(x)p'(x)+p(x)g'(x)]$$

因此

$$p^{k-1}(x)\mid f'(x)$$

因 $p(x)\mid p(x)g'(x)$，但 $p(x)\nmid kg(x)p'(x)$，从而 $p(x)\nmid[kg(x)p'(x)+p(x)g'(x)]$，所以 $p^k(x)\nmid f'(x)$. 因此，$p(x)$ 是 $f'(x)$ 的 $k-1$ 重因式.

由此定理容易得到以下两个推论.

推论 1　不可约多项式 $p(x)$ 是 $f(x)$ 的重因式的充要条件是 $p(x)$ 是 $f(x)$ 与 $f'(x)$ 的因式.

推论 2　多项式 $f(x)$ 没有重因式的充要条件是 $f(x)$ 与 $f'(x)$ 互素.

习题 4.4

1. 判断下列多项式是否有重因式，如果有，求出重因式及其重数.

(1) $f(x)=x^5-5x^4+7x^3-2x^2+4x-8$

(2) $f(x)=x^4+4x^2-4x-3$

2. a，b 满足什么条件时，$f(x)=x^4+4ax+b$ 有重因式.

4.5　多项式函数

当数域 P 上的多项式的 x 限定在数域 P 中取值时，则多项式

$$f(x)=a_nx^n+a_{n-1}x^{n-1}+\cdots+a_1x+a_0$$

就是数域 P 上的函数，称为多项式函数.

定义 4.9 若 $a \in P$，$f(x)$ 为非零多项式，$f(a)=0$，则称 a 为 $f(x)$ 的根或零点.

定理 4.9（余数定理）设 $f(x) \in P[x]$，$a \in P$，用一次多项式 $x-a$ 除多项式 $f(x)$ 所得的余式是一个常数，这个常数等于函数值 $f(a)$.

证 由带余除法知

$$f(x)=(x-a)q(x)+r(x)$$

因为 $\deg(r(x))<1$ 或 $r(x)=0$，所以 $r(x)$ 为常数，设为 c. 在上式中，以 a 代 x，得

$$f(a)=c$$

推论 a 是 $f(x)$ 的根的充要条件是 $(x-a) \mid f(x)$.

这个推论给出了根与一次多项式的关系.

定义 4.10 如果 $x-a$ 是多项式 $f(x)$ 的 k 重因式，则称 a 是 $f(x)$ 的 k 重根. 当 $k=1$ 时，称 a 为单根；当 $k>1$ 时，称 a 为重根.

定理 4.10 $P[x]$ 中的 n 次多项式在数域 P 中的根的个数不超过 n（重根按重数计算个数）.

证 当 $\deg(f(x))=0$ 时结论显然成立.

当 $\deg(f(x))>0$ 时，将 $f(x)$ 分解成不可约多项式的乘积，由定理 4.9 的推论与重根的定义可知，$f(x)$ 在数域 P 中的根的个数等于分解式中一次因式的个数，而分解式中一次因式的个数不超过 n.

例 设 2 是多项式 $f(x)=x^4-2x^3+ax^2+bx-8$ 的二重根，求 a，b.

解 因 2 是多项式 $f(x)=x^4-2x^3+ax^2+bx-8$ 的二重根，所以 $x-2$ 是 $f(x)$ 的二重因式，因此 $x-2$ 是 $f'(x)$ 的因式，即 2 是 $f'(x)=4x^3-6x^2+2ax+b$ 的根. 所以

$$\begin{cases} f(2)=2^4-2\cdot 2^3+a\cdot 2^2+b\cdot 2-8=0 \\ f'(2)=4\cdot 2^3-6\cdot 2^2+2a\cdot 2+b=0 \end{cases}$$

即

$$\begin{cases} 4a+2b-8=0 \\ 4a+b+8=0 \end{cases}$$

解得：$a=-6$，$b=16$

习题 4.5

1. 求 t 的值，使 $f(x)=x^3+tx-2$ 有重根.

2. 已知 $(x-2)^2 \mid x^3+ax^2+bx$，求 a，b 的值.

3. 举例说明“如果 a 是 $f'(x)$ 的 s 重根，则 a 是 $f(x)$ 的 $s+1$ 重根”的说法是不正确的.

4.6 复系数、实系数与有理系数多项式

4.6.1 复系数多项式的因式分解

首先给出代数基本定理.

定理 4.11 每个次数大于零的复数域上的多项式至少有一个复根.

证略.

由此定理可得以下推论：

推论 1 复数域上的 n 次多项式恰有 n 个复根.

推论 2 复数域上的不可约多项式都是一次多项式.

推论 3 复数域上的次数大于零的多项式在复数域上必可唯一地分解为一次因式的乘积.

4.6.2 实系数多项式的因式分解

定理 4.12 如果复数 $z=a+bi$ 是实系数多项式

$$f(x)=a_nx^n+a_{n-1}x^{n-1}+\cdots+a_1x+a_0$$

的根，则它的共轭复数 $\bar{z}=a-bi$ 也是 $f(x)$ 的根.

证

$$\begin{aligned} f(\bar{z}) &= a_n\bar{z}^n+a_{n-1}\bar{z}^{n-1}+\cdots+a_1\bar{z}+a_0 \\ &= \overline{a_nz^n+a_{n-1}z^{n-1}+\cdots+a_1z+a_0}=\bar{0}=0 \end{aligned}$$

此定理说明，多项式的虚部不为零的复根必成对出现.

推论 实数域上的不可约多项式都是一次多项式或根的判别式小于零的二次多项式.

证 设 $p(x)$ 是实数域 R 上的不可约多项式，我们将它看作复数域上的多项式，按照代数基本定理，$p(x)$ 有一个复根 z，下面就 z 为实数或虚数两种情况进行证明.

(1) 如果 z 是实数，则 $p(x)$ 在实数域上有一次因式 $x-z$，因为 $p(x)$ 在实数

域上不可约，所以 $p(x)$ 不可能有其他实根，于是 $p(x)=a(x-z)$.（其中 $a\neq0$）.因此 $p(x)$ 是一次多项式.

（2）如果 z 是虚数，根据定理 4.12，$\bar{z}$ 也是 $p(x)$ 的根，设 $z=a+bi$，则 $\bar{z}=a-bi$，因

$$z+\bar{z}=2a,\ z\bar{z}=a^2+b^2$$

于是 $p(x)$ 有因式：

$$(x-z)(x-\bar{z})=x^2-(z+\bar{z})x+z\bar{z}=x^2-2ax+(a^2+b^2)$$

因为 $p(x)$ 在实数域上不可约，于是 $p(x)=c[x^2-2ax+(a^2+b^2)]$，（其中 $c\neq0$）.因此 $p(x)$ 是一个二次多项式.因为这时 $p(x)$ 的根是虚根，所以 $p(x)$ 是根的判别式小于零的二次多项式.

由上述讨论可知：实数域上的二次多项式 $p(x)$ 是不可约多项式的充要条件是 $p(x)$ 只有虚根，即 $p(x)$ 的根的判别式小于零.于是由上面的推论立即得到：

定理 4.13 实数域上的次数大于零的多项式在实数域上必可唯一地分解为一次因式或二次不可约多项式的乘积.

4.6.3 有理系数多项式

首先我们来看下面两个有理系数多项式.

$$\frac{1}{2}x^5-\frac{2}{3}x^4+\frac{5}{6}x^2-2x+\frac{2}{3}=\frac{1}{6}(3x^5-4x^4+5x^2-12x+4)$$

$$\frac{4}{3}x^4-4x^2-\frac{4}{5}x=\frac{4}{15}(5x^4-15x^2-3x)$$

可见任一有理系数多项式都可化为一个有理数与一个整系数多项式的乘积，于是有理系数多项式在有理数域上的因式分解问题就转化为整系数多项式在有理数域上的因式分解问题.

如果我们能够求出整系数多项式的有理根，那么，整系数多项式在有理数域上的因式分解就确定了.下面我们不加证明地给出一个整系数多项式有有理根的必要条件.

定理 4.14 设整系数多项式

$$f(x)=a_nx^n+a_{n-1}x^{n-1}+\cdots+a_1x+a_0$$

则有理数 $\frac{q}{p}$ 是 $f(x)$ 的根的必要条件是 $p\mid a_n$，$q\mid a_0$（其中 p，q 互素）.

例 1 求 $f(x)=4x^4-7x^2-5x-1$ 的有理根.

解 因 4 的因子为 ±1，±2，±4，−1 的因子为 1 和 −1，于是 $f(x)$ 的有理根只可能是 ±1，$\pm\frac{1}{2}$，$\pm\frac{1}{4}$，将这些有理数代入 $f(x)$ 验算知只有 $f\left(-\frac{1}{2}\right)=0$，

所以$f(x)$的有理根只有$-\frac{1}{2}$.

例 2 判断$f(x)=x^8-5x+1$是否有有理根.

解 因$f(x)$的有理根只可能是± 1，验算知$f(\pm 1)\neq 0$，所以，$f(x)$没有有理根.

如何判断一个整系数多项式在有理数域上不可约，我们还有如下的判别法.

定理 4.15（Eisenstein 判别法） 设整系数多项式

$$f(x)=a_nx^n+a_{n-1}x^{n-1}+\cdots+a_1x+a_0$$

如果有一个素数p满足$p \mid a_i(i=0,1,2,\cdots,n-1)$，但$p \nmid a_n$，$p^2 \nmid a_0$，则$f(x)$在有理数域上不可约.

证略.

例 3 证明x^n+3（$n\geq 1$）在有理数域上不可约.

证 取$p=3$，则3能整除x^n+3中除首项以外的一切项的系数，但3不能整除首项系数1，$3^2=9$不能整除常数项3，所以由 Eisenstein 判别法知x^n+3在有理数域上不可约.

本例表明，存在任意次数的有理数域上的不可约多项式.

习题 4.6

1. 求下列多项式函数的有理根.

（1）$f(x)=2x^4-3x^3+2x-3$

（2）$f(x)=2x^3-x^2+x+1$

（3）$f(x)=3x^4+8x^3+6x^2+3x-2$

2. 判断下列多项式在有理数域上是否可约.

（1）$f(x)=x^{10}+5$

（2）$f(x)=7x^5+18x^4+6x-6$

（3）$f(x)=2x^3+x^2-3x+1$

习题四

(A)

一、填空题

1. 设$f(x)=x^2+x-1$，$g(x)=a(x+1)^2+b(x-1)(x+1)+c(x-1)^2$，$f(x)=g(x)$，则

$a=$________，$b=$________，$c=$________.

2. 设

$$f(x)=a_nx^n+a_{n-1}x^{n-1}+\cdots+a_1x+a_0$$
$$g(x)=b_mx^m+b_{m-1}x^{m-1}+\cdots+b_1x+b_0$$

则$\deg(f(x)g(x))=$________.

3. 设1是多项式$f(x)=2x^4-3x^3+4x^2+ax+b$的二重根，则$a=$________，$b=$________.

4. 设$f(x)$是一个首项系数为1的三次多项式，它被$x-1$除后余1，被$x-2$除后余2，被$x-3$除后余3，则此多项式$f(x)=$________.

5. 若$x^2+b\mid x^3+ax$，则a，b满足条件________.

二、单项选择题

1. 设$f(x)=2x^4-3x^3+4x^2+ax+b$，$g(x)=x^2-3x+1$，若$g(x)$除$f(x)$后余式为$25x-5$，则a，b分别为（　　）.

(A) 5，6　　(B) −5，6　　(C) −6，5　　(D) −5，−6

2. 设$f(x)$，$g(x)\in P[x]$，则$\deg\ (f(x)+g(x))$（　　）.

(A) $=\deg(f(x))$　　(B) $=\deg(g(x))$

(C) $\leqslant\min(\deg(f(x)),\deg(g(x)))$　　(D) $\leqslant\max(\deg(f(x)),\deg(g(x)))$

3. 已知$(x-1)^2\mid ax^4+bx^3+1$，则a，b分别为（　　）.

(A) 3，−4　　(B) −3，4　　(C) 3，4　　(D) −3，−4

4. 下列说法正确的是（　　）.

(A) 多项式都有次数　　(B) 零多项式的次数为0

(C) 常数多项式的次数为0　　(D) 零次多项式是非零常数

5. 下列说法错误的是（　　）.

(A) 次数大于1的整系数多项式只要有有理根，则它在有理数域上就可约

(B) 在有理数域上存在任意次数的不可约多项式

(C) 有理系数多项式在有理数域上不一定能分解

(D) 有理系数多项式在有理数域上必可分解

6. 下列说法正确的是（　　）.

(A) 若多项式$f(x)$，$f'(x)$的最大公因式是k次多项式，则$f(x)$有k重根

(B) 若复数c是多项式$f(x)$的导数$f'(x)$的k重根，则c是$f(x)$的$k+1$重根

(C) 若复数c是多项式$f(x)$的k重根，则c也是$f'(x)$的k重根

(D) 若复数c是多项式$f(x)$的k重根，则c是$f'(x)$的$k-1$重根

(B)

1. k，l，m满足什么条件时，$x^2+kx+1 \mid x^4+lx^2+m$.

2. 判断多项式$f(x)=x^6+x^3+1$在有理数域上是否可约.

3. 证明：$1+x+\frac{x^2}{2!}+\cdots+\frac{x^n}{n!}$不可能有重根.

4. 如果a是$f'''(x)$的k重根.

证明：a是$g(x)=\frac{x-a}{2}[f'(x)+f'(a)]-f(x)+f(a)$的$k+3$重根.

5. 如果$(f(x), g(x))=1$，$(f(x), h(x))=1$，证明：

$$(f(x), g(x)h(x))=1$$

第五章　线性空间

在第三章中介绍了实数域上的 n 维向量空间 R^n，在科学技术、工程、经济等领域中，有着很多的集合，它们与 R^n 具有很多共同点．为了研究这些集合，本章给出更一般的线性空间的概念并对线性空间作进一步的研究．

5.1　线性空间

5.1.1　线性空间

定义 5.1　设 V 是一个非空集合，P 是一个数域．如果在 V 中定义了两种代数运算：

(1) **加法**：在 V 中定义一个法则称为加法，按这个法则，对 V 中任意两个元素 α 与 β，在 V 中有唯一确定的元素 γ 与之对应，称 γ 为 α 与 β 的和，记作 $\gamma=\alpha+\beta$；

(2) **数乘**：在 V 中定义一个法则称为数乘，按这个法则，对 V 中任意元素 α 和数域 P 中的任意数 k，在 V 中有唯一确定的元素 δ 与之对应，称 δ 为 k 与 α 的数量乘积，记作 $\delta=k\alpha$.

在 V 中定义的加法与数乘运算还满足下列八条运算规则：

(1) $\alpha+\beta=\beta+\alpha$;

(2) $(\alpha+\beta)+\gamma=\alpha+(\beta+\gamma)$;

(3) V 中存在元素 θ，使得 $\alpha+\theta=\alpha$，称 θ 为 V 的零元素；

(4) 对 V 中的元素 α，存在 V 中的元素 α^*，使得 $\alpha+\alpha^*=\theta$，称 α^* 为 α 的负元素，记作 $-\alpha$，即 $\alpha+(-\alpha)=\theta$;

(5) $1 \cdot \alpha=\alpha$;

(6) $k(l\alpha)=(kl)\alpha$;

(7) $(k+l)\alpha=k\alpha+l\alpha$;

(8) $k(\alpha+\beta)=k\alpha+k\beta$.

(以上式中 α、β、γ 为 V 中的任意元素，k、l 为数域 P 中的任意数)

则称集合 V 为数域 P 上的线性空间.

线性空间又称为向量空间，线性空间的元素亦称为向量.

例 1 数域 P 上的全体 n 维向量的集合，按向量的加法与数量乘法构成数域 P 上的线性空间，该空间用 P^n 记.

当数域为实数域时，即为 R^n，所以第三章中的 n 维向量空间 R^n 是线性空间.

例 2 数域 P 上的全体 $m\times n$ 矩阵，按照矩阵的加法与数乘构成数域 P 上的线性空间，记为 $P^{m\times n}$.

例 3 全体定义在区间 $[a, b]$ 上的连续实函数，按照函数的加法和函数与实数的数量乘法构成实数域上的线性空间，记为 $C[a, b]$.

例 4 全体系数在数域 P 上且次数小于 n 的多项式再添上零多项式的集合，按多项式的加法与数乘构成数域 P 上的线性空间，记作 $P[x]_n$.

例 5 n 元实系数齐次线性方程组 $AX=\mathbf{0}$ 的全体解向量的集合按向量的加法和向量与实数的数量乘法构成实数域上的线性空间，称为方程组 $AX=\mathbf{0}$ 的解空间. n 元实系数非齐次线性方程组 $AX=B$ 的全体解向量的集合按向量的加法和向量与实数的数量乘法不构成实数域上的线性空间，因为该集合对向量的加法运算不封闭.

5.1.2 线性空间的简单性质

(1) 线性空间的零元素唯一;

(2) 线性空间的每个元素的负元素唯一;

(3) $0\alpha=\theta$，$(-1)\alpha=-\alpha$，$k\theta=\theta$;

(4) 若 $k\alpha=\theta$，则 $k=0$ 或 $\alpha=\theta$.

上述性质的证明读者可自己完成.

5.1.3 线性子空间

定义 4.2 设 V 是数域 P 上的线性空间，W 是 V 的非空子集，若 W 对于 V 的加法和数乘运算也构成数域 P 上的线性空间，则称 W 为线性空间 V 的一个线性子空间，简称子空间.

因 W 是 V 的非空子集，所以 W 的元素必在 V 中，因此 W 中的向量必满足线性空间定义中的规则（1）、（2）、（5）、（6）、（7）、（8），于是只要 W 对 V 的数乘运算封闭，根据线性空间的简单性质（3）即可知定义（5.1）的运算规则（3）与（4）也满足，据此得到如下的定理：

定理 5.1 若线性空间 V 的非空子集 W 对 V 的加法和数乘运算封闭，则 W 是 V 的一个子空间.

例 6 线性空间 V 的零向量组成的子集合是 V 的一个子空间，称为零子空间. 线性空间 V 本身也是 V 的一个子空间. 这两个子空间称为 V 的平凡子空间. V 的其它子空间称为 V 的非平凡子空间.

例 7 n 元实系数齐次线性方程组 $AX=\mathbf{0}$ 的解集合是 R^n 的子空间.

例 8 全体 n 阶实上三角矩阵的集合，全体 n 阶实下三角矩阵的集合及全体 n 阶实对称矩阵的集合都是全体 n 阶实方阵构成的线性空间 $R^{n\times n}$ 的子空间.

例 9 设 V 是数域 P 上的线性空间，W 是 V 中的向量组 α_1，α_2，…，α_s 的所有的线性组合所组成的集合，则 W 是 V 的一个子空间，称为由向量组 α_1，α_2，…，α_s 生成的子空间，记作 $L(\alpha_1, \alpha_2, \cdots, \alpha_s)$. 即

$L(\alpha_1, \alpha_2, \cdots, \alpha_s)=\{k_1\alpha_1+k_2\alpha_2+\cdots+k_s\alpha_s \mid \alpha_1, \alpha_2, \cdots, \alpha_s\in V;\ k_1, k_2, \cdots, k_s\in P\}$

习题 5.1

1. 判断全体 n 阶实对称矩阵按矩阵的加法与数乘是否构成实数域上的线性空间.

2. 全体正实数 R^+，其加法与数乘定义为

$$a\oplus b=ab$$
$$k\circ a=a^k$$

其中 a，$b\in R^+$，$k\in R$

判断 R^+ 按上面定义的加法与数乘是否构成实数域上的线性空间.

3. 全体实 n 阶矩阵，其加法定义为

$$A\oplus B=AB-BA$$

按上述加法与通常矩阵的数乘是否构成实数域上的线性空间.

4. 在 $P^{2\times 2}$ 中，$W=\left\{A \,\middle|\, |A|=0,\ A\in P^{2\times 2}\right\}$，判断 W 是否是 $P^{2\times 2}$ 的子空间.

5.2 维数·基·坐标

为了深入研究线性空间，本节将 R^n 中的向量的线性组合、线性相关及线性无关等概念推广到数域 P 上的线性空间 V 中.

5.2.1 维数·基·坐标

首先给出线性空间 V 中向量的线性组合概念.

定义 5.3 设 V 是数域 P 上的线性空间，α，α_1，α_2，…，α_s 是 V 中的向量，若存在数域 P 中的数 k_1，k_2，…，k_s，使得

$$\alpha = k_1\alpha_1 + k_2\alpha_2 + \cdots + k_s\alpha_s$$

则称向量 α 是 α_1，α_2，…，α_s 的线性组合，或称向量 α 可由 α_1，α_2，…，α_s 线性表示.

这个定义和 R^n 中的向量的线性组合定义是完全相同的. 事实上，可将 R^n 中向量的线性相关、线性无关、向量组的等价、向量组的极大无关组与秩等概念平行地搬到线性空间 V 中. 这里就不再一一赘述了.

定义 5.4 如果线性空间 V 中有 n 个线性无关向量，而没有更多数目的线性无关的向量，则称 V 是 n 维线性空间，并称 V 中 n 个线性无关的向量为 V 的一组基，n 称为 V 的维数，记作 $\dim V = n$.

如果一个线性空间 V 存在任意多个线性无关的向量，则称 V 为无限维的. 本书只讨论有限维的线性空间.

注意：(1) 如果线性空间 V 是 n 维的，则 V 的任意 n 个线性无关的向量就是 V 的一组基；

(2) 线性空间 V 的一组基就是 V 的一个极大无关组.

向量组 α_1，α_2，…，α_s 生成的子空间 $L(\alpha_1, \alpha_2, \cdots, \alpha_s)$ 的一组基就是 α_1，α_2，…，α_s 的一个极大无关组，其维数就是向量组 α_1，α_2，…，α_s 的秩.

若 α_1，α_2，…，α_n 是 n 维线性空间 V 的一组基，则 $\forall \alpha \in V$，向量组 α，α_1，α_2，…，α_n 线性相关，于是 α 必可由 α_1，α_2，…，α_n 线性表示，且表达式唯一. 于是我们引入坐标的概念.

定义 5.5 设 α_1，α_2，…，α_n 是 n 维线性空间 V 的一组基，α 为 V 中的向量，若

$$\alpha = x_1\alpha_1 + x_2\alpha_2 + \cdots + x_n\alpha_n$$

则称数 x_1，x_2，…，x_n 为向量 α 在基 α_1，α_2，…，α_n 下的坐标，记作 $(x_1, x_2, \cdots, x_n)$.

注意：(1) 向量的坐标可写成行的形式也可写成列的形式，但在利用坐标进行运算时，则要以运算式的具体情况来确定坐标的形式.

(2) 向量在一组基下的表达式是唯一的. 由此可知，一个向量在一组基下的坐标是唯一的.

例如，在 R^n 中，n 维基本向量组

$\varepsilon_1=(1,0,\cdots,0)^T$，$\varepsilon_2=(0,1,\cdots,0)^T$，…，$\varepsilon_n=(0,0,\cdots,1)^T$

就是 R^n 的一组基（称作**自然基**或**原始基**），于是 R^n 是 n 维线性空间，即 $\dim R^n=n$. 显然，R^n 中任一向量 $\alpha=(a_1,a_2,\cdots,a_n)^T$ 在 R^n 的这组基下的坐标就是$(a_1,a_2,\cdots,a_n)$.

例 1 验证 $g_1(x)=1$，$g_2(x)=x$，$g_3(x)=x^2$，…，$g_n(x)=x^{n-1}$是线性空间 $P[x]_n$ 的一组基，并求$f(x)=a_1+a_2x+\cdots+a_nx^{n-1}$在这组基下的坐标.

解 设

$$k_1g_1(x)+k_2g_2(x)+\cdots+k_ng_n(x)=0$$

即

$$k_1+k_2x+\cdots+k_nx^{n-1}=0$$

所以只有多项式的系数全为 0，即只有 k_1，k_2，…，k_n 全为 0，于是$g_1(x)$，$g_2(x)$，…，$g_n(x)$线性无关，显然，$P[x]_n$ 中的任一多项式都可由 $g_1(x)$，$g_2(x)$，…，$g_n(x)$线性表示，所以是 $P[x]_n$ 的一组基，且 $P[x]_n$ 的维数为 n.

$f(x)=a_1+a_2x+\cdots+a_nx^{n-1}$在这组基下的坐标为$(a_1,a_2,\cdots,a_n)$.

例 2 证明

$\beta_1=(1,0,\cdots,0)^T$，$\beta_2=(1,1,\cdots,0)^T$，…，$\beta_n=(1,1,\cdots,1)^T$

是 R^n 的一组基，并求 R^n 中的向量 $\alpha=(a_1,a_2,\cdots,a_n)^T$ 在这组基下的坐标.

证 因 $\dim(R^n)=n$ 且β_1，β_2，…，β_n 组成的行列式

$$\begin{vmatrix} 1 & 1 & \cdots & 1 \\ 0 & 1 & \cdots & 1 \\ \cdots & \cdots & \cdots & \cdots \\ 0 & 0 & \cdots & 1 \end{vmatrix}=1\neq0$$

所以β_1，β_2，…，β_n 线性无关，于是β_1，β_2，…，β_n 是 R^n 的一组基.

设

$$\alpha=x_1\beta_1+x_2\beta_2+\cdots+x_n\beta_n$$

即

$$\begin{cases} x_1 + x_2 + \cdots + x_{n-1} + x_n = a_1 \\ \quad x_2 + \cdots + x_{n-1} + x_n = a_2 \\ \cdots\cdots\cdots\cdots\cdots\cdots\cdots\cdots \\ \quad\quad x_{n-1} + x_n = a_{n-1} \\ \quad\quad\quad x_n = a_n \end{cases}$$

解之得

$$x_1 = a_1 - a_2,\ x_2 = a_2 - a_3,\ \cdots,\ x_{n-1} = a_{n-1} - a_n,\ x_n = a_n$$

所以 α 在基 $\beta_1, \beta_2, \cdots, \beta_n$ 下的坐标为 $(a_1 - a_2, a_2 - a_3, \cdots, a_{n-1} - a_n, a_n)$.

由此可见，同一个非零向量在不同基下的坐标是不相同的.

5.2.2 基变换与坐标变换

我们已经知道同一个非零向量在不同基下的坐标是不同的. 那么，如果基改变了，向量的坐标又怎样改变呢？为解决这一问题，下面研究线性空间的基变换与坐标变换.

若

$$\alpha = x_1\alpha_1 + x_2\alpha_2 + \cdots + x_n\alpha_n$$

则根据分块矩阵乘法，引入一种形式记法：

$$\alpha = (\alpha_1, \alpha_2, \cdots, \alpha_n)\begin{pmatrix} x_1 \\ x_2 \\ \vdots \\ x_n \end{pmatrix}$$

定义 5.6 设 $\alpha_1, \alpha_2, \cdots, \alpha_n$ 和 $\beta_1, \beta_2, \cdots, \beta_n$ 是 n 维线性空间 V 的两组基，且

$$\begin{cases} \beta_1 = c_{11}\alpha_1 + c_{21}\alpha_2 + \cdots + c_{n1}\alpha_n \\ \beta_2 = c_{12}\alpha_1 + c_{22}\alpha_2 + \cdots + c_{n2}\alpha_n \\ \cdots\cdots\cdots\cdots\cdots\cdots\cdots\cdots \\ \beta_n = c_{1n}\alpha_1 + c_{2n}\alpha_2 + \cdots + c_{nn}\alpha_n \end{cases} \tag{5.1}$$

由形式记法，将上式记为

$$(\beta_1, \beta_2, \cdots, \beta_n) = (\alpha_1, \alpha_2, \cdots, \alpha_n)\begin{pmatrix} c_{11} & c_{12} & \cdots & c_{1n} \\ c_{21} & c_{22} & \cdots & c_{2n} \\ \cdots & \cdots & \cdots & \cdots \\ c_{n1} & c_{n2} & \cdots & c_{nn} \end{pmatrix}$$

简记为

$$(\beta_1, \beta_2, \cdots, \beta_n) = (\alpha_1, \alpha_2, \cdots, \alpha_n)C \tag{5.2}$$

其中矩阵

$$C = \begin{pmatrix} c_{11} & c_{12} & \cdots & c_{1n} \\ c_{21} & c_{22} & \cdots & c_{2n} \\ \cdots & \cdots & \cdots & \cdots \\ c_{n1} & c_{n2} & \cdots & c_{nn} \end{pmatrix}$$

称 C 为由基 $\alpha_1, \alpha_2, \cdots, \alpha_n$ 到基 $\beta_1, \beta_2, \cdots, \beta_n$ 的**过渡矩阵**，(5.2) 式称为由基 $\alpha_1, \alpha_2, \cdots, \alpha_n$ 到基 $\beta_1, \beta_2, \cdots, \beta_n$ 的**基变换公式**.

定理 5.2 设 $\alpha_1, \alpha_2, \cdots, \alpha_n$ 和 $\beta_1, \beta_2, \cdots, \beta_n$ 是 n 维线性空间 V 的两组基，C 为由基 $\alpha_1, \alpha_2, \cdots, \alpha_n$ 到基 $\beta_1, \beta_2, \cdots, \beta_n$ 的过渡矩阵，则 C 为可逆矩阵.

证明 首先证明 n 元齐次线性方程组 $CX = \mathbf{0}$ 只有零解.

设 $X = (k_1, k_2, \cdots, k_n)^T$ 为 $CX = \mathbf{0}$ 的任一解，由

$$k_1\beta_1 + k_2\beta_2 + \cdots + k_n\beta_n = (\beta_1, \beta_2, \cdots, \beta_n)\begin{pmatrix} k_1 \\ k_2 \\ \vdots \\ k_n \end{pmatrix}$$

$$= (\alpha_1, \alpha_2, \cdots, \alpha_n)C\begin{pmatrix} k_1 \\ k_2 \\ \vdots \\ k_n \end{pmatrix} = (\alpha_1, \alpha_2, \cdots, \alpha_n)\begin{pmatrix} 0 \\ 0 \\ \vdots \\ 0 \end{pmatrix} = \theta$$

即

$$k_1\beta_1 + k_2\beta_2 + \cdots + k_n\beta_n = \theta$$

因 $\beta_1, \beta_2, \cdots, \beta_n$ 线性无关，所以只有 $k_1, k_2, \cdots, k_n$ 全为零，于是 $CX = \mathbf{0}$ 只有零解，从而系数行列式 $|C| \neq 0$，故 C 可逆.

下面讨论基变换对向量坐标的影响.

定理 5.3 设 $\alpha_1, \alpha_2, \cdots, \alpha_n$ 和 $\beta_1, \beta_2, \cdots, \beta_n$ 是 n 维线性空间 V 的两组基，由基 $\alpha_1, \alpha_2, \cdots, \alpha_n$ 到基 $\beta_1, \beta_2, \cdots, \beta_n$ 的过渡矩阵 $C = (c_{ij})_{n\times n}$，即

$$(\beta_1, \beta_2, \cdots, \beta_n) = (\alpha_1, \alpha_2, \cdots, \alpha_n)C$$

若向量 α 在这两组基下的坐标分别为 $(x_1, x_2, \cdots, x_n)$ 与 $(y_1, y_2, \cdots, y_n)$，则

$$\begin{pmatrix} x_1 \\ x_2 \\ \vdots \\ x_n \end{pmatrix} = C \begin{pmatrix} y_1 \\ y_2 \\ \vdots \\ y_n \end{pmatrix} \tag{5.3}$$

证 由

$$(\beta_1, \beta_2, \cdots, \beta_n) = (\alpha_1, \alpha_2, \cdots, \alpha_n) C$$

因 C 可逆，所以

$$(\alpha_1, \alpha_2, \cdots, \alpha_n) = (\beta_1, \beta_2, \cdots, \beta_n) C^{-1}$$

于是

$$\alpha = y_1\beta_1 + y_2\beta_2 + \cdots + y_n\beta_n = (\beta_1, \beta_2, \cdots, \beta_n) \begin{pmatrix} y_1 \\ y_2 \\ \vdots \\ y_n \end{pmatrix}$$

$$= (\alpha_1, \alpha_2, \cdots, \alpha_n) C \begin{pmatrix} y_1 \\ y_2 \\ \vdots \\ y_n \end{pmatrix} \tag{5.4}$$

而

$$\alpha = (\alpha_1, \alpha_2, \cdots, \alpha_n) \begin{pmatrix} x_1 \\ x_2 \\ \vdots \\ x_n \end{pmatrix} \tag{5.5}$$

由向量在同一组基下的坐标的唯一性得

$$\begin{pmatrix} x_1 \\ x_2 \\ \vdots \\ x_n \end{pmatrix} = C \begin{pmatrix} y_1 \\ y_2 \\ \vdots \\ y_n \end{pmatrix} \tag{5.6}$$

或

$$\begin{pmatrix} y_1 \\ y_2 \\ \vdots \\ y_n \end{pmatrix} = C^{-1} \begin{pmatrix} x_1 \\ x_2 \\ \vdots \\ x_n \end{pmatrix} \tag{5.7}$$

(5.6) 与 (5.7) 式称为在基变换 (5.2) 下的坐标变换公式.

注意：为使运算能进行，在 (5.3) 与 (5.4) 式中的坐标必须写成列向量.

例3 已知 α_1，α_2，α_3 和 β_1，β_2，β_3 是3维线性空间 V 的两组基，且

$$\beta_1 = \alpha_1 + 3\alpha_2 + \alpha_3$$

$$\beta_2 = -\alpha_1 + \alpha_2$$

$$\beta_3 = 2\alpha_1 + \alpha_2 + \alpha_3$$

(1) 写出由 α_1，α_2，α_3 到 β_1，β_2，β_3 的过渡矩阵；

(2) 已知线性空间 V 的向量 α 在基 β_1，β_2，β_3 下的坐标为 $(1, 2, -1)^T$，求 α 在基 α_1，α_2，α_3 下的坐标.

解 (1) 由 α_1，α_2，α_3 到 β_1，β_2，β_3 的过渡矩阵

$$C = \begin{pmatrix} 1 & -1 & 2 \\ 3 & 1 & 1 \\ 1 & 0 & 1 \end{pmatrix}$$

(2) α 在基 α_1，α_2，α_3 下的坐标为

$$C\begin{pmatrix} 1 \\ 2 \\ -1 \end{pmatrix} = \begin{pmatrix} 1 & -1 & 2 \\ 3 & 1 & 1 \\ 1 & 0 & 1 \end{pmatrix}\begin{pmatrix} 1 \\ 2 \\ -1 \end{pmatrix} = \begin{pmatrix} -3 \\ 4 \\ 0 \end{pmatrix}$$

例4 设

$$\alpha_1 = \begin{pmatrix} 1 \\ 1 \\ 0 \end{pmatrix}, \alpha_2 = \begin{pmatrix} 0 \\ 1 \\ 1 \end{pmatrix}, \alpha_3 = \begin{pmatrix} 1 \\ 0 \\ 1 \end{pmatrix}$$

和

$$\beta_1 = \begin{pmatrix} 1 \\ 0 \\ 0 \end{pmatrix}, \beta_2 = \begin{pmatrix} 1 \\ 1 \\ 0 \end{pmatrix}, \beta_3 = \begin{pmatrix} 1 \\ 1 \\ 1 \end{pmatrix}$$

为 R^3 的两组基.

(1) 求 α_1，α_2，α_3 到 β_1，β_2，β_3 的过渡矩阵 C；

(2) 若向量 β 在基 β_1，β_2，β_3 下的坐标为 $(2, -1, 2)^T$，求 β 在基 α_1，α_2，α_3 下的坐标；

(3) 若向量 α 在基 α_1，α_2，α_3 下的坐标为 $(1, 1, 2)^T$，求 α 在基 β_1，β_2，β_3 下的坐标.

解 (1) 由

$$(\beta_1, \beta_2, \beta_3) = (\alpha_1, \alpha_2, \alpha_3)C$$

即

$$\begin{pmatrix}1&1&1\\0&1&1\\0&0&1\end{pmatrix}=\begin{pmatrix}1&0&1\\1&1&0\\0&1&1\end{pmatrix}C$$

则有

$$C=\begin{pmatrix}1&0&1\\1&1&0\\0&1&1\end{pmatrix}^{-1}\begin{pmatrix}1&1&1\\0&1&1\\0&0&1\end{pmatrix}$$

$$=\frac{1}{2}\begin{pmatrix}1&1&-1\\-1&1&1\\1&-1&1\end{pmatrix}\begin{pmatrix}1&1&1\\0&1&1\\0&0&1\end{pmatrix}$$

$$=\frac{1}{2}\begin{pmatrix}1&2&1\\-1&0&1\\1&0&1\end{pmatrix}$$

(2) β 在基 α_1，α_2，α_3 下的坐标为

$$C\begin{pmatrix}2\\-1\\2\end{pmatrix}=\frac{1}{2}\begin{pmatrix}1&2&1\\-1&0&1\\1&0&1\end{pmatrix}\begin{pmatrix}2\\-1\\2\end{pmatrix}=\begin{pmatrix}1\\0\\2\end{pmatrix}$$

(3) 首先计算得

$$C^{-1}=\begin{pmatrix}0&-1&1\\1&0&-1\\0&1&1\end{pmatrix}$$

于是 α 在基 β_1，β_2，β_3 下的坐标为

$$C^{-1}\begin{pmatrix}1\\1\\2\end{pmatrix}=\begin{pmatrix}0&-1&1\\1&0&-1\\0&1&1\end{pmatrix}\begin{pmatrix}1\\1\\2\end{pmatrix}=\begin{pmatrix}1\\-1\\3\end{pmatrix}$$

习题 5.2

1. 讨论 $P^{2\times 2}$ 中

$$A_1=\begin{pmatrix}a&1\\1&1\end{pmatrix},\ A_2=\begin{pmatrix}1&a\\1&1\end{pmatrix},\ A_3=\begin{pmatrix}1&1\\a&1\end{pmatrix},\ A_4=\begin{pmatrix}1&1\\1&a\end{pmatrix}$$

的线性相关性.

2. 在 R^4 中，求向量 α 在基 α_1，α_2，α_3，α_4 下的坐标. 其中

$$\alpha=\begin{pmatrix}0\\0\\0\\1\end{pmatrix},\ \alpha_1=\begin{pmatrix}1\\1\\0\\1\end{pmatrix},\ \alpha_2=\begin{pmatrix}2\\1\\3\\1\end{pmatrix},\ \alpha_3=\begin{pmatrix}1\\1\\0\\0\end{pmatrix},\ \alpha_4=\begin{pmatrix}0\\1\\-1\\-1\end{pmatrix}$$

3. 在 $P^{2\times2}$ 中求 $\alpha=\begin{pmatrix}2&3\\4&-7\end{pmatrix}$ 在基 $\alpha_1=\begin{pmatrix}1&1\\1&1\end{pmatrix}$，$\alpha_2=\begin{pmatrix}0&-1\\1&0\end{pmatrix}$，$\alpha_3=\begin{pmatrix}1&-1\\0&0\end{pmatrix}$，$\alpha_4=\begin{pmatrix}1&0\\0&0\end{pmatrix}$ 下的坐标.

4. 已知 R^3 的两组基

（Ⅰ）：$\alpha_1=\begin{pmatrix}1\\1\\1\end{pmatrix}$，$\alpha_2=\begin{pmatrix}1\\0\\-1\end{pmatrix}$，$\alpha_3=\begin{pmatrix}1\\0\\1\end{pmatrix}$

（Ⅱ）：$\beta_1=\begin{pmatrix}1\\2\\1\end{pmatrix}$，$\beta_2=\begin{pmatrix}2\\3\\4\end{pmatrix}$，$\beta_3=\begin{pmatrix}3\\4\\3\end{pmatrix}$

（1）求由基（Ⅰ）到基（Ⅱ）的过渡矩阵；

（2）已知向量 α 在基 α_1，α_2，α_3 下的坐标为 $\begin{pmatrix}1\\0\\-1\end{pmatrix}$，求 α 在基 β_1，β_2，β_3 下的坐标；

（3）已知向量 β 在基 β_1，β_2，β_3 下的坐标为 $\begin{pmatrix}1\\-1\\2\end{pmatrix}$，求 β 在基 α_1，α_2，α_3 下的坐标.

（4）求在两组基下坐标互为相反数的向量 γ.

5. 已知 $P[x]_4$ 的两组基

（Ⅰ）：$f_1(x)=1+x+x^2+x^3$，$f_2(x)=-x+x^2$，$f_3(x)=1-x$，$f_4(x)=1$

（Ⅱ）：$g_1(x)=x+x^2+x^3$，$g_2(x)=1+x^2+x^3$，$g_3(x)=1+x+x^3$，$g_4(x)=1+x+x^2$

（1）求由基（Ⅰ）到基（Ⅱ）的过渡矩阵；

（2）求在两组基下有相同坐标的多项式 $f(x)$.

5.3 线性空间的同构

5.3.1 同构的定义

定义 4.7 设 V 与 W 都是数域 P 上的线性空间，如果由 V 到 W 有一个映射 σ，且 σ 具有如下性质：

$\forall \alpha,\ \beta \in V,\ k \in P$

(1) $\sigma(\alpha+\beta)=\sigma(\alpha)+\sigma(\beta)$

(2) $\sigma(k\alpha)=k\sigma(\alpha)$

则称 σ 是由 V 到 W 的线性映射，如果 σ 还是双射（一一对应），则称 σ 是由 V 到 W 的同构映射，当 σ 是同构映射时，称线性空间 V 与 W 同构.

容易验证，线性空间的同构关系满足以下基本性质：

(1) 反身性. V 与 V 同构.

(2) 对称性. 若 V 与 W 同构，则 W 与 V 同构.

(3) 传递性. 若 V 与 W 同构，W 与 U 同构，则 V 与 U 同构.

定理 5.4 数域 P 上的 n 维线性空间都与 P^n 同构.

证 设 V 是数域 P 上的 n 维线性空间，$\alpha_1,\ \alpha_2,\ \cdots,\ \alpha_n$ 为 V 的一组基，则 $\forall \alpha \in V$，有

$$\alpha=x_1\alpha_1+x_2\alpha_2+\cdots+x_n\alpha_n$$

其中 $(x_1,\ x_2,\ \cdots,\ x_n)\in P^n$ 为 α 在基 $\alpha_1,\ \alpha_2,\ \cdots,\ \alpha_n$ 下的坐标. $\forall \alpha \in V$，定义映射 σ：$V\to P^n$ 为

$$\alpha \to (x_1,\ x_2,\ \cdots,\ x_n)\in P^n$$

即

$$\sigma(\alpha)=(x_1,\ x_2,\ \cdots,\ x_n)$$

显然 σ 是一个双射. 设

$$\alpha=x_1\alpha_1+x_2\alpha_2+\cdots+x_n\alpha_n,\ \beta=y_1\alpha_1+y_2\alpha_2+\cdots+y_n\alpha_n$$

则

$$\alpha+\beta=(x_1+y_1)\alpha_1+(x_2+y_2)\alpha_2+\cdots+(x_n+y_n)\alpha_n$$

$$k\alpha=kx_1\alpha_1+kx_2\alpha_2+\cdots+kx_n\alpha_n$$

于是

$$(1)\quad \sigma(\alpha+\beta)=(x_1+y_1,\ x_2+y_2,\ \cdots,\ x_n+y_n)$$
$$=(x_1,\ x_2,\ \cdots,\ x_n)+(y_1,\ y_2,\ \cdots,\ y_n)=\sigma(\alpha)+\sigma(\beta)$$

(2) $\sigma(k\alpha)=(kx_1, kx_2, \cdots, kx_n)=k(x_1, x_2, \cdots, x_n)=k\sigma(\alpha)$

所以 σ 是由 V 到 P^n 上的一个同构映射，于是 V 与 P^n 同构.

由此定理可知：实数域上的 n 维线性空间都与 R^n 同构.

再由同构的对称性与传递性即得：数域 P 上任意两个 n 维线性空间都同构.

学习同构映射的性质后容易证得：

推论 数域 P 上任意两个有限维线性空间同构的充要条件是它们的维数相同.

5.3.2 同构映射的性质

设 σ 是由线性空间 V 到线性空间 W 的同构映射，则由同构映射的定义不难证得 σ 具有以下性质：

(1) $\sigma(\theta)=\theta'$（θ 与 θ' 分别是 V 与 W 的零元素）；

(2) $\sigma(-\alpha)=-\sigma(\alpha)$；

(3) $\sigma(x_1\alpha_1+x_2\alpha_2+\cdots+x_s\alpha_s)=x_1\sigma(\alpha_1)+x_2\sigma(\alpha_2)+\cdots+x_s\sigma(\alpha_s)$.

定理 5.5 设线性空间 V 与 W 同构，σ 是由线性空间 V 到 W 的同构映射，则 V 中向量 $\alpha_1, \alpha_2, \cdots, \alpha_s$ 线性相关的充要条件是它们的像 $\sigma(\alpha_1), \sigma(\alpha_2), \cdots, \sigma(\alpha_s)$ 线性相关.

证明 必要性：因为 $\alpha_1, \alpha_2, \cdots, \alpha_s$ 线性相关，所以存在不全为零的数 $k_1, k_2, \cdots, k_s$，使得

$$k_1\alpha_1+k_2\alpha_2+\cdots+k_s\alpha_s=\theta$$

求上式两边向量的像，再由同构映射的性质得

$$k_1\sigma(\alpha_1)+k_2\sigma(\alpha_2)+\cdots+k_s\sigma(\alpha_s)=\theta'$$

由于 $k_1, k_2, \cdots, k_s$ 不全为零，所以 $\sigma(\alpha_1), \sigma(\alpha_2), \cdots, \sigma(\alpha_s)$ 线性相关.

充分性：因为 $\sigma(\alpha_1), \sigma(\alpha_2), \cdots, \sigma(\alpha_s)$ 线性相关，即存在不全为零的数 $k_1, k_2, \cdots, k_s$，使得

$$k_1\sigma(\alpha_1)+k_2\sigma(\alpha_2)+\cdots+k_s\sigma(\alpha_s)=\theta'$$

即有

$$\sigma(k_1\alpha_1)+\sigma(k_2\alpha_2)+\cdots+\sigma(k_s\alpha_s)=\theta'$$

因为 σ 是一一对应，只有 $\sigma(\theta)=\theta'$，所以

$$k_1\alpha_1+k_2\alpha_2+\cdots+k_s\alpha_s=\theta$$

由于 $k_1, k_2, \cdots, k_s$ 不全为0，所以 $\alpha_1, \alpha_2, \cdots, \alpha_s$ 线性相关.

由此定理可得：V 中向量 $\alpha_1, \alpha_2, \cdots, \alpha_s$ 线性无关的充要条件是它们在同构映射下的像 $\sigma(\alpha_1), \sigma(\alpha_2), \cdots, \sigma(\alpha_s)$ 线性无关.

类似定理（5.5）的证明可以得到同构的线性空间的很多共同性质.

由于实数域上的任意 n 维线性空间都与 R^n 同构，所以 R^n 中得到的有关向量的结论都可照搬到实数域上的 n 维线性空间中来.

习题 5.3

证明线性方程组

$$\begin{cases}3x_1+x_2-6x_3-4x_4+2x_5=0\\2x_1+2x_2-3x_3-5x_4+3x_5=0\\x_1-5x_2-6x_3+8x_4-6x_5=0\end{cases}$$

的解空间与实系数多项式空间 $R[x]_3$ 同构.

5.4 欧氏空间

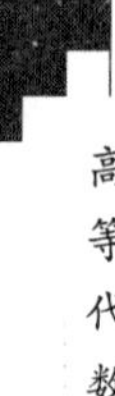

为了研究线性空间中向量的长度、夹角、向量间的距离等度量性质，本节首先引入向量内积和欧氏空间的概念.

5.4.1 内积

定义 5.8 设 V 是实数域 R 上的线性空间，如果在 V 上定义了一个二元实函数，称为内积，记作(α,β)，且它具有以下性质：

（1）$(\alpha,\beta)=(\beta,\alpha)$

（2）$(k\alpha,\beta)=k(\alpha,\beta)$

（3）$(\alpha+\beta,\gamma)=(\alpha,\gamma)+(\beta,\gamma)$

（4）$(\alpha,\alpha)\geqslant 0$，当且仅当 $\alpha=\theta$ 时，$(\alpha,\alpha)=0$

（α，β，γ 是 V 中任意向量，k 是任意实数.）

则称这个定义了内积的线性空间 V 为欧几里得空间，简称欧氏空间.

例 1 在线性空间 R^n 中，对任意的向量

$$\alpha=(a_1,a_2,\cdots,a_n)^T,\ \beta=(b_1,b_2,\cdots,b_n)^T$$

定义内积

$$(\alpha,\beta)=a_1b_1+a_2b_2+\cdots+a_nb_n=\sum_{i=1}^{n}a_ib_i$$

易证如此定义的内积具有(1)～(4)条性质，于是 R^n 为欧氏空间. 定义了上述内积的欧氏空间仍记为 R^n.

当 R^n 的向量为列向量时，上述内积可记为乘积形式：

$$(\alpha, \beta)=\alpha^T\beta$$

当 R^n 的向量为行向量时，上述内积可记为乘积形式：

$$(\alpha, \beta)=\alpha\beta^T$$

例 2 在线性空间 $C[a,b]$ 中，对任意的 $f(x)$，$g(x)\in C[a,b]$，定义内积

$$(f(x), g(x))=\int_a^b f(x)g(x)dx$$

由定积分的性质易验证如此定义的内积具有(1)~(4)条性质，于是 $C[a,b]$ 为欧氏空间. 该欧氏空间仍记为 $C[a,b]$.

例 3 证明：在 n 维欧氏空间 V 中，零向量与空间任意向量的内积为零.

证 设 θ 为 n 维欧氏空间 V 的零向量，α_1，α_2，…，α_n，为 V 的一组基，$\forall\alpha\in V$

$$\alpha=k_1\alpha_1+k_2\alpha_2+\cdots+k_n\alpha_n$$

$$\theta=0\alpha_1+0\alpha_2+\cdots+0\alpha_n$$

则

$$(\alpha, \theta)=(k_1\alpha_1+k_2\alpha_2+\cdots+k_n\alpha_n, 0\alpha_1+0\alpha_2+\cdots+0\alpha_n)$$

$$=\sum_{i=1}^n\sum_{j=1}^n 0k_i(\alpha_i, \alpha_j)=0$$

5.4.2 长度与距离

定义 5.9 在欧氏空间 V 中，$\forall\alpha\in V$，称非负实数 $\sqrt{(\alpha, \alpha)}$ 为向量 α 的长度或模，记作 $\|\alpha\|$，即

$$\|\alpha\|=\sqrt{(\alpha, \alpha)}$$

向量长度具有如下性质：

(1) $\|\alpha\|\geqslant 0$，当且仅当 $\alpha=\theta$ 时，$\|\alpha\|=0$.

(2) 对欧氏空间中任意向量 α 和任意实数 k，有 $\|k\alpha\|=|k|\|\alpha\|$.

由向量长度定义知 (1) 是显然的.

证 (2) $\|k\alpha\|=\sqrt{(k\alpha, k\alpha)}=\sqrt{k^2(\alpha, \alpha)}=|k|\sqrt{(\alpha, \alpha)}=|k|\cdot\|\alpha\|$.

在例 1 的欧氏空间 R^n 中，向量 $\alpha=(a_1, a_2, \cdots, a_n)^T$ 的长度为

$$\|\alpha\|=\sqrt{(a, a)}=\sqrt{a_1^2+a_2^2+\cdots+a_n^2}$$

在例 2 的在欧氏空间 $C[a, b]$ 中，连续的实函数 $f(x)$ 的长度为

$$\|f(x)\|=\sqrt{(f(x), f(x))}=\sqrt{\int_a^b f^2(x)dx}$$

长度为 1 的向量称为**单位向量**. 对于在欧氏空间 V 中任意非零向量 α，因为

$$\left\|\frac{\alpha}{\|\alpha\|}\right\| = \sqrt{\left(\frac{\alpha}{\|\alpha\|}, \frac{\alpha}{\|\alpha\|}\right)} = \sqrt{\frac{(\alpha, \alpha)}{\|\alpha\|^2}} = \frac{\sqrt{(\alpha, \alpha)}}{\|\alpha\|} = \frac{\|\alpha\|}{\|\alpha\|} = 1$$

所以向量$\frac{\alpha}{\|\alpha\|}$是单位向量. 将非零向量 α 化为单位向量称为将向量 α 单位化.

例4 在欧氏空间 R^3 中，将 $\alpha=(1, -1, 2)$单位化.

解

$$(\alpha, \alpha)=6$$

$$\|\alpha\|=\sqrt{6}$$

$$\frac{1}{\|\alpha\|}\alpha=\frac{1}{\sqrt{6}}(1, -1, 2)=\left(\frac{1}{\sqrt{6}}, -\frac{1}{\sqrt{6}}, \frac{2}{\sqrt{6}}\right)$$

例5 在欧氏空间 $C[0, 1]$中，将$f(x)=x$ 单位化.

解

$$(f(x), f(x)) = \int_0^1 x^2 dx = \frac{1}{3}$$

$$\|f(x)\| = \frac{1}{\sqrt{3}}$$

$$\frac{1}{\|f(x)\|} f(x) = \sqrt{3}x$$

定义5.10 设 α 与 β 为欧氏空间 V 中任意两个向量，称$\|\alpha-\beta\|$为 α 与 β 的距离，记作 $d(\alpha, \beta)$，即

$$d(\alpha, \beta) = \|\alpha-\beta\|$$

在欧氏空间 R^n 中，向量 α 与 β 的距离为

$$d(\alpha, \beta) = \|\alpha-\beta\| = \sqrt{(a_1-b_1)^2+(a_2-b_2)^2+\cdots+(a_n-b_n)^2}$$

5.4.3 夹角与正交

为定义向量间的夹角，首先给出一个重要的不等式.

定理5.6（柯西—布涅柯夫斯基不等式）设 V 是欧氏空间，则 $\forall \alpha, \beta \in V$，有

$$|(\alpha, \beta)| \leqslant \|\alpha\| \cdot \|\beta\|$$

当且仅当 α 与 β 线性相关时，等式成立.

证 （1）当 α 与 β 线性相关时

若 α 与 β 至少有一个为零向量，显然有$|(\alpha, \beta)| = \|\alpha\| \cdot \|\beta\|$

若 α 与 β 都不为零向量时，设 $\beta=k\alpha$（$k\in R$ 且 $k\neq 0$）. 于是

$$\|\beta\| = \|k\alpha\| = |k| \cdot \|\alpha\|$$

$$|(\alpha, \beta)| = |(\alpha, k\alpha)| = |k| \cdot \|\alpha\|^2 = \|\alpha\| \cdot |k|\|\alpha\| = \|\alpha\| \cdot \|\beta\|$$

（2）当 α 与 β 线性无关时，此时 α 与 β 不成比例，即对任意实数 t，$\beta \neq t\alpha$，所以 $t\alpha - \beta \neq \theta$，因而

$$(t\alpha - \beta, t\alpha - \beta) = t^2(\alpha, \alpha) - 2t(\alpha, \beta) + (\beta, \beta) > 0$$

上式左边是一个关于 t 的二次三项式，由上式知对任意实数 t 该式都大于零，于是判别式

$$\Delta = [-2(\alpha, \beta)]^2 - 4(\alpha, \alpha)(\beta, \beta) < 0$$

所以

$$(\alpha, \beta)^2 < (\alpha, \alpha)(\beta, \beta)$$

两边开平方得

$$|(\alpha, \beta)| < \|\alpha\| \cdot \|\beta\|$$

柯西—布涅柯夫斯基不等式在欧氏空间 R^n 中体现为

$$|a_1b_1 + a_2b_2 + \cdots + a_nb_n| \leqslant \sqrt{a_1^2 + a_2^2 + \cdots + a_n^2}\sqrt{b_1^2 + b_2^2 + \cdots + b_n^2}$$

柯西—布涅柯夫斯基不等式在欧氏空间 $C[a,b]$ 中体现为

$$\left|\int_a^b f(x)g(x)dx\right| \leqslant \left(\int_a^b f^2(x)dx\right)^{\frac{1}{2}}\left(\int_a^b g^2(x)dx\right)^{\frac{1}{2}}$$

这两个不等式都是著名的不等式.

由柯西—布涅柯夫斯基不等式还可得到三角形不等式：

$$\|\alpha + \beta\| \leqslant \|\alpha\| + \|\beta\|$$

这是因为

$$\begin{aligned}\|\alpha + \beta\|^2 &= (\alpha + \beta, \alpha + \beta) \\ &= (\alpha, \alpha) + 2(\alpha, \beta) + (\beta, \beta) \\ &\leqslant \|\alpha\|^2 + 2\|\alpha\|\|\beta\| + \|\beta\|^2 = (\|\alpha\| + \|\beta\|)^2\end{aligned}$$

所以

$$\|\alpha + \beta\| \leqslant \|\alpha\| + \|\beta\|$$

由柯西—布涅柯夫斯基不等式还可知

$$\left|\frac{(\alpha, \beta)}{\|\alpha\| \cdot \|\beta\|}\right| \leqslant 1 \qquad (\text{当} \|\alpha\| \cdot \|\beta\| \neq 0 \text{时})$$

有了这个不等式就可以定义向量的夹角了.

定义 5.11　设 α，β 为欧氏空间 V 中的非零向量，定义 α、β 的夹角 ω 为

$$\omega = \arccos\frac{(\alpha, \beta)}{\|\alpha\| \cdot \|\beta\|} \qquad (0 \leqslant \omega \leqslant \pi)$$

也就是

$$\cos\omega = \frac{(\alpha, \beta)}{\|\alpha\| \cdot \|\beta\|}$$

例 6 求 R^3 中的向量 $\alpha = (1, 1, -1)^T$ 与 $\beta = (3, -1, 2)^T$ 的夹角.

解

$$\begin{aligned}\omega &= \arccos\frac{(\alpha, \beta)}{\|\alpha\|\|\beta\|} \\ &= \arccos\frac{1\times3+1\times(-1)+(-1)\times2}{\sqrt{1^2+1^2+(-1)^2}\cdot\sqrt{3^2+(-1)^2+2^2}} \\ &= \arccos 0 = \frac{\pi}{2}\end{aligned}$$

定义 5.12 设 α，β 为欧氏空间 V 中的向量，若

$$(\alpha, \beta) = 0$$

则称 α 与 β 正交（或垂直），记作 $\alpha \perp \beta$.

因零向量与空间的任意向量的内积为零. 于是，零向量与任意向量都正交. 此外由内积的性质（4）还可知，只有零向量才与自身正交.

例 6 中的向量 α 与 β 的内积为零，所以 α 与 β 正交.

同几何空间一样，在欧氏空间中同样有勾股定理，即当 α 与 β 正交时有

$$\|\alpha+\beta\|^2 = \|\alpha\|^2 + \|\beta\|^2$$

这是因为当 α 与 β 正交时

$$\begin{aligned}\|\alpha+\beta\|^2 &= (\alpha+\beta, \alpha+\beta) \\ &= (\alpha, \alpha) + 2(\alpha, \beta) + (\beta, \beta) \\ &= (\alpha, \alpha) + (\beta, \beta) \\ &= \|\alpha\|^2 + \|\beta\|^2\end{aligned}$$

即

$$\|\alpha+\beta\|^2 = \|\alpha\|^2 + \|\beta\|^2$$

习题 5.4

1. 求向量 $\alpha = (1, -1, 2, 3)$ 的长度.

2. 求向量 $\alpha = (1, -1, 0, 1)$ 与向量 $\beta = (2, 0, 1, 3)$ 之间的距离.

3. 求下列向量之间的夹角：

(1) $\alpha = (1, 0, 4, 3)$，$\beta = (-1, 2, 1, -1)$

(2) $\alpha=(1, 2, 2, 3)$, $\beta=(3, 1, 5, 1)$

(3) $\alpha=(1, 1, 1, 2)$, $\beta=(3, 1, -1, 0)$

4. 设α, β, γ为n维欧氏空间中的向量，证明：

$$d(\alpha, \beta)\leqslant d(\alpha, \gamma)+d(\gamma, \beta).$$

5.5 标准正交基

5.5.1 标准正交基

定义 5.13 称欧氏空间V中一组两两正交的非零向量组α_1, α_2, …, α_m为一个正交向量组.

定理 5.7 正交向量组α_1, α_2, …, α_m必线性无关.

证明 设

$$k_1\alpha_1+k_2\alpha_2+\cdots k_m\alpha_m=\theta$$

由于

$$\alpha_i\neq\theta\ (i=1, 2, \cdots, m)$$

所以

$$(\alpha_i, \alpha_i)\neq 0$$

又因为α_i与α_j正交$(i\neq j)$，故

$$(\alpha_i, \alpha_j)=0$$

两边用α_i作内积，即得

$$(k_1\alpha_1+k_2\alpha_2+\cdots k_m\alpha_m, \alpha_i)=k_1(\alpha_1, \alpha_i)+k_2(\alpha_2, \alpha_i)+\cdots+k_m(\alpha_m, \alpha_i)=0$$

所以

$$k_i(\alpha_i, \alpha_i)=0$$

因$(\alpha_i, \alpha_i)>0$，于是 $k_i=0 \quad (i=1, 2, \cdots, m)$

故α_1, α_2, …, α_m线性无关.

注意：线性无关的向量组不一定是正交向量组.

例如在殴氏空间R^3中，设$\alpha_1=(1, 0, 0)$, $\alpha_2=(1, 1, 0)$，则α_1, α_2线性无关，但因$(\alpha_1, \alpha_2)=1\neq 0$，所以$\alpha_1$, α_2不是正交向量组.

定义 5.14 设α_1, α_2, …, α_n是n维欧氏空间V中的一组基，若它们两两正交，则称α_1, α_2, …, α_n为V的一组正交基；若正交基中的向量α_1, α_2, …, α_n都为单位向量，则称为标准正交基.

由此定义，向量组α_1, α_2, …, α_n是n维欧氏空间V中的一组标准正交基的充要条件是：

$$(\alpha_i, \alpha_j)=\begin{cases}0, & i\neq j\\ 1, & i=j\end{cases}$$

显然，R^n 中的原始基 ε_1，ε_2，…，ε_n 是 R^n 的一组标准正交基.

例 1 求 n 维欧氏空间 V 中任意向量 α 在标准正交基 α_1，α_2，…，α_n 下的坐标.

解 设 α 在 α_1，α_2，…，α_n 下的坐标为 $(x_1, x_2, \cdots, x_n)$，则

$$\alpha=x_1\alpha_1+x_2\alpha_2+\cdots+x_n\alpha_n$$

两边用 α_i 作内积：

$$\begin{aligned}(\alpha_i,\alpha)&=(\alpha_i,x_1\alpha_1+x_2\alpha_2+\cdots+x_n\alpha_n)\\&=x_1(\alpha_i,\alpha_1)+x_2(\alpha_i,\alpha_2)+\cdots+x_i(\alpha_i,\alpha_i)+\cdots+x_n(\alpha_i,\alpha_n)=x_i\end{aligned}$$

$(i=1,2,\cdots,n)$

故 α 在标准正交基 α_1，α_2，…，α_n 下的坐标为

$$x_i=(\alpha_i, \alpha) \quad (i=1, 2, \cdots, n)$$

这个结果说明，在标准正交基下，向量的坐标可以用内积简单地表示. 其实，在标准正交基下，向量的内积也有简单的表达式.

设 α_1，α_2，…，α_n 是 n 维欧氏空间 V 的一组标准正交基，即有

$$(\alpha_i, \alpha_j)=\begin{cases}0, & i\neq j\\ 1, & i=j\end{cases}$$

于是，$\forall\alpha$，$\beta\in V$，设

$$\alpha=x_1\alpha_1+x_2\alpha_2+\cdots+x_n\alpha_n$$

$$\beta=y_1\alpha_1+y_2\alpha_2+\cdots+y_n\alpha_n$$

则

$$\begin{aligned}(\alpha, \beta)&=(x_1\alpha_1+x_2\alpha_2+\cdots+x_n\alpha_n, y_1\alpha_1+y_2\alpha_2+\cdots+y_n\alpha_n)\\&=\sum_{i=1}^{n}\sum_{j=1}^{n}x_iy_j(\alpha_i,\alpha_j)=\sum_{i=1}^{n}x_iy_i(\alpha_i,\alpha_i)=\sum_{i=1}^{n}x_iy_i\end{aligned}$$

上式说明，无论欧氏空间的内积是如何定义的，n 维欧氏空间 V 中任意两个向量的内积都等于它们在标准正交基下的对应坐标的乘积之和.

5.5.2 线性无关向量组的正交化与单位化

我们已经知道，欧氏空间中线性无关的向量组不一定是正交向量组. 那么，给定 n 维欧氏空间 V 的一组线性无关的向量组，能否将它化为一个正交向量组呢？答案是：任何一组线性无关向量组 α_1，α_2，…，α_m 都可化为正交向量组 β_1，β_2，…，β_m，且 β_1，β_2，…，β_m 与 α_1，α_2，…，α_m 等价.

下面给出将线性无关向量组 α_1，α_2，…，α_m 化为与其等价的正交向量组的方法——Schmidt（施密特）正交化方法.

取 $\beta_1=\alpha_1$

设 $\beta_2=\alpha_2+k\beta_1$（$k$ 为待定系数）

由 β_1 与 β_2 正交，有

$$(\beta_1,\beta_2)=(\beta_1,\alpha_2+k\beta_1)=(\beta_1,\alpha_2)+k(\beta_1,\beta_1)=0$$

解得

$$k=-\frac{(\beta_1,\ \alpha_2)}{(\beta_1,\ \beta_1)}$$

于是

$$\beta_2=\alpha_2-\frac{(\beta_1,\ \alpha_2)}{(\beta_1,\ \beta_1)}\beta_1$$

再设

$$\beta_3=\alpha_3+k_1\beta_1+k_2\beta_2\ （k_1、k_2\ 为待定系数）$$

由 β_3 与 β_1，β_2 都正交，有

$$(\beta_1,\ \beta_3)=(\beta_1,\ \alpha_3+k_1\beta_1+k_2\beta_2)=(\beta_1,\ \alpha_3)+k_1(\beta_1,\ \beta_1)=0$$

及

$$(\beta_2,\ \beta_3)=(\beta_2,\ \alpha_3+k_1\beta_1+k_2\beta_2)=(\beta_2,\ \alpha_3)+k_2(\beta_2,\ \beta_2)=0$$

解得

$$k_1=-\frac{(\beta_1,\ \alpha_3)}{(\beta_1,\ \beta_1)},\ k_2=-\frac{(\beta_2,\ \alpha_3)}{(\beta_2,\ \beta_2)}$$

于是

$$\beta_3=\alpha_3-\frac{(\beta_1,\ \alpha_3)}{(\beta_1,\ \beta_1)}\beta_1-\frac{(\beta_2,\ \alpha_3)}{(\beta_2,\ \beta_2)}\beta_2$$

一般地，设

$$\beta_i=\alpha_i+k_1\beta_1+\cdots+k_{i-1}\beta_{i-1}\ （k_1,\ \cdots,\ k_{i-1}为待定系数）$$

由 β_i 与 β_1，β_2，…，β_{i-1} 都正交，得

$$(\beta_j,\beta_i)=(\beta_j,\alpha_i+k_1\beta_1+\cdots+k_{i-1}\beta_{i-1})=(\beta_j,\alpha_i)+k_j(\beta_j,\beta_j)=0$$

$$(j=1,\ 2,\ \cdots,\ i-1)$$

解之得 $k_j=-\dfrac{(\beta_j,\ \alpha_i)}{(\beta_j,\ \beta_j)}\qquad (j=1,\ 2,\ \cdots,\ i-1)$

所以

$$\beta_i=\alpha_i-\frac{(\beta_1,\ \alpha_i)}{(\beta_1,\ \beta_1)}\beta_1-\frac{(\beta_2,\ \alpha_i)}{(\beta_2,\ \beta_2)}\beta_2-\cdots-\frac{(\beta_{i-1},\ \alpha_i)}{(\beta_{i-1},\ \beta_{i-1})}\beta_{i-1}$$

$$(i=2,\ \cdots,\ m)$$

上述推导过程已经说明向量组 β_1，β_2，…，β_m 是正交向量组，容易证明向

量组 $\alpha_1, \alpha_2, \cdots, \alpha_m$ 与 $\beta_1, \beta_2, \cdots, \beta_m$ 等价（证略）.

如果将向量组 $\beta_1, \beta_2, \cdots, \beta_m$ 中的每个向量单位化，即令

$$\eta_i = \frac{\beta_i}{\|\beta_i\|} \qquad (i=1, 2, \cdots, m)$$

则得到一个与原向量组 $\alpha_1, \alpha_2, \cdots, \alpha_m$ 等价的标准正交向量组 $\eta_1, \eta_2, \cdots, \eta_m$. 当 $m=n$ 时，上述过程就将 n 维欧氏空间 V 的一组基 $\alpha_1, \alpha_2, \cdots, \alpha_n$ 化为标准正交基 $\eta_1, \eta_2, \cdots, \eta_n$.

例 2 将 R^3 的一组基 $\alpha_1 = \begin{pmatrix}1\\1\\1\end{pmatrix}$, $\alpha_2 = \begin{pmatrix}1\\2\\1\end{pmatrix}$, $\alpha_3 = \begin{pmatrix}0\\1\\1\end{pmatrix}$化为标准正交基.

解 正交化：

取 $\beta_1 = \alpha_1 = \begin{pmatrix}1\\1\\1\end{pmatrix}$

$$\beta_2 = \alpha_2 - \frac{(\beta_1, \alpha_2)}{(\beta_1, \beta_1)}\beta_1 = \begin{pmatrix}1\\2\\1\end{pmatrix} - \frac{4}{3}\begin{pmatrix}1\\1\\1\end{pmatrix} = \begin{pmatrix}-\frac{1}{3}\\ \frac{2}{3}\\ -\frac{1}{3}\end{pmatrix}$$

$$\beta_3 = \alpha_3 - \frac{(\beta_1, \alpha_3)}{(\beta_1, \beta_1)}\beta_1 - \frac{(\beta_2, \alpha_3)}{(\beta_2, \beta_2)}\beta_2 = \begin{pmatrix}0\\1\\1\end{pmatrix} - \frac{2}{3}\begin{pmatrix}1\\1\\1\end{pmatrix} - \frac{1}{2}\begin{pmatrix}-\frac{1}{3}\\ \frac{2}{3}\\ -\frac{1}{3}\end{pmatrix} = \begin{pmatrix}-\frac{1}{2}\\ 0\\ \frac{1}{2}\end{pmatrix}$$

单位化：

$$\eta_1 = \frac{\beta_1}{\|\beta_1\|} = \begin{pmatrix}\frac{1}{\sqrt{3}}\\ \frac{1}{\sqrt{3}}\\ \frac{1}{\sqrt{3}}\end{pmatrix},\ \eta_2 = \frac{\beta_2}{\|\beta_2\|} = \begin{pmatrix}-\frac{1}{\sqrt{6}}\\ \frac{2}{\sqrt{6}}\\ -\frac{1}{\sqrt{6}}\end{pmatrix},\ \eta_3 = \frac{\beta_3}{\|\beta_3\|} = \begin{pmatrix}-\frac{1}{\sqrt{2}}\\ 0\\ \frac{1}{\sqrt{2}}\end{pmatrix}$$

则 η_1, η_2, η_3 为 R^3 的一组标准正交基.

5.5.3 正交矩阵

定义 5.15 设 Q 为 n 阶实矩阵，若

$$Q^TQ=E$$

则称 Q 为正交矩阵.

容易验证，$\begin{pmatrix}\cos\theta & -\sin\theta\\ \sin\theta & \cos\theta\end{pmatrix}$与$\begin{pmatrix}\frac{1}{\sqrt{3}} & \frac{1}{\sqrt{3}} & \frac{1}{\sqrt{3}}\\ 0 & -\frac{1}{\sqrt{2}} & \frac{1}{\sqrt{2}}\\ -\frac{2}{\sqrt{6}} & \frac{1}{\sqrt{6}} & \frac{1}{\sqrt{6}}\end{pmatrix}$都是正交矩阵.

正交矩阵的性质：

(1) 若 Q 为正交阵，则 $|Q|=1$ 或 -1；

(2) 若 Q 为正交阵，则 Q 可逆，且 $Q^{-1}=Q^T$；

(3) 若 P，Q 都是 n 阶正交矩阵，则 PQ 也是 n 阶正交矩阵；

(4) n 阶实矩阵 Q 为正交矩阵的充要条件是 Q 的列（行）向量组是 R^n 的标准正交基.

性质（1）（2）都可由正交矩阵的定义证得，读者可自行证明.

以下证明性质（3）与（4）.

证 (3) $(PQ)^T(PQ)=Q^TP^TPQ=Q^T(P^TP)Q=Q^TEQ=Q^TQ=E$

所以 PQ 也是正交矩阵.

(4) 将矩阵 Q 按列分块：

$$Q=(\alpha_1,\ \alpha_2,\ \cdots,\ \alpha_n)$$

则有

$$Q^T=\begin{pmatrix}\alpha_1^T\\ \alpha_2^T\\ \vdots\\ \alpha_n^T\end{pmatrix}$$

因而

$$Q^TQ=\begin{pmatrix}\alpha_1^T\\ \alpha_2^T\\ \vdots\\ \alpha_n^T\end{pmatrix}(\alpha_1,\ \alpha_2,\ \cdots,\ \alpha_n)=\begin{pmatrix}\alpha_1^T\alpha_1 & \alpha_1^T\alpha_2 & \cdots & \alpha_1^T\alpha_n\\ \alpha_2^T\alpha_1 & \alpha_2^T\alpha_2 & \cdots & \alpha_2^T\alpha_n\\ \cdots & \cdots & \cdots & \cdots\\ \alpha_n^T\alpha_1 & \alpha_n^T\alpha_2 & \cdots & \alpha_n^T\alpha_n\end{pmatrix}$$

按定义，实矩阵 Q 正交的充要条件是 $Q^TQ=E$，即

$$(\alpha_i,\ \alpha_j)=\alpha_i^T\alpha_j=\begin{cases}1, & i=j\\ 0, & i\neq j\end{cases}$$

这说明，实矩阵 Q 为正交矩阵的充要条件是 Q 的列向量组是标准正交向量组，即 R^n 的标准正交基.

由性质（2）与可逆矩阵的定义可知：实矩阵 Q 为正交矩阵的充要条件是 $Q^TQ=QQ^T=E$.

习题 5.5

1. 在 R^4 中，求一个单位向量使它与向量组 $\alpha_1=(1,\ 1,\ -1,\ -1)$，$\alpha_2=(1,\ -1,\ -1,\ 1)$，$\alpha_3=(1,\ -1,\ 1,\ -1)$正交.

2. 将 R^3 的一组基 $\alpha_1=\begin{pmatrix}1\\1\\1\end{pmatrix}$，$\alpha_2=\begin{pmatrix}1\\2\\1\end{pmatrix}$，$\alpha_3=\begin{pmatrix}0\\-1\\1\end{pmatrix}$化为标准正交基.

3. 求齐次线性方程组

$$\begin{cases}x_1+x_2-x_3+x_4-3x_5=0\\ x_1+x_2-x_3+x_5=0\end{cases}$$

的解空间的一组标准正交基.

4. 设 $\alpha_1,\ \alpha_2,\ \cdots,\ \alpha_n$ 是 n 维实列向量空间 R^n 中的一组标准正交基，A 是 n 阶正交阵，证明：$A\alpha_1,\ A\alpha_2,\ \cdots,\ A\alpha_n$ 也是 R^n 中的一组标准正交基.

5. 设 $\alpha_1,\ \alpha_2,\ \alpha_3$ 是 3 维欧氏空间 V 的一组标准正交基，证明

$$\beta_1=\frac{1}{3}(2\alpha_1+2\alpha_2-\alpha_3),\ \beta_2=\frac{1}{3}(2\alpha_1-\alpha_2+2\alpha_3),\ \beta_3=\frac{1}{3}(\alpha_1-2\alpha_2-2\alpha_3)$$

也是 V 的一组标准正交基.

习题五

（A）

一、填空题

1. 当 k 满足________时，$\alpha_1=(1,2,1),\alpha_2=(2,3,k),\alpha_3=(3,k,3)$为 R^3 的一组基.
2. 由向量 $\alpha=(1,2,3)$所生成的子空间的维数为________.
3. R^3 中的向量 $\alpha=(3,\ 7,\ 1)$在基 $\alpha_1=(1,\ 3,\ 5)$，$\alpha_2=(6,\ 3,\ 2)$，$\alpha_3=$

(3, 1, 0)下的坐标为________.

4. R^3 中的原始基 ε_1, ε_2, ε_3 到基 $\alpha_1=(-2, 1, 3)$, $\alpha_2=(-1, 0, 1)$, $\alpha_3=(-2, -5, -1)$的过渡矩阵为________.

5. 正交矩阵 A 的行列式为________.

6. 已知5元线性方程组 $AX=\mathbf{0}$ 的系数矩阵的秩为3，则该方程组的解空间的维数为________

7. 已知 $\alpha_1=(2, 1, 1, 1)$, $\alpha_2=(2, 1, a, a)$, $\alpha_3=(3, 2, 1, a)$, $\alpha_4=(4, 3, 2, 1)$不是 R^4 的基且 $a\neq 1$，则 a 满足________.

二、单项选择题

1. 下列向量集合按向量的加法与数乘不构成实数域上的线性空间的是（　　）.

（A）$V_1=\{(x_1,0,\cdots,0,x_n)\mid x_1,x_n\in R\}$

（B）$V_2=\{(x_1,x_2,\cdots,x_n)\mid x_1+x_2+\cdots+x_n=0,x_i\in R,i=1,2,\cdots,n\}$

（C）$V_3=\{(x_1,x_2,\cdots,x_n)\mid x_1+x_2+\cdots+x_n=1,x_i\in R,i=1,2,\cdots,n\}$

（D）$V_4=\{(x_1,0,\cdots,0,0)\mid x_1\in R\}$

2. 在 $P^{3\times 3}$ 中，由 $A=\begin{pmatrix}1 & & \\ & 2 & \\ & & 3\end{pmatrix}$ 生成的子空间的维数为（　　）.

（A）1　　（B）2　　（C）3　　（D）4

3. 已知 α_1, α_2, α_3 是 R^3 的基，则下列向量组（　　）是 R^3 的基.

（A）$\alpha_1+\alpha_2$, $\alpha_2+\alpha_3$, $\alpha_3-\alpha_1$

（B）$\alpha_1+2\alpha_2$, $2\alpha_2+3\alpha_3$, $3\alpha_3+\alpha_1$

（C）$\alpha_1+\alpha_2$, $\alpha_2+\alpha_3$, $\alpha_1+2\alpha_2+\alpha_3$

（D）$\alpha_1+\alpha_2+\alpha_3$, $2\alpha_1-3\alpha_2+22\alpha_3$, $3\alpha_1+5\alpha_2-5\alpha_3$

4. 已知 α_1, α_2, α_3 是 R^3 的基，则下列向量组（　　）不是 R^3 的基.

（A）$\alpha_1+\alpha_2$, $\alpha_2+\alpha_3$, $\alpha_1+\alpha_3$

（B）$\alpha_1+2\alpha_2$, $\alpha_2+2\alpha_3$, $\alpha_3+2\alpha_1$

（C）$\alpha_1-\alpha_2$, $\alpha_2-\alpha_3$, $\alpha_1-\alpha_3$

（D）$\alpha_1-2\alpha_2$, $\alpha_2-2\alpha_3$, $\alpha_1-2\alpha_3$

5. n 元齐次线性方程组 $AX=\mathbf{0}$ 的系数矩阵的秩为 r，该方程组的解空间的维数为 s，则（　　）.

（A）$s=r$　　（B）$s=n-r$　　（C）$s>r$　　（D）$s<r$

6. 已知 A，B 为同阶正交矩阵，则下列（　　）是正交矩阵.

（A）$A+B$　　（B）$A-B$　　（C）AB　　（D）kA（k 为数）

7. 线性空间中，两组基之间的过渡矩阵（　　）.

（A）一定不可逆（B）一定可逆　（C）不一定可逆　（D）是正交矩阵

（B）

1. 已知 R^4 的两组基

（Ⅰ）：α_1，α_2，α_3，α_4

（Ⅱ）：$\beta_1=\alpha_1+\alpha_2+\alpha_3+\alpha_4$，$\beta_2=\alpha_2+\alpha_3+\alpha_4$，$\beta_3=\alpha_3+\alpha_4$，$\beta_4=\alpha_4$

（1）求由基（Ⅱ）到（Ⅰ）的过渡矩阵；

（2）求在两组基下有相同坐标的向量.

2. 已知 α_1，α_2，α_3 是 R^3 的基，向量组 β_1，β_2，β_3 满足

$$\beta_1+\beta_3=\alpha_1+\alpha_2+\alpha_3,\ \beta_1+\beta_2=\alpha_2+\alpha_3,\ \beta_2+\beta_3=\alpha_1+\alpha_3$$

（1）证明 β_1，β_2，β_3 是 R^3 的基；

（2）求由基 β_1，β_2，β_3 到基 α_1，α_2，α_3 的过渡矩阵；

（3）求向量 $\alpha=\alpha_1+2\alpha_2-\alpha_3$ 在基 β_1，β_2，β_3 下的坐标.

3. 设 R^4 的两组基 α_1，α_2，α_3，α_4 与 $\beta_1=\begin{pmatrix}1\\2\\0\\0\end{pmatrix}$，$\beta_2=\begin{pmatrix}2\\1\\0\\0\end{pmatrix}$，$\beta_3=\begin{pmatrix}0\\0\\1\\2\end{pmatrix}$，$\beta_4=\begin{pmatrix}0\\0\\2\\1\end{pmatrix}$，且由基 α_1，α_2，α_3，α_4 到基 β_1，β_2，β_3，β_4 的过渡矩阵为 $\begin{pmatrix}2&1&0&0\\1&1&0&0\\0&0&3&5\\0&0&1&2\end{pmatrix}$

（1）求基 α_1，α_2，α_3，α_4；

（2）求向量 $\alpha=\alpha_1+\alpha_2+\alpha_3-2\alpha_4$ 在基 β_1，β_2，β_3，β_4 下的坐标.

4. 证明 $f_1(x)=1+x+x^2$，$f_2(x)=1+x+2x^2$，$f_3(x)=1+2x+3x^2$ 是线性空间 $P[x]_3$ 的一组基，并求 $f(x)=6+9x+14x^2$ 在这组基下的坐标.

5. 当 a，b，c 为何值时，矩阵 $A=\begin{pmatrix}\frac{1}{\sqrt{2}}&a&0\\0&0&1\\b&c&0\end{pmatrix}$ 是正交阵.

6. 设 α 是 n 维非零列向量，E 为 n 阶单位阵，证明 $A = E - (2/\alpha^T\alpha)\alpha\alpha^T$ 为正交矩阵.

7. 设 $A = E - 2\alpha\alpha^T$，其中 $\alpha = (a_1, a_2, \cdots, a_n)^T$，若 $\alpha^T\alpha = 1$. 证明：A 为正交阵.

8. 设 A，B 均为 n 阶正交矩阵，且 $|A| = -|B|$，证明 $|A + B| = 0$.

第六章　线性变换

线性变换是线性空间自身上的一类对应关系，线性变换广泛应用于科学技术、经济等各个领域．线性变换的理论是高等代数的重要理论，因此线性变换是高等代数的一个主要研究对象．本章首先介绍线性变换的定义、性质，然后介绍线性变换的像集与核以及线性变换的矩阵，最后介绍正交变换．

6.1　线性变换的概念与运算

6.1.1　线性变换的定义

定义 6.1　设 V 是一个线性空间，如果有一个对应关系 T，使得对于 V 中任一向量 α，都有 V 的一个确定向量 β 与之对应，则称此对应关系 T 为 V 的一个变换，称 β 为 α 在变换 T 下的像，记作 $\beta=T(\alpha)$，称 α 为 β 在变换 T 下的原像．

简单地说，由线性空间到自身上的映射就称为变换．

定义 6.2　设 V 是数域 P 上的一个线性空间，T 是 V 上的一个变换，若 T 满足：

(1)　$\forall\alpha,\ \beta\in V,\ T(\alpha+\beta)=T(\alpha)+T(\beta)$

(2)　$\forall\alpha\in V,\ k\in P,\ T(k\alpha)=kT(\alpha)$

则称 T 是 V 上的一个线性变换．

例 1　在线性空间 V 上，定义映射 O：

$$\forall\alpha\in V,\ O(\alpha)=\theta$$

显然，这个映射是 V 上的一个线性变换，它将空间所有向量都变成零向量．我们称这个线性变换为零变换 22.

例 2　在线性空间 V 上，定义映射 $\mathcal{E}$：

$$\forall \alpha \in V, \quad \boldsymbol{\mathcal{E}}(\alpha)=\alpha$$

显然，这个映射也是 V 上的一个线性变换，称它为单位变换或恒等变换，在单位变换下，像和原像是相同的.

例 3 设 A 是一个 n 阶实矩阵，在实 n 维向量空间 R^n 上，定义映射 T_A：

$$\forall X \in R^n, \quad T_A(X)=AX \tag{6.1}$$

其中 X 是 n 维列向量.

证明：T_A 是 R^n 的一个线性变换.

证 因为 $\forall X \in R^n$，$AX \in R^n$，所以 T_A 是 R^n 上的一个变换.

又因为 $\forall X_1, X_2 \in R^n$，$k \in R$，有

$$T_A(X_1+X_2)=A(X_1+X_2)=AX_1+AX_2=T_A(X_1)+T_A(X_2)$$

$$T_A(kX_1)=A(kX_1)=kAX_1=kT_A(X_1)$$

所以 T_A 是 R^n 的一个线性变换.

例 4 在线性空间 $P[x]_n$ 上，定义 D：

$$Df(x)=f'(x), \quad \forall f(x) \in P[x]_n \tag{6.2}$$

证明：D 是 $P[x]_n$ 上的一个线性变换.

证 因为 $\forall f(x) \in P[x]_n$，$Df(x)=f'(x) \in P[x]_n$

所以 D 是 $P[x]_n$ 上的一个变换

又因为 $\forall f(x), g(x) \in P[x]_n, k \in R$，有

$$D[f(x)+g(x)]=[f(x)+g(x)]'=f'(x)+g'(x)=Df(x)+Dg(x)$$

$$D[kf(x)]=D[kf(x)]=[kf(x)]'=kf'(x)=kDf(x)$$

所以 D 是 $P[x]_n$ 上的一个线性变换. 这个线性变换称为 $P[x]_n$ 上的求导变换.

6.1.2 线性变换的性质

设 T 是线性空间 V 上的一个线性变换，则 T 具有以下性质：

（1）$T(\theta)=\theta$；

（2）$T(-\alpha)=-T(\alpha)$；

（3）$T\sum_{i=1}^{m} k_i\alpha_i=\sum_{i=1}^{m} k_iT(\alpha_i)$；

（4）若 $\alpha_1, \alpha_2, \cdots, \alpha_m$ 线性相关，则 $T\alpha_1, T\alpha_2, \cdots, T\alpha_m$ 也线性相关.

证 （1）由线性空间的简单性质有

$$\theta=0\alpha$$

用 T 作用于上式两边，得

$$T(\theta)=T(0\alpha)=0T(\alpha)=\theta$$

(2) 由

$$-\alpha=(-1)\alpha$$

用 T 作用于上式两边，得

$$T(-\alpha)=T((-1)\alpha)=(-1)T(\alpha)=-T(\alpha)$$

(3) $T(k_1\alpha_1+k_2\alpha_2+\cdots+k_m\alpha_m)$

$=T(k_1\alpha_1)+T(k_2\alpha_2)+\cdots+T(k_m\alpha_m)$

$=k_1T(\alpha_1)+k_2T(\alpha_2)+\cdots+k_mT(\alpha_m)$

(4) 因为 α_1，α_2，…，α_m 线性相关，所以存在不全为零的数 k_1，k_2，…，k_m，使得

$$k_1\alpha_1+k_2\alpha_2+\cdots+k_m\alpha_m=\theta$$

用 T 作用于上式两边，得

$$k_1T(\alpha_1)+k_2T(\alpha_2)+\cdots+k_mT(\alpha_m)=T(\theta)=\theta$$

因为 k_1，k_2，…，k_m 不全为零，所以 $T\alpha_1$，$T\alpha_2$，…，$T\alpha_m$ 线性相关.

注意：性质（4）的逆命题不成立，就是说即便 $T\alpha_1$，$T\alpha_2$，…，$T\alpha_m$ 线性相关，α_1，α_2，…，α_m 也可能线性无关. 换句话说，线性空间的线性变换可能将线性无关的向量组变为线性相关的向量组. 例如，线性空间的零变换就将空间的任意一组线性无关的向量组变为零向量组即线性相关的向量组.

6.1.3 线性变换的像集与核

定义 6.3 设 T 是 V 上的一个线性变换，T 的全体像组成的集合称为 T 的像集或值域，用 $T(V)$ 表示；所有被 T 变为零向量的向量组成的集合称为 T 的核，用 $\ker T$ 表示. 即

$$T(V)=\{T(\alpha)\mid \alpha\in V\}$$

$$\ker T=\{\alpha\mid \alpha\in V \text{ 且 } T(\alpha)=\theta\}$$

定理 6.1 设 T 是线性空间 V 上的一个线性变换，则 $T(V)$ 与 $\ker T$ 都是 V 的线性子空间.

证 先证 $T(V)$ 是 V 的线性子空间.

因 $T(\theta)=\theta\in T(V)$ 即 $T(V)$ 非空，且 $\forall\beta\in T(V)$，存在 $\alpha\in V$，使 $T(\alpha)=\beta\in V$，于是 $T(V)\subseteq V$，所以 $T(V)$ 是 V 的一个非空子集.

设 β_1，$\beta_2\in T(V)$，则有 α_1，$\alpha_2\in V$，使

$$T(\alpha_1)=\beta_1,\ T(\alpha_2)=\beta_2$$

从而

$$\beta_1+\beta_2=T\alpha_1+T\alpha_2=T(\alpha_1+\alpha_2)\in T(V),\ (\text{因 } \alpha_1+\alpha_2\in V)$$

$$k\beta_1=kT\alpha_1=T(k\alpha_1)\in T(V),\ (\text{因 } k\alpha_1\in V)$$

即 $T(V)$ 对 V 的加法与数乘封闭，所以 $T(V)$ 是 V 的线性子空间.

再证 $\ker T$ 是 V 的线性子空间：

因为 $T(\theta)=\theta$，所以 $\theta\in\ker T$，即 $\ker T$ 是 V 的一个非空子集.

设 α_1，$\alpha_2\in\ker T$，即

$$T(\alpha_1)=\theta,\ T(\alpha_2)=\theta$$

从而

$$T(\alpha_1+\alpha_2)=T(\alpha_1)+T(\alpha_2)=\theta+\theta=\theta$$

所以

$$\alpha_1+\alpha_2\in\ker T$$

$$T(k\alpha_1)=kT(\alpha_1)=k\theta=\theta$$

于是 $k\alpha\in\ker T$，故 $\ker T$ 是 V 的线性子空间.

例 5 求例 3 中的线性变换的像集与核.

解 将矩阵 A 按列分块

$$A=(\alpha_1,\ \alpha_2,\ \cdots,\ \alpha_n)$$

其中 α_i 是 A 的第 i 列($i=1,\ 2,\ \cdots,\ n$)

$$X=(x_1,\ x_2,\ \cdots,\ x_n)^T$$

则

$$AX=(\alpha_1,\ \alpha_2,\ \cdots,\ \alpha_n)\begin{pmatrix}x_1\\x_2\\\vdots\\x_n\end{pmatrix}=x_1\alpha_1+x_2\alpha_2+\cdots+x_n\alpha_n=\sum_{i=1}^{n}x_i\alpha_i$$

于是，T_A 的像集为

$$T_A(V)=\{Y\mid Y=\sum_{i=1}^{n}x_i\alpha_i,\ x_i\in R\}$$

即 T_A 的像集是矩阵 A 的列向量的所有线性组合. 即 $T_A(V)$ 是向量组 α_1，α_2，$\cdots$，α_n 生成的空间：

$$T_A(V)=L(\alpha_1,\ \alpha_2,\ \cdots,\ \alpha_n)$$

而 T_A 的核为

$$\ker T_A=\{X\mid AX=\mathbf{0}\}$$

即 T_A 的核就是齐次线性方程组 $AX=\mathbf{0}$ 的解空间.

定义 6.4 n 维线性空间 V 的线性变换 T 的像集 $T(V)$ 的维数称为线性变换 T 的秩，线性变换 T 的核 $\ker T$ 的维数称为 T 的零度.

可以证明（证略），T 的秩与 T 的零度之间有下述关系：

$$T\text{ 的秩}+T\text{ 的零度}=n$$

例 6 在 R^3 上定义线性变换 T

$$T(\alpha)=A\alpha$$

其中

$$A=\begin{pmatrix}1&2&3\\2&5&4\\3&7&7\end{pmatrix}$$

(1) 求 T 的像集的一组基和 T 的秩;

(2) 求 T 的核的一组基和 T 的零度.

解 (1) 由例 5 知 T 的像集即为 A 的列向量组生成的空间，设 A 的列向量组为 α_1，α_2，α_3，则向量组 α_1，α_2，α_3 的一个极大无关组就是 T 的像集 $T(V)$ 的一组基，A 的秩就是 $T(V)$ 的维数.

$$A=\begin{pmatrix}1&2&3\\2&5&4\\3&7&7\end{pmatrix}\xrightarrow{\text{初等行变换}}\begin{pmatrix}1&0&7\\0&1&-2\\0&0&0\end{pmatrix}$$

$T(V)$ 的维数为 2，于是 T 的秩为 2;

T 的像集 $T(V)$ 的一组基为

$$\alpha_1=\begin{pmatrix}1\\2\\3\end{pmatrix},\ \alpha_2=\begin{pmatrix}2\\5\\7\end{pmatrix}$$

(2) T 的零度为 $3-2=1$；T 的核是齐次线性方程组 $AX=\mathbf{0}$ 的解空间，所以方程组 $AX=\mathbf{0}$ 的一个基础解系就是 T 的核的一组基. 于是 T 的核的一组基为

$$\eta=\begin{pmatrix}-7\\2\\1\end{pmatrix}$$

6.1.4 线性变换的运算

定义 6.5 设 T_1，T_2 是数域 P 上的线性空间 V 上的两个线性变换，

定义 T_1，T_2 的和 T_1+T_2 为

$$(T_1+T_2)(\alpha)=T_1(\alpha)+T_2(\alpha)\qquad(\alpha\in V)$$

定义 T_1，T_2 的乘积 T_1T_2 为

$$(T_1T_2)(\alpha)=T_1(T_2(\alpha))\qquad(\alpha\in V)$$

定义 T_1 的数乘 kT_1 为

$$(kT_1)(\alpha)=k(T_1(\alpha))\qquad(k\in P,\ \alpha\in V)$$

定义 6.6 设 T 是线性空间 V 上的一个线性变换，如果有 V 上的线性变换 S 存在，使

$$TS = ST = \mathcal{E}$$

则称变换 T 为可逆变换，称 S 为 T 的逆变换，T 的逆变换记作 T^{-1}.

容易证明：线性变换的和、乘积、数乘、可逆变换的逆变换仍然是线性变换.

例 7 在 R^3 中，定义线性变换 T_1，T_2 为

$$T_1\begin{pmatrix} x_1 \\ x_2 \\ x_3 \end{pmatrix} = \begin{pmatrix} x_1 + x_2 \\ x_2 \\ x_3 \end{pmatrix},\quad T_2\begin{pmatrix} x_1 \\ x_2 \\ x_3 \end{pmatrix} = \begin{pmatrix} x_1 - x_2 \\ x_2 \\ x_3 \end{pmatrix}$$

$$\alpha = \begin{pmatrix} 1 \\ -2 \\ 3 \end{pmatrix}$$

求 $(T_1 + T_2)(\alpha)$，$(T_1T_2)(\alpha)$，$(2T_1)(\alpha)$.

解

$$(T_1 + T_2)(\alpha) = T_1(\alpha) + T_2(\alpha) = \begin{pmatrix} -1 \\ -2 \\ 3 \end{pmatrix} + \begin{pmatrix} 3 \\ -2 \\ 3 \end{pmatrix} = \begin{pmatrix} 2 \\ -4 \\ 6 \end{pmatrix}$$

$$(T_1T_2)(\alpha) = T_1(T_2(\alpha)) = T_1\begin{pmatrix} 3 \\ -2 \\ 3 \end{pmatrix} = \begin{pmatrix} 1 \\ -2 \\ 3 \end{pmatrix}$$

$$(2T_1)(\alpha) = 2(T_1(\alpha)) = 2\begin{pmatrix} -1 \\ -2 \\ 3 \end{pmatrix} = \begin{pmatrix} -2 \\ -4 \\ 6 \end{pmatrix}$$

习题 6.1

1. 判断下列变换是不是线性变换.

(1) 在 R^3 上，$T(x_1, x_2, x_3) = (x_1 - x_2, x_2, x_3)$；

(2) 在 R^3 上，$T(x_1, x_2, x_3) = (x_1x_2, x_2, x_3)$；

(3) 在 $P[x]$ 上，$T[f(x)] = f(x+1)$.

2. 在 $R^{n\times n}$ 中，定义变换 T

$$T(X)=AX+B$$

其中 A，B 为 $R^{n\times n}$ 上两个取定的矩阵，判断 T 是否是线性变换.

3. 在 R^3 上定义线性变换 T:

$$T(\alpha)=A\alpha$$

其中

$$A=\begin{pmatrix}1 & 1 & -1\\ 2 & 3 & 1\\ 4 & 5 & -1\end{pmatrix}$$

(1) 求 T 的像集的一组基和 T 的秩;

(2) 求 T 的核的一组基和 T 的零度.

6.2 线性变换的矩阵

在上节例 3 定义的 R^n 中的一个线性变换用关系式

$$T_A(X)=AX$$

来表示，由此式容易求出线性变换的像，所以我们希望线性空间的任何一个线性变换都可用这样的关系式来表示.

事实上，如果 V 是一个 n 维线性空间，T 是 V 上的一个线性变换，α_1，α_2，…，α_n 是 V 的一组基，则 $\forall\alpha\in V$

$$\alpha=x_1\alpha_1+x_2\alpha_2+\cdots+x_n\alpha_n$$

α 的像

$$T(\alpha)=x_1T(\alpha_1)+x_2T(\alpha_2)+\cdots+x_nT(\alpha_n)$$

可见只要知道基 α_1，α_2，…，α_n 在线性变换下的像 $T(\alpha_1)$，$T(\alpha_2)$，…，$T(\alpha_n)$，即可求得 V 中任一向量 α 在线性变换 T 下的像 $T(\alpha)$.

由于基像 $T(\alpha_1)$，$T(\alpha_2)$，…，$T(\alpha_n)$ 仍是 V 中的向量，所以它们必可由基 α_1，α_2，…，α_n 线性表示，设其表达式为

$$\begin{cases}T(\alpha_1)=a_{11}\alpha_1+a_{21}\alpha_2+\cdots+a_{n1}\alpha_n\\ T(\alpha_2)=a_{12}\alpha_1+a_{22}\alpha_2+\cdots+a_{n2}\alpha_n\\ \cdots\cdots\cdots\cdots\cdots\cdots\cdots\cdots\cdots\cdots\cdots\cdots\\ T(\alpha_n)=a_{1n}\alpha_1+a_{2n}\alpha_2+\cdots+a_{nn}\alpha_n\end{cases}$$

采用形式记法:

$$T(\alpha_i)=(\alpha_1,\ \alpha_2,\ \cdots,\ \alpha_n)\begin{pmatrix}a_{1i}\\a_{2i}\\\vdots\\a_{ni}\end{pmatrix},\ (i=1,\ 2,\ \cdots,\ n)$$

设

$$A=\begin{pmatrix}a_{11}&a_{12}&\cdots&a_{1n}\\a_{21}&a_{22}&\cdots&a_{2n}\\\cdots&\cdots&\cdots&\cdots\\a_{n1}&a_{n2}&\cdots&a_{nn}\end{pmatrix}$$

将 $T(\alpha_1)$，$T(\alpha_2)$，…，$T(\alpha_n)$合写为

$$\begin{aligned}(T(\alpha_1),\ T(\alpha_2),\ \cdots,\ T(\alpha_n))&=(\alpha_1,\ \alpha_2,\ \cdots,\ \alpha_n)\begin{pmatrix}a_{11}&a_{12}&\cdots&a_{1n}\\a_{21}&a_{22}&\cdots&a_{2n}\\\cdots&\cdots&\cdots&\cdots\\a_{n1}&a_{n2}&\cdots&a_{nn}\end{pmatrix}\\&=(\alpha_1,\ \alpha_2,\ \cdots,\ \alpha_n)\ A\end{aligned}$$

再记

$$T(\alpha_1,\ \alpha_2,\ \cdots,\ \alpha_n)=(T(\alpha_1),\ T(\alpha_2),\ \cdots,\ T(\alpha_n))$$

则有如下定义：

定义 6.7 设 T 是线性空间 V 上的一个线性变换，α_1，α_2，…，α_n 是 V 的一组基，若有 n 阶矩阵 A 使

$$T(\alpha_1,\alpha_2,\cdots,\alpha_n)=(T(\alpha_1),T(\alpha_2),\cdots,T(\alpha_n))=(\alpha_1,\alpha_2,\cdots,\alpha_n)A$$

则称矩阵 A 为线性变换 T 在基 α_1，α_2，…，α_n 下的矩阵.

注：1° 线性变换 T 在基 α_1，α_2，…，α_n 下的矩阵 A 的第 i 列是基像 $T(\alpha_i)$ 在基 α_1，α_2，…，α_n 下的坐标.

2° 由坐标的唯一性确定了线性变换 T 在基 α_1，α_2，…，α_n 下的矩阵 A 的唯一性；反之，当给定线性变换的矩阵，则基像被唯一确定，从而线性变换唯一确定. 于是，在 n 维线性空间的一组基下线性变换与 n 阶矩阵一一对应.

我们知道，在一组基下，只要向量的坐标确定，则向量就随之确定. 以下讨论向量 α 在一组基下的坐标已知时，α 在线性变换 T 下的像 $T(\alpha)$ 在这组基下的坐标的确定.

设 α 与 $T(\alpha)$ 在基 α_1，α_2，…，α_n 下的坐标分别为 $X=(x_1,\ x_2,\ \cdots,\ x_n)^T$ 与 $Y=(y_1,\ y_2,\ \cdots,\ y_n)^T$，即

$$\alpha = x_1\alpha_1 + x_2\alpha_2 + \cdots + x_n\alpha_n = (\alpha_1, \alpha_2, \cdots, \alpha_n)\begin{pmatrix} x_1 \\ x_2 \\ \vdots \\ x_n \end{pmatrix}$$

$$= (\alpha_1, \alpha_2, \cdots, \alpha_n)\ X$$

$$T(\alpha) = y_1\alpha_1 + y_2\alpha_2 + \cdots + y_n\alpha_n = (\alpha_1, \alpha_2, \cdots, \alpha_n)\begin{pmatrix} y_1 \\ y_2 \\ \vdots \\ y_n \end{pmatrix}$$

$$= (\alpha_1, \alpha_2, \cdots, \alpha_n)Y \tag{6.3}$$

又

$$\begin{aligned} T(\alpha) &= T[(\alpha_1, \alpha_2, \cdots, \alpha_n)X] \\ &= T(x_1\alpha_1 + x_2\alpha_2 + \cdots + x_n\alpha_n) \\ &= x_1T(\alpha_1) + x_2T(\alpha_2) + \cdots + x_nT(\alpha_n) \\ &= [T(\alpha_1), T(\alpha_2), \cdots, T(\alpha_n)]\begin{pmatrix} x_1 \\ x_2 \\ \vdots \\ x_n \end{pmatrix} \\ &= [T(\alpha_1, \alpha_2, \cdots, \alpha_n)]X \\ &= (\alpha_1, \alpha_2, \cdots, \alpha_n)AX \end{aligned} \tag{6.4}$$

比较（6.3）与（6.4）式，并由坐标的唯一性知

$$Y = AX$$

即

$$\begin{pmatrix} y_1 \\ y_2 \\ \vdots \\ y_n \end{pmatrix} = A\begin{pmatrix} x_1 \\ x_2 \\ \vdots \\ x_n \end{pmatrix} \tag{6.5}$$

公式（6.5）即为 α 的像 $T(\alpha)$在基 $\alpha_1, \alpha_2, \cdots, \alpha_n$ 下的坐标的计算公式.

例 1 在 R^3 中，定义线性变换 T 为

$$T(x, y, z) = (x, y, 0)$$

称 T 为将向量向 xoy 平面上的垂直投影变换.

（1）求 T 在基 $\varepsilon_1 = (1, 0, 0)$，$\varepsilon_2 = (0, 1, 0)$，$\varepsilon_3 = (0, 0, 1)$下的矩阵；

（2）求 T 在基 $\alpha_1=(1,0,0)$，$\alpha_2=(1,1,0)$，$\alpha_3=(1,1,1)$下的矩阵.

解　（1）$T\varepsilon_1=T(1,0,0)=(1,0,0)=\varepsilon_1=1\varepsilon_1+0\varepsilon_2+0\varepsilon_3$

$T\varepsilon_2=T(0,1,0)=(0,1,0)=\varepsilon_2=0\varepsilon_1+1\varepsilon_2+0\varepsilon_3$

$T\varepsilon_3=T(0,0,1)=(0,0,0)=\theta=0\varepsilon_1+0\varepsilon_2+0\varepsilon_3$

于是，在基 ε_1，ε_2，ε_3 下线性变换 T 的矩阵为

$$A=\begin{pmatrix}1&0&0\\0&1&0\\0&0&0\end{pmatrix}$$

（2）$T\alpha_1=T(1,0,0)=(1,0,0)=\alpha_1=1\alpha_1+0\alpha_2+0\alpha_3$

$T\alpha_2=T(1,1,0)=(1,1,0)=\alpha_2=0\alpha_1+1\alpha_2+0\alpha_3$

$T\alpha_3=T(1,1,1)=(1,1,0)=\alpha_2=0\alpha_1+1\alpha_2+0\alpha_3$

于是，线性变换 T 在基 α_1，α_2，α_3 下的矩阵为

$$B=\begin{pmatrix}1&0&0\\0&1&1\\0&0&0\end{pmatrix}$$

由此可见，同一线性变换在不同基下的矩阵是不同的.

例 2　在 $P[x]_4$ 中，写出求导变换 D 在基

$$f_1(x)=1,\ f_2(x)=x,\ f_3(x)=x^2,\ f_4(x)=x^3$$

下的矩阵.

解：$Df_1(x)=0=0f_1(x)+0f_2(x)+0f_3(x)+0f_4(x)$

$Df_2(x)=1=1f_1(x)+0f_2(x)+0f_3(x)+0f_4(x)$

$Df_3(x)=2x=0f_1(x)+2f_2(x)+0f_3(x)+0f_4(x)$

$Df_4(x)=3x^2=0f_1(x)+0f_2(x)+3f_3(x)+0f_4(x)$

所以 D 在基 $f_1(x)$，$f_2(x)$，$f_3(x)$，$f_4(x)$ 下的矩阵为

$$A=\begin{pmatrix}0&1&0&0\\0&0&2&0\\0&0&0&3\\0&0&0&0\end{pmatrix}$$

例 3　在 R^3 中，定义线性变换 T 为

$$T\begin{pmatrix}x_1\\x_2\\x_3\end{pmatrix}=\begin{pmatrix}x_1+x_2\\x_1-x_2\\x_3\end{pmatrix},\quad \forall\begin{pmatrix}x_1\\x_2\\x_3\end{pmatrix}\in R^3.$$

求 T 在基 $\alpha_1=\begin{pmatrix}1\\1\\1\end{pmatrix}$，$\alpha_2=\begin{pmatrix}0\\1\\1\end{pmatrix}$，$\alpha_3=\begin{pmatrix}1\\0\\-1\end{pmatrix}$下的矩阵.

解 因为

$$T\alpha_1=T\begin{pmatrix}1\\1\\1\end{pmatrix}=\begin{pmatrix}2\\0\\1\end{pmatrix},\ T\alpha_2=T\begin{pmatrix}0\\1\\1\end{pmatrix}=\begin{pmatrix}1\\-1\\1\end{pmatrix},\ T\alpha_3=T\begin{pmatrix}1\\0\\-1\end{pmatrix}=\begin{pmatrix}1\\1\\-1\end{pmatrix}$$

设

$$x_1\alpha_1+x_2\alpha_2+x_3\alpha_3=T\alpha_1$$
$$x_1\alpha_1+x_2\alpha_2+x_3\alpha_3=T\alpha_2$$
$$x_1\alpha_1+x_2\alpha_2+x_3\alpha_3=T\alpha_3$$

由于上述三个方程组的系数矩阵是相同的，所以我们可以将三个增广矩阵合为一个矩阵并将其化为行最简阶梯形求解.

$$\left(\begin{array}{ccc:ccc}1&0&1&2&1&1\\1&1&0&0&-1&1\\1&1&-1&1&1&-1\end{array}\right)\xrightarrow[r_3-r_1]{r_2-r_1}\left(\begin{array}{ccc:ccc}1&0&1&2&1&1\\0&1&-1&-2&-2&0\\0&1&-2&-1&0&-2\end{array}\right)$$

$$\xrightarrow{r_3-r_2}\left(\begin{array}{ccc:ccc}1&0&1&2&1&1\\0&1&-1&-2&-2&0\\0&0&-1&1&2&-2\end{array}\right)\xrightarrow{(-1)\times r_3}$$

$$\left(\begin{array}{ccc:ccc}1&0&1&2&1&1\\0&1&-1&-2&-2&0\\0&0&1&-1&-2&2\end{array}\right)\xrightarrow[r_1-r_3]{r_2+r_3}\left(\begin{array}{ccc:ccc}1&0&0&3&3&-1\\0&1&0&-3&-4&2\\0&0&1&-1&-2&2\end{array}\right)$$

在上述行最简阶梯形中的右边的子块中的 3 列分别是 $T\alpha_1$，$T\alpha_2$，$T\alpha_3$ 在基 α_1，α_2，α_3 下的坐标，于是线性变换 T 在基 α_1，α_2，α_3 下的矩阵为

$$\begin{pmatrix}3&3&-1\\-3&-4&2\\-1&-2&2\end{pmatrix}$$

例 4 已知 3 维线性空间 V 上的线性变换 T 在基 α_1，α_2，α_3 下的矩阵为

$$A=\begin{pmatrix}1&1&-1\\0&1&1\\1&2&1\end{pmatrix}$$

向量 $\alpha=\alpha_1-2\alpha_2+3\alpha_3$，求 $T(\alpha)$ 在基 α_1，α_2，α_3 下的坐标.

解 由题设，向量 α 在基 α_1，α_2，α_3 下的坐标为 $(1,\ -2,\ 3)^T$，所以 $T(\alpha)$ 在基 α_1，α_2，α_3 下的坐标为

$$A\begin{pmatrix}1\\-2\\3\end{pmatrix}=\begin{pmatrix}1&1&-1\\0&1&1\\1&2&1\end{pmatrix}\begin{pmatrix}1\\-2\\3\end{pmatrix}=\begin{pmatrix}-4\\1\\0\end{pmatrix}$$

定理6.2 设 T_1，T_2 是线性空间 V 上的两个线性变换，α_1，α_2，…，α_n 是 V 的一组基，A_1，A_2 分别为线性变换 T_1，T_2 在基 α_1，α_2，…，α_n 下的矩阵，则在这组基下

（1）T_1，T_2 的和 T_1+T_2 对应于矩阵的和 A_1+A_2；

（2）T_1，T_2 的乘积 T_1T_2 对应于矩阵的乘积 A_1A_2；

（3）T_1 的数乘 kT_1 对应于矩阵的数乘 kA_1.

（4）可逆线性变换与可逆矩阵对应，且逆变换对应于逆矩阵.

以下仅对（1）进行证明，其余情况类似可证.

证（1） 因为

$$T_1(\alpha_1,\ \alpha_2,\ \cdots,\ \alpha_n)=(\alpha_1,\ \alpha_2,\ \cdots,\ \alpha_n)A_1$$
$$T_2(\alpha_1,\ \alpha_2,\ \cdots,\ \alpha_n)=(\alpha_1,\ \alpha_2,\ \cdots,\ \alpha_n)A_2$$

所以

$$\begin{aligned}&(T_1+T_2)(\alpha_1,\ \alpha_2,\ \cdots,\ \alpha_n)\\&=(\alpha_1,\ \alpha_2,\ \cdots,\ \alpha_n)A_1+(\alpha_1,\ \alpha_2,\ \cdots,\ \alpha_n)A_2\\&=(\alpha_1,\ \alpha_2,\ \cdots,\ \alpha_n)(A_1+A_2)\end{aligned}$$

于是 T_1+T_2 对应于矩阵的和 A_1+A_2.

习题6.2

1. 已知3维线性空间 V 上的线性变换 T 在基 α_1，α_2，α_3 下的矩阵为

$$A=\begin{pmatrix}1&1&1\\2&-1&0\\3&2&-1\end{pmatrix}$$

求 T 在基 α_2，α_3，α_1 下的矩阵.

2. 在 R^2 中，线性变换 T 为

$$T(\alpha)=A\alpha$$

其中

$$A=\begin{pmatrix}1 & 2\\ 3 & 4\end{pmatrix}$$

求 T 在基 $\alpha_1=\begin{pmatrix}1\\ 1\end{pmatrix}$，$\alpha_2=\begin{pmatrix}-1\\ 0\end{pmatrix}$ 下的矩阵.

3. 设 T 是 R^3 上的线性变换：

$$T(x_1, x_2, x_3)=(2x_1+x_2, x_1-x_2, 3x_3)$$

(1) 求 T 在自然基 $\varepsilon_1=(1, 0, 0)$，$\varepsilon_2=(0, 1, 0)$，$\varepsilon_3=(0, 0, 1)$ 下的矩阵；

(2) 求 T 在基 $e_1=(1, 0, 0)$，$e_2=(1, 1, 0)$，$e_3=(1, 1, 1)$ 下的矩阵.

4. 设 3 维线性空间 $P[x]_3$ 上的求导变换为 D，即

$$D(f(x))=f'(x), \ \forall f(x)\in P[x]_3$$

求 D 在基 1，$x-1$，$\frac{1}{2}(x-1)^2$ 下的矩阵.

5. 设 α_1，α_2，α_3 为线性空间的一组基，线性变换 T 在基 α_1，α_2，α_3 下的矩阵为

$$\begin{pmatrix}1 & 2 & -1\\ -1 & 1 & 0\\ 1 & 0 & 1\end{pmatrix}$$

α 在基 α_1，α_2，α_3 下的坐标为 $(1, 2, -3)$，求 $T(\alpha)$ 在基 α_1，α_2，α_3 下的坐标.

6. 设 T 是 R^3 上的线性变换

$$T(x_1, x_2, x_3)=(2x_1-x_2, x_2+x_3, x_1)$$

(1) 求 T 在基 $\varepsilon_1=(1, 0, 0)$，$\varepsilon_2=(0, 1, 0)$，$\varepsilon_3=(0, 0, 1)$ 下的矩阵；

(2) 求 T 在基 $e_1=(-1, 1, 1)$，$e_2=(1, -1, 1)$，$e_3=(1, 1, -1)$ 下的矩阵.

6.3 正交变换

定义 6.8 设 T 是欧氏空间 V 上的一个线性变换，如果对于任意的 $\alpha, \beta\in V$

$$(T\alpha, T\beta)=(\alpha, \beta)$$

则称 T 为正交变换.

例 1 设 A 是一个 n 阶正交矩阵，在 R^n 中，定义 T_A：

$$\forall X\in R^n, \ T_A(X)=AX \qquad (\text{其中 } X \text{ 为 } n \text{ 维列向量})$$

证明 T_A 是一个正交变换.

证 在6.1例3中已经证明 T_A 是一个线性变换，又

$$(T\alpha, T\beta)=(A\alpha, A\beta)=(A\alpha)^T(A\beta)$$
$$=\alpha^T(A^TA)\beta=\alpha^TE\beta=\alpha^T\beta=(\alpha,\beta)$$

所以 T_A 是一个正交变换.

因正交变换保持欧氏空间中向量的内积不变，于是可知：

(1) 正交变换保持欧氏空间中向量的长度不变；

(2) 正交变换保持欧氏空间中向量之间的距离不变.

定理6.3 n 维欧氏空间 V 的线性变换 T 是正交变换的充要条件是 V 的标准正交基 α_1，α_2，…，α_n 的像 $T\alpha_1$，$T\alpha_2$，…，$T\alpha_n$ 也是 V 的标准正交基.

证 必要性：因为 α_1，α_2，…，α_n 是 V 的标准正交基，即

$$(\alpha_i,\alpha_j)=\begin{cases}1, & \text{当 } i=j\\ 0, & \text{当 } i\neq j\end{cases}$$

又因 T 是 V 的正交变换，于是

$$(T\alpha_i,T\alpha_j)=(\alpha_i,\alpha_j)=\begin{cases}1, & \text{当 } i=j\\ 0, & \text{当 } i\neq j\end{cases}$$

所以 $T\alpha_1$，$T\alpha_2$，…，$T\alpha_n$ 是 V 的标准正交基.

充分性：因为 $T\alpha_1$，$T\alpha_2$，…，$T\alpha_n$ 是 V 的标准正交基，$\forall\alpha$，$\beta\in V$，设

$$\alpha=x_1\alpha_1+x_2\alpha_2+\cdots+x_n\alpha_n$$
$$\beta=y_1\alpha_1+y_2\alpha_2+\cdots+y_n\alpha_n$$

则

$$T\alpha=x_1T\alpha_1+x_2T\alpha_2+\cdots+x_nT\alpha_n$$
$$T\beta=y_1T\alpha_1+y_2T\alpha_2+\cdots+y_nT\alpha_n$$

于是

$$(\alpha,\beta)=x_1y_1+x_2y_2+\cdots+x_ny_n=(T\alpha,T\beta)$$

所以 T 是正交变换.

定理6.4 n 维欧氏空间 V 的线性变换 T 是正交变换的充要条件是 T 在任一组标准正交基下的矩阵是正交矩阵.

证略.

定理6.4说明，在标准正交基下，正交变换与正交矩阵对应. 正交矩阵的行列式为1或者 -1，称行列式为1的正交矩阵所对应的正交变换为第一类正交变换或旋转变换，称行列式为 -1 的正交矩阵所对应的正交变换为第二类正交变换.

习题 6.3

1. 在 R^3 中，线性变换 T 为

$$T(\alpha)=A\alpha$$

其中

$$A=\begin{pmatrix}\frac{1}{\sqrt{3}} & \frac{1}{\sqrt{3}} & \frac{1}{\sqrt{3}}\\ 0 & -\frac{1}{\sqrt{2}} & \frac{1}{\sqrt{2}}\\ -\frac{2}{\sqrt{6}} & \frac{1}{\sqrt{6}} & \frac{1}{\sqrt{6}}\end{pmatrix}.$$

(1) 证明 T 是一个正交变换；

(2) 判断 T 是哪一类正交变换.

习题六

(A)

一、填空题

1. 已知 3 维线性空间 V 的秩为 1，则 V 的零度为________.

2. 已知 3 维线性空间 V 的线性变换 T 在基 α_1，α_2，α_3 下的矩阵为

$$\begin{pmatrix}1 & 1 & 2\\ -1 & 3 & 1\\ 2 & 4 & 3\end{pmatrix}$$

则 T 在基 α_1，α_3，α_2 下的矩阵为________.

3. 在 R^3 上的线性变换 T 为

$$T(\alpha)=A\alpha$$

$$A=\begin{pmatrix}1 & 1 & 0\\ -1 & 1 & 2\\ 3 & 5 & 2\end{pmatrix}$$

则 T 的秩为________，T 的零度为________.

4. 在 R^3 上的线性变换 T 在基 α_1，α_2，α_3 下的矩阵为

$$A=\begin{pmatrix}1&2&3\\1&1&-1\\2&1&0\end{pmatrix}$$

$\alpha=\alpha_1+\alpha_2-\alpha_3$，则 $T\alpha$ 在基 α_1，α_2，α_3 下的坐标为 = ________.

5. 设 3 维线性空间 V 上的线性变换 T 将空间的一组基 α_1，α_2，α_3 变为

$$T(\alpha_1)=\begin{pmatrix}1\\1\\0\end{pmatrix},\ T(\alpha_2)=\begin{pmatrix}1\\0\\1\end{pmatrix},\ T(\alpha_3)=\begin{pmatrix}-1\\0\\-1\end{pmatrix},$$

$\alpha=2\alpha_1-\alpha_2+\alpha_3$，则 T 将 α 变为________.

6. 设线性空间 V 的线性变换 T，S 在 V 的某组基下的矩阵分别为 A，B，则线性变换 $2TS+T^3$ 在同一组基下的矩阵为________.

二、单项选择题

1. 设 T 是三维行向量空间 P^3 上的变换，下列 T 是线性变换的是（　　）.

（A）$T(a_1,\ a_2,\ a_3)=(a_1,\ a_2+a_3,\ a_1-a_3)$

（B）$T(a_1,\ a_2,\ a_3)=(a_1^2,\ a_2^2,\ a_3^2)$

（C）$T(a_1,\ a_2,\ a_3)=(a_1^3,\ a_2,\ a_3)$

（D）$T(a_1,\ a_2,\ a_3)=(a_1,\ a_1a_2,\ a_1+a_2+a_3)$

2. R^3 上的线性变换 T 在基 $\alpha_1=\begin{pmatrix}1\\0\\0\end{pmatrix}$，$\alpha_2=\begin{pmatrix}0\\1\\0\end{pmatrix}$，$\alpha_3=\begin{pmatrix}0\\0\\1\end{pmatrix}$ 下的矩阵为

$$A=\begin{pmatrix}1&2&1\\0&1&2\\1&-1&1\end{pmatrix}$$

则 T 在基 α_1，$2\alpha_2$，α_3 下的矩阵为（　　）.

（A）$\begin{pmatrix}1&4&1\\0&1&1\\1&-2&1\end{pmatrix}$　　（B）$\begin{pmatrix}1&4&1\\0&4&4\\1&-2&1\end{pmatrix}$

（C）$\begin{pmatrix}1&2&1\\0&\frac{1}{2}&1\\1&-1&1\end{pmatrix}$　　（D）$\begin{pmatrix}2&4&2\\0&2&4\\2&-2&2\end{pmatrix}$

3. 设 3 维线性空间 V 上的线性变换 T 在基 α_1，α_2，α_3 下的矩阵为

$$\begin{pmatrix} 1 & 0 & 0 \\ 1 & 1 & 0 \\ 1 & 2 & 1 \end{pmatrix}$$

α 在基 α_1，α_2，α_3 下的坐标为 $\begin{pmatrix} 1 \\ -1 \\ 2 \end{pmatrix}$，则 $T(\alpha)$ 在基 α_1，α_2，α_3 下的坐标为(　　).

(A) $\begin{pmatrix} 1 \\ -1 \\ 2 \end{pmatrix}$　　(B) $\begin{pmatrix} 1 \\ 0 \\ 1 \end{pmatrix}$

(C) $\begin{pmatrix} 1 \\ -1 \\ 1 \end{pmatrix}$　　(D) $\begin{pmatrix} -1 \\ 1 \\ 2 \end{pmatrix}$

4. 设 T_1，T_2 是 R^2 上的线性变换：

$$T_1\begin{pmatrix} x \\ y \end{pmatrix} = \begin{pmatrix} x+2y \\ x-2y \end{pmatrix},\ T_2\begin{pmatrix} x \\ y \end{pmatrix} = \begin{pmatrix} x-y \\ x+y \end{pmatrix}$$

令

$$(T_1T_2)\begin{pmatrix} x \\ y \end{pmatrix} = A\begin{pmatrix} x \\ y \end{pmatrix}$$

则 $A=$ (　　).

(A) $\begin{pmatrix} 3 & 1 \\ -1 & -3 \end{pmatrix}$　　(B) $\begin{pmatrix} 1 & 2 \\ 1 & -2 \end{pmatrix}$

(C) $\begin{pmatrix} 1 & -1 \\ 1 & 1 \end{pmatrix}$　　(D) $\begin{pmatrix} 1 & -1 \\ -2 & 3 \end{pmatrix}$

(B)

1. 设 4 维线性空间 V 的线性变换 T 在 V 的基 α_1，α_2，α_3，α_4 下的矩阵为

$$A = \begin{pmatrix} 3 & 6 & 13 & 25 \\ 2 & 4 & 9 & 15 \\ 1 & 2 & 3 & 13 \\ 4 & 8 & 17 & 35 \end{pmatrix}$$

(1) 求线性变换的像集 $T(V)$ 的维数和一组基；

(2) 求线性变换的核 $\ker T$ 的维数和一组基.

2. 设线性空间 $R^{2\times 2}$ 上的线性变换 T 为

$$T(X)=AX \qquad \forall X\in R^{2\times 2}$$

$$A=\begin{pmatrix}1&2\\3&4\end{pmatrix}$$

求 T 在基 $E_{11}=\begin{pmatrix}1&0\\0&0\end{pmatrix}$，$E_{12}=\begin{pmatrix}0&1\\0&0\end{pmatrix}$，$E_{21}=\begin{pmatrix}0&0\\1&0\end{pmatrix}$，$E_{22}=\begin{pmatrix}0&0\\0&1\end{pmatrix}$下的矩阵.

3. 设线性空间 R^3 的基 $\alpha_1=\begin{pmatrix}-1\\0\\2\end{pmatrix}$，$\alpha_2=\begin{pmatrix}0\\1\\1\end{pmatrix}$，$\alpha_3=\begin{pmatrix}3\\-1\\0\end{pmatrix}$在线性变换 T 下的像分别为

$$T(\alpha_1)=\beta_1=\begin{pmatrix}-5\\0\\3\end{pmatrix},\ T(\alpha_2)=\beta_2=\begin{pmatrix}0\\-1\\6\end{pmatrix},\ T(\alpha_3)=\beta_3=\begin{pmatrix}-5\\-1\\9\end{pmatrix}.$$

(1) 求 T 在基 α_1，α_2，α_3 下的矩阵；

(2) 求 $T(\beta_1)$，$T(\beta_2)$，$T(\beta_3)$.

第七章　特征值与特征向量

特征值、特征向量是高等代数中的两个基本概念，矩阵的相似对角化的理论是矩阵理论的重要组成部分，它们在处理各类线性系统变换的问题中，都有着极其广泛的应用. 本章首先介绍特征值与特征向量，然后讨论矩阵的相似对角化问题，最后介绍实对称矩阵的相似对角化.

7.1　特征值与特征向量

7.1.1　矩阵的特征值与特征向量

定义 7.1　设 $A=(a_{ij})_{n\times n}$ 是数域 P 上的 n 阶矩阵，若对于数域 P 中的数 λ，存在数域 P 上的非零 n 维列向量 X，使得

$$AX=\lambda X \tag{7.1}$$

则称 λ 为矩阵 A 的特征值，称 X 为矩阵 A 属于（或对应于）特征值 λ 的特征向量.

例 1　设

$$A=\begin{pmatrix}1&-2&2\\-2&-2&4\\2&4&-2\end{pmatrix},\quad X=\begin{pmatrix}2\\0\\1\end{pmatrix}$$

有

$$AX=\begin{pmatrix}1&-2&2\\-2&-2&4\\2&4&-2\end{pmatrix}\begin{pmatrix}2\\0\\1\end{pmatrix}=\begin{pmatrix}4\\0\\2\end{pmatrix}=2\begin{pmatrix}2\\0\\1\end{pmatrix}=2X$$

由定义 7.1 知 2 是 A 的一个特征值，X 是 A 属于特征值 2 的特征向量.

例 2　考虑一个城市的工业发展与污染问题. 设 x_0，y_0 分别表示目前该市的污染程度和工业发展水平，x_1，y_1 分别表示 3 年后的污染程度和工业发展水平，3 年后该市的污染程度和工业发展水平的预测公式为

$$\begin{cases} x_1 = 2x_0 + 2y_0 \\ y_1 = x_0 + 3y_0 \end{cases}$$

$3k$ 年后该市的污染程度和工业发展水平的预测公式为

$$\begin{cases} x_k = 2x_{k-1} + 2y_{k-1} \\ y_k = x_{k-1} + 3y_{k-1} \end{cases}$$

上述预测公式可用矩阵形式表为

$$\begin{pmatrix} x_1 \\ y_1 \end{pmatrix} = \begin{pmatrix} 2 & 2 \\ 1 & 3 \end{pmatrix} \begin{pmatrix} x_0 \\ y_0 \end{pmatrix}，\text{即 } X_1 = AX_0$$

$$\begin{pmatrix} x_k \\ y_k \end{pmatrix} = \begin{pmatrix} 2 & 2 \\ 1 & 3 \end{pmatrix} \begin{pmatrix} x_{k-1} \\ y_{k-1} \end{pmatrix}，\text{即 } X_k = AX_{k-1}$$

其中 $A = \begin{pmatrix} 2 & 2 \\ 1 & 3 \end{pmatrix}$，$X_i = \begin{pmatrix} x_i \\ y_i \end{pmatrix}$，$(i = 0, 1, \cdots, k)$.

如果我们取污染程度和工业发展水平的初始值为

$$X_0 = \begin{pmatrix} x_0 \\ y_0 \end{pmatrix} = \begin{pmatrix} 1 \\ 1 \end{pmatrix}$$

则 3 年后的污染程度和工业发展水平为

$$\begin{pmatrix} x_1 \\ y_1 \end{pmatrix} = \begin{pmatrix} 2 & 2 \\ 1 & 3 \end{pmatrix} \begin{pmatrix} 1 \\ 1 \end{pmatrix} = 4\begin{pmatrix} 1 \\ 1 \end{pmatrix}$$

由特征值与特征向量定义易知 4 是矩阵 $A = \begin{pmatrix} 2 & 2 \\ 1 & 3 \end{pmatrix}$的特征值，$\begin{pmatrix} 1 \\ 1 \end{pmatrix}$是 A 属于特征值 4 的特征向量. 6 年后该市的污染程度和工业发展水平为

$$\begin{pmatrix} x_2 \\ y_2 \end{pmatrix} = \begin{pmatrix} 2 & 2 \\ 1 & 3 \end{pmatrix} \begin{pmatrix} x_1 \\ y_1 \end{pmatrix} = \begin{pmatrix} 2 & 2 \\ 1 & 3 \end{pmatrix} \begin{pmatrix} 2 & 2 \\ 1 & 3 \end{pmatrix} \begin{pmatrix} 1 \\ 1 \end{pmatrix} = \begin{pmatrix} 2 & 2 \\ 1 & 3 \end{pmatrix}^2 \begin{pmatrix} 1 \\ 1 \end{pmatrix} = 4^2 \begin{pmatrix} 1 \\ 1 \end{pmatrix}$$

于是，$3k$ 年后的污染程度和工业发展水平为

$$\begin{pmatrix} x_k \\ y_k \end{pmatrix} = \begin{pmatrix} 2 & 2 \\ 1 & 3 \end{pmatrix}^k \begin{pmatrix} 1 \\ 1 \end{pmatrix} = 4^k \begin{pmatrix} 1 \\ 1 \end{pmatrix}$$

一个矩阵是否有特征值与特征向量，与所考虑的数域有关.

例如在复数域上，对于矩阵 $B=\begin{pmatrix}0 & 1\\ -1 & 0\end{pmatrix}$，有

$$B\begin{pmatrix}1\\ i\end{pmatrix}=\begin{pmatrix}0 & 1\\ -1 & 0\end{pmatrix}\begin{pmatrix}1\\ i\end{pmatrix}=\begin{pmatrix}i\\ -1\end{pmatrix}=i\begin{pmatrix}1\\ i\end{pmatrix}$$

这表明 i 是 B 的特征值，$X=\begin{pmatrix}1\\ i\end{pmatrix}$是 B 属于特征值 i 的特征向量. 若限定在实数域上考虑 B 的特征值问题，则因 $i\notin R$，故 i 不是 B 的特征值.

今后我们约定，如果没有特别说明，本书有关特征值与特征向量的讨论均在复数域上进行.

容易证明：

(1) 若 X 是矩阵 A 属于特征值 λ 的特征向量，则 $kX(k\neq 0)$ 也是 A 属于 λ 的特征向量；

(2) 若 X_1，X_2，…，X_s 是矩阵 A 属于特征值 λ 的特征向量，则它们的非零线性组合 $k_1X_1+k_2X_2+\cdots+k_sX_s$ 也是 A 属于 λ 的特征向量；

由此可知，如果矩阵 A 有属于特征值 λ 的特征向量，则 A 属于特征值 λ 的特征向量必有无穷多个.

下面我们要解决的问题是：在复数域上，一个 n 阶矩阵是否一定有特征值与特征向量？如果有，怎样求出其特征值与特征向量？

由于 (7.1) 式等价于：

$$(\lambda E-A)X=\mathbf{0} \tag{7.2}$$

(7.2) 式是一个以 $\lambda E-A$ 为系数矩阵的 n 元齐次线性方程组. 由定义可知 A 属于特征值 λ 的特征向量 X 就是方程组 (7.2) 的非零解向量；反之，若数 λ 使方程组 (7.2) 有非零解，则 λ 就是矩阵 A 的特征值，所对应的方程组 (7.2) 的非零解向量就是矩阵 A 属于特征值 λ 的特征向量. 于是，矩阵 A 有特征值与特征向量的充要条件是方程组 (7.2) 有非零解，而齐次线性方程组 (7.2) 有非零解的充要条件是它的系数行列式为零，即

$$|\lambda E-A|=0 \tag{7.3}$$

在行列式

$$f(\lambda)=|\lambda E-A|=\begin{vmatrix}\lambda-a_{11} & -a_{12} & \cdots & -a_{1n}\\ -a_{21} & \lambda-a_{22} & \cdots & -a_{2n}\\ \cdots & \cdots & \cdots & \cdots\\ -a_{n1} & -a_{n2} & \cdots & \lambda-a_{nn}\end{vmatrix}$$

的展开式中，有一项是主对角元的连乘积：

$$(\lambda - a_{11})(\lambda - a_{22})\cdots(\lambda - a_{nn}) \tag{7.4}$$

而展开式的其余各项的因子最多只有 $n-2$ 个主对角元，故对 λ 的次数最多是 $n-2$，因此 $f(\lambda)$ 的展开式中 λ 的 n 次幂与 $n-1$ 次幂只可能在连乘积（7.4）中出现，它们是

$$\lambda^n,\quad -(a_{11}+a_{22}+\cdots+a_{nn})\lambda^{n-1}$$

在 $f(\lambda)$ 中令 $\lambda=0$，得 $f(\lambda)$ 的常数项

$$|-A| = (-1)^n|A|$$

因此

$$f(\lambda) = |\lambda E - A| = \lambda^n - (a_{11}+a_{22}+\cdots+a_{nn})\lambda^{n-1} + \cdots + (-1)^n|A| \tag{7.5}$$

上式说明 $|\lambda E - A|$ 是关于 λ 的 n 次多项式，因此 $|\lambda E - A|=0$ 是一个关于 λ 的 n 次代数方程，所以，数 λ 是矩阵 A 的特征值的充要条件是：λ 是方程（7.3）的根．这样，求矩阵 A 的特征值问题就转化为求 n 次代数方程（7.3）的根的问题.

定义 7.2 设 $A=(a_{ij})$ 为 n 阶矩阵，称矩阵 $\lambda E - A$ 为 A 的特征矩阵，$|\lambda E - A|$ 为 A 的特征多项式，$|\lambda E - A|=0$ 为 A 的特征方程，特征方程的根称为 A 的特征根.

根据代数学基本定理，在复数域内，n 次代数方程恰有 n 个根．所以，在复数域内，A 的特征方程 $|\lambda E - A|=0$ 必有 n 个根（k 重根算 k 个根），它们就是 n 阶矩阵 A 在复数域上的全部特征值．可见在复数域上，n 阶矩阵 A 必有 n 个特征值．A 属于特征值 λ_0 的全体特征向量就是齐次线性方程组

$$(\lambda_0 E - A)X = \mathbf{0}$$

的全体非零解向量.

计算矩阵 A 的特征值与特征向量的步骤为：

（1）计算 n 阶矩阵 A 的特征多项式 $|\lambda E - A|$；

（2）求出特征方程 $|\lambda E - A|=0$ 的全部根，它们就是矩阵 A 的全部特征值；

（3）设 λ_1，λ_2，…，λ_s 是 A 的全部互异特征值．对于每一个 λ_i，解齐次线性方程组 $(\lambda_i E - A)X=\mathbf{0}$，求出它的一个基础解系，该基础解系的向量就是 A 属于特征值 λ_i 的线性无关的特征向量，方程组的全体非零解向量就是 A 属于特征值 λ_i 的全体特征向量.

例 3 设

$$A=\begin{pmatrix}0&1&1\\1&0&1\\1&1&0\end{pmatrix}$$

求 A 的特征值与特征向量.

解 A 的特征多项式为

$$|\lambda E-A|=\begin{vmatrix}\lambda & -1 & -1\\ -1 & \lambda & -1\\ -1 & -1 & \lambda\end{vmatrix}=(\lambda-2)(\lambda+1)^2$$

A 的特征值为 $\lambda_1=2$，$\lambda_2=\lambda_3=-1$

对 $\lambda_1=2$，解齐次线性方程组 $(2E-A)X=\mathbf{0}$，由

$$2E-A=\begin{pmatrix}2 & -1 & -1\\ -1 & 2 & -1\\ -1 & -1 & 2\end{pmatrix}\xrightarrow{\text{初等行变换}}\begin{pmatrix}1 & 0 & -1\\ 0 & 1 & -1\\ 0 & 0 & 0\end{pmatrix}$$

得基础解系

$$X_1=\begin{pmatrix}1\\1\\1\end{pmatrix}$$

X_1 是 A 属于 $\lambda_1=2$ 的线性无关的特征向量，A 属于 $\lambda_1=2$ 的全部特征向量为

$$k_1X_1=k_1\begin{pmatrix}1\\1\\1\end{pmatrix},\qquad (k_1\neq 0)$$

对 $\lambda_2=\lambda_3=-1$，解齐次线性方程组 $(-E-A)X=\mathbf{0}$，由

$$-E-A=\begin{pmatrix}-1 & -1 & -1\\ -1 & -1 & -1\\ -1 & -1 & -1\end{pmatrix}\xrightarrow{\text{初等行变换}}\begin{pmatrix}1 & 1 & 1\\ 0 & 0 & 0\\ 0 & 0 & 0\end{pmatrix}$$

得基础解系

$$X_2=\begin{pmatrix}-1\\1\\0\end{pmatrix},\ X_3=\begin{pmatrix}-1\\0\\1\end{pmatrix}$$

X_2，X_3 是 A 属于 $\lambda_2=\lambda_3=-1$ 的线性无关特征向量，A 属于 $\lambda_2=\lambda_3=-1$ 的全部特征向量为

$$k_2X_2+k_3X_3=k_2\begin{pmatrix}-1\\1\\0\end{pmatrix}+k_3\begin{pmatrix}-1\\0\\1\end{pmatrix},\ (k_2,\ k_3\text{ 不全为 }0).$$

例 4 设

$$A=\begin{pmatrix}-3&1&-1\\-7&5&-1\\-6&6&-2\end{pmatrix}$$

求 A 的特征值与特征向量.

解 A 的特征多项式为

$$|\lambda E-A|=\begin{vmatrix}\lambda+3&-1&1\\7&\lambda-5&1\\6&-6&\lambda+2\end{vmatrix}=(\lambda-4)(\lambda+2)^2$$

A 的特征值为 $\lambda_1=4$，$\lambda_2=\lambda_3=-2$.

对 $\lambda_1=4$，解齐次线性方程组 $(4E-A)X=\mathbf{0}$. 由

$$4E-A=\begin{pmatrix}7&-1&1\\7&-1&1\\6&-6&6\end{pmatrix}\xrightarrow{\text{初等行变换}}\begin{pmatrix}1&0&0\\0&1&-1\\0&0&0\end{pmatrix}$$

得基础解系

$$X_1=\begin{pmatrix}0\\1\\1\end{pmatrix}$$

X_1 是 A 属于 $\lambda_1=4$ 的线性无关特征向量，A 属于 $\lambda_1=4$ 的全部特征向量为

$$k_1X_1,\ (k_1\neq 0)$$

对 $\lambda_2=\lambda_3=-2$，解齐次线性方程组 $(-2E-A)X=\mathbf{0}$. 由

$$-2E-A=\begin{pmatrix}1&-1&1\\7&-7&1\\6&-6&0\end{pmatrix}\xrightarrow{\text{初等行变换}}\begin{pmatrix}1&-1&0\\0&0&1\\0&0&0\end{pmatrix}$$

得基础解系

$$X_2=\begin{pmatrix}1\\1\\0\end{pmatrix}$$

X_2 是 A 属于 $\lambda_2=\lambda_3=-2$ 的线性无关特征向量，A 的属于 $\lambda_2=\lambda_3=-2$ 的全部特征向量为

$$k_2X_2,\quad (k_2\neq 0)$$

矩阵 A 属于特征值 λ 的全部特征向量再添上零向量所得到的集合构成 R^n 的子空间，称之为 A 属于 λ 的特征子空间，记作 V_λ，方程组 $(\lambda E-A)X=\mathbf{0}$ 的一个

基础解系，就是特征子空间 V_λ 的一组基. V_λ 的维数就是该基础解系含解向量的个数，即 $n-R(\lambda E-A)$.

下面我们再导出特征根的两个很有用的性质.

设 A 的特征根为 λ_1，λ_2，…，λ_n，则有

$$\begin{aligned}f(\lambda)&=(\lambda-\lambda_1)(\lambda-\lambda_2)\cdots(\lambda-\lambda_n)\\&=\lambda^n-(\lambda_1+\lambda_2+\cdots+\lambda_n)\lambda^{n-1}+\cdots+(-1)^n\lambda_1\lambda_2\cdots\lambda_n\end{aligned}\tag{7.6}$$

比较（7.6）与（7.5）式的同次项系数，得特征根的性质：

（1）$\lambda_1+\lambda_2+\cdots+\lambda_n=a_{11}+a_{22}+\cdots+a_{nn}$

（2）$\lambda_1\lambda_2\cdots\lambda_n=|A|$

定义 7.3 矩阵 A 的主对角线上 n 个元素的和 $a_{11}+a_{22}+\cdots+a_{nn}$ 称为 A 的迹，记作 $\mathrm{tr}(A)$.

上述特征根的性质即为 n 阶矩阵 A 的 n 个特征值的和等于 A 的迹；A 的 n 个特征值的乘积等于 A 的行列式.

例 5 设 A 是 n 阶矩阵，证明 A 可逆的充要条件是 A 没有零特征值.

证 设 λ_1，λ_2，…，λ_n 为 A 的 n 个特征值，由 $|A|=\lambda_1\lambda_2\cdots\lambda_n$ 知，$|A|\neq 0$ 的充要条件是 A 没有零特征值，即 A 可逆的充要条件是 A 没有零特征值.

上面给出的矩阵的特征值与特征向量的计算步骤适用于具体的数值矩阵，而对于抽象矩阵的特征值与特征向量的计算，则往往需要用定义讨论.

例 6 若 A 是可逆矩阵，λ 是 A 的一个特征值，证明

（1）$\dfrac{1}{\lambda}$是 A^{-1} 的一个特征值；

（2）$\dfrac{|A|}{\lambda}$是 A^* 的一个特征值.

证 （1）设 X 是 A 属于特征值 λ 的特征向量，即

$$AX=\lambda X\tag{7.7}$$

用 A^{-1} 左乘上式两端，得

$$A^{-1}AX=\lambda A^{-1}X$$

即

$$X=\lambda A^{-1}X$$

因 A 可逆，所以 $\lambda\neq 0$，从而

$$A^{-1}X=\frac{1}{\lambda}X$$

故$\dfrac{1}{\lambda}$是 A^{-1}的一个特征值，且 X 是 A^{-1}属于特征值$\dfrac{1}{\lambda}$的特征向量.

(2) 用A^*左乘 (7.7) 式两端，得

$$A^*AX=\lambda A^*X$$

即

$$|A|X=\lambda A^*X$$

于是

$$A^*X=\frac{|A|}{\lambda}X$$

$\frac{|A|}{\lambda}$是A^*的一个特征值，X是A^*属于特征值$\frac{|A|}{\lambda}$的特征向量.

例7 设λ是n阶矩阵A的一个特征值，$f(x)=a_mx^m+a_{m-1}x^{m-1}+\cdots+a_1x+a_0$为一个多项式，求$f(A)$的特征值.

解 设X为A属于特征值λ的特征向量. 即

$$AX=\lambda X$$

因为

$$\begin{aligned}f(A)X&=(a_mA^m+a_{m-1}A^{m-1}+\cdots+a_1A+a_0E)X\\&=a_mA^mX+a_{m-1}A^{m-1}X+\cdots+a_1AX+a_0X\\&=a_m\lambda^mX+a_{m-1}\lambda^{m-1}X+\cdots+a_1\lambda X+a_0X\\&=(a_m\lambda^m+a_{m-1}\lambda^{m-1}+\cdots+a_1\lambda+a_0)X\\&=f(\lambda)X\end{aligned}$$

所以$f(\lambda)$为$f(A)$的特征值，X为$f(A)$属于特征值$f(\lambda)$的特征向量.

例8 设A为n阶方阵且$A\neq E$，其秩满足

$$R(A+E)+R(A-E)=n$$

求A的一个特征值.

解 由$A\neq E$即$A-E\neq O$得

$$R(A-E)>0$$

从而

$$R(A+E)=n-R(A-E)<n$$

于是

$$|E+A|=0$$

即

$$|E+A|=|-(-E-A)|=(-1)^n|-E-A|=0$$

所以

$$|-E-A|=0$$

故 A 有一个特征值 -1.

例 9 已知 $X=\begin{pmatrix}1\\1\\-1\end{pmatrix}$ 是矩阵 $A=\begin{pmatrix}2&-1&2\\5&a&3\\-1&b&-2\end{pmatrix}$ 的一个特征向量. 求 a, b 及 X 所对应的特征值.

解 （1）由

$$AX=\lambda X$$

得

$$\begin{pmatrix}2&-1&2\\5&a&3\\-1&b&-2\end{pmatrix}\begin{pmatrix}1\\1\\-1\end{pmatrix}=\lambda\begin{pmatrix}1\\1\\-1\end{pmatrix}$$

即

$$\begin{cases}2-1-2=\lambda\\5+a-3=\lambda\\-1+b+2=-\lambda\end{cases}$$

解得 $\lambda=-1$, $a=-3$, $b=0$.

7.1.2 线性变换的特征值与特征向量

定义 7.4 设 T 是数域 P 上的线性空间 V 的一个线性变换，如果对于数域 P 中的数 λ，存在 V 中的非零向量 ξ，使得

$$T\xi=\lambda\xi$$

则称数 λ 为线性变换 T 的特征值，称 ξ 为 T 属于特征值 λ 的特征向量.

前面我们已经会求矩阵的特征值和特征向量，怎样求线性变换的特征值和特征向量呢？为解决这一问题，我们先来讨论线性变换的特征值和特征向量与矩阵的特征值和特征向量的关系。

设 α_1, α_2, $\cdots$, α_n 为数域 P 上的 n 维线性空间 V 的一组基，A 是线性变换 T 在这组基下的矩阵，λ 是线性变换 T 的特征值，ξ 是 T 属于特征值 λ 的特征向量，$X=(x_1, x_2, \cdots, x_n)^T$ 是 ξ 在基 α_1, α_2, $\cdots$, α_n 下的坐标，因 $\xi\neq\theta$，于是 $X\neq\theta$. ξ 的像 $T\xi$ 的坐标为 AX，$\lambda\xi$ 的坐标是 λX. 因 $T\xi=\lambda\xi$，所以 $T\xi$ 与 $\lambda\xi$ 的坐标也相等，即

$$AX=\lambda X$$

这就是说 λ 也是矩阵 A 的特征值，X 是矩阵 A 属于特征值 λ 的特征向量。于

是我们得到结论：**线性变换 T 的特征值就是线性变换 T 的矩阵 A 的特征值，线性变换 T 属于特征值 λ 的特征向量的坐标就是矩阵 A 属于特征值 λ 的特征向量。** 由此可知求线性变换 T 的特征值就是求线性变换 T 的矩阵 A 的特征值，求 T 属于特征值 λ 的特征向量 ξ 可先求得矩阵 A 属于特征值 λ 的特征向量 $X=(x_1, x_2, \cdots, x_n)^T$，$X$ 就是 ξ 在基 $\alpha_1, \alpha_2, \cdots, \alpha_n$ 下的坐标，于是 T 属于特征值 λ 的特征向量 ξ 为

$$\xi = x_1\alpha_1 + x_2\alpha_2 + \cdots + x_n\alpha_n$$

例如，本节例3中，如果矩阵 A 是3维线性空间 V 的线性变换 T 在 V 的某一组基 $\alpha_1, \alpha_2, \alpha_3$ 下的矩阵，因 A 的特征值为 $\lambda_1=2$，$\lambda_2=\lambda_3=-1$，所以 T 的特征值为 $\lambda_1=2$，$\lambda_2=\lambda_3=-1$. $X_1=(1, 1, 1)^T$ 是 A 属于 $\lambda_1=2$ 的线性无关的特征向量，于是 T 属于 $\lambda_1=2$ 的线性无关的特征向量是 $\xi_1=\alpha_1+\alpha_2+\alpha_3$，$T$ 属于 $\lambda_1=2$ 的全部特征向量为 $k_1\xi_1$ $(k_1\neq 0)$. $X_2=(-1, 1, 0)^T$，$X_3=(-1, 0, 1)^T$ 是 A 属于 $\lambda_2=\lambda_3=-1$ 的线性无关特征向量，所以 T 属于 $\lambda_2=\lambda_3=-1$ 的线性无关特征向量为 $\xi_2=-\alpha_1+\alpha_2$，$\xi_3=-\alpha_1+\alpha_3$，T 属于 $\lambda_2=\lambda_3=-1$ 的全部特征向量为 $k_2\xi_2+k_3\xi_3$ （k_2，k_3 不全为0）.

如果我们知道了矩阵的特征值和特征向量，线性变换的特征值和特征向量就不难得到。所以我们今后还是主要研究矩阵的特征值和特征向量。

7.1.3 特征值与特征向量的性质

下面我们再进一步研究特征值与特征向量的性质.

定理7.1 n 阶矩阵 A 与它的转置矩阵 A^T 有相同的特征值.

证 因

$$|\lambda E - A| = |(\lambda E - A)^T| = |\lambda E - A^T|$$

即 A 与 A^T 有相同的特征多项式，从而它们有相同的特征值.

注： 虽然矩阵 A 与它的转置矩阵 A^T 有相同的特征值，但是 A 与 A^T 的属于同一特征值的特征向量却不一定相同.

例如

$$A=\begin{pmatrix}1 & 0\\ 1 & 0\end{pmatrix},\ A^T=\begin{pmatrix}1 & 1\\ 0 & 0\end{pmatrix}$$

A 与 A^T 都有特征值1.

A 属于1的线性无关的特征向量是 $\begin{pmatrix}1\\1\end{pmatrix}$，$A$ 属于1的全部特征向量是 $k\begin{pmatrix}1\\1\end{pmatrix}$，$(k\neq 0)$；

A^T 属于 1 的线性无关的特征向量是$\begin{pmatrix}1\\0\end{pmatrix}$，$A^T$ 属于 1 的全部特征向量是 $k\begin{pmatrix}1\\0\end{pmatrix}$，$(k\neq 0)$.

可见 A 与 A^T 的属于同一特征值 1 的特征向量是不相同的.

定理 7.2　若 λ_1，λ_2，…，λ_m 是矩阵 A 的互异特征值，X_1，X_2，…，X_m 是 A 分别属于 λ_1，λ_2，…，λ_m 的特征向量，则 X_1，X_2，…，X_m 线性无关.

证明　对 m 使用数学归纳法.

1°　$m=1$ 时，由于单个非零向量线性无关，所以结论成立.

2°　假设结论对 $m-1$ 个互异特征值 λ_1，λ_2，…，λ_{m-1} 的情形成立，即它们所对应的特征向量 X_1，X_2，…，X_{m-1} 线性无关.

3°　证明 m 个互异特征值 λ_1，λ_2，…，λ_m 对应的特征向量 X_1，X_2，…，X_m 也线性无关.

设

$$k_1X_1+k_2X_2+\cdots+k_{m-1}X_{m-1}+k_mX_m=\theta \tag{7.8}$$

用 A 左乘上式两端得

$$k_1AX_1+k_2AX_2+\cdots+k_{m-1}AX_{m-1}+k_mAX_m=\theta \tag{7.9}$$

因

$$AX_i=\lambda_iX_i(i=1,2,\cdots,m)$$

故

$$k_1\lambda_1X_1+k_2\lambda_2X_2+\cdots+k_{m-1}\lambda_{m-1}X_{m-1}+k_m\lambda_mX_m=\theta \tag{7.10}$$

用 λ_m 乘（7.8）式两边得

$$k_1\lambda_mX_1+k_2\lambda_mX_2+\cdots+k_{m-1}\lambda_mX_{m-1}+k_m\lambda_mX_m=\theta \tag{7.11}$$

（7.11）式减去（7.10）式得

$$k_1(\lambda_m-\lambda_1)X_1+k_2(\lambda_m-\lambda_2)X_2+\cdots+k_{m-1}(\lambda_m-\lambda_{m-1})X_{m-1}=\theta$$

由归纳法假设，X_1，X_2，…，X_{m-1}线性无关，所以

$$k_i(\lambda_m-\lambda_i)=0 \qquad (i=1,2,\cdots,m-1)$$

因

$$\lambda_m-\lambda_i\neq 0$$

故只有

$$k_i=0 \qquad (i=1,2,\cdots,m-1)$$

代入（7.8）式得

$$k_mX_m=\theta$$

而

$$X_m \neq \theta$$

所以只有

$$k_m = 0$$

故 $X_1, X_2, \cdots, X_m$ 线性无关.

定理 7.3 若 $\lambda_1, \lambda_2, \cdots, \lambda_m$ 是矩阵 A 的互异特征值，而 $X_{i1}, X_{i2}, \cdots, X_{ir_i}(i=1,2,\cdots,m)$ 是 A 的属于特征值 λ_i 的线性无关特征向量，则向量组 $X_{11}, X_{12}, \cdots, X_{1r_1}, X_{21}, X_{22}, \cdots, X_{2r_2}, \cdots, X_{m1}, X_{m2}, \cdots, X_{mr_m}$ 线性无关.

此定理的证明与定理 7.2 的证明相仿，也是对 m 使用数学归纳法，读者可作为练习自行证明.

根据定理 7.3，对于一个 n 阶矩阵 A，首先求出它的属于每个不同特征值的线性无关特征向量，然后把它们合在一起仍然是线性无关的，它们就是 A 的线性无关的特征向量.

在例 3 中的矩阵 A 有 3 个线性无关的特征向量，在例 4 中的矩阵 A 只有 2 个线性无关的特征向量. 这是因为例 3 中的矩阵 A 的二重特征值对应有 2 个线性无关的特征向量，而例 4 中的矩阵 A 的二重特征值却只对应有 1 个线性无关的特征向量. 那么一个 n 阶矩阵 A 的线性无关的特征向量的个数与 A 的特征值的重数有什么样的关系呢？对此，我们有如下定理.

定理 7.4 若 λ_0 是 n 阶矩阵 A 的 k 重特征值，则 A 属于 λ_0 的线性无关特征向量最多有 k 个.

证略.

例 10 设 X_1 与 X_2 是 A 分别属于特征值 λ_1 与 λ_2 的特征向量，且 $\lambda_1 \neq \lambda_2$. 证明 $aX_1 + bX_2(a,b$ 均不为零$)$不是 A 的特征向量.

证 用反证法：

假设 $aX_1 + bX_2(a,b$ 均不为零$)$为 A 的特征向量，其对应的特征值为 λ，即

$$A(aX_1 + bX_2) = \lambda(aX_1 + bX_2) = \lambda aX_1 + \lambda bX_2$$

因 aX_1，bX_2 是 A 分别属于特征值 λ_1 与 λ_2 的特征向量，故

$$A(aX_1) = \lambda_1 aX_1 \tag{7.12}$$

$$A(bX_2) = \lambda_2 bX_2 \tag{7.13}$$

(7.12) + (7.13) 得

$$A(aX_1 + bX_2) = \lambda_1 aX_1 + \lambda_2 bX_2$$

由假设有

$$\lambda_1 aX_1 + \lambda_2 bX_2 = \lambda aX_1 + \lambda bX_2$$

即

$$(\lambda_1-\lambda)aX_1+(\lambda_2-\lambda)bX_2=\theta$$

因 X_1，X_2 是 A 属于不同特征值的特征向量，故 X_1，X_2 线性无关．所以

$$\begin{cases}(\lambda_1-\lambda)a=0\\(\lambda_2-\lambda)b=0\end{cases}\xrightarrow{a\neq0,\ b\neq0}\begin{cases}\lambda=\lambda_1\\\lambda=\lambda_2\end{cases}$$

即

$$\lambda_1=\lambda_2$$

这与题设矛盾，故假设不成立，于是 aX_1+bX_2 不是 A 的特征向量．

习题 7.1

1. (1) 若 $A^2=E$，证明 A 的特征值为 1 或 -1；

   (2) 若 $A^2=A$，证明 A 的特征值为 0 或 1．

2. 若正交矩阵有实特征值，证明它的实特征值为 1 或 -1．

3. 求数量矩阵 $A=aE$ 的特征值与特征向量．

4. 求下列矩阵的特征值与特征向量．

(1) $\begin{pmatrix}1&-1&3\\0&1&2\\0&0&2\end{pmatrix}$　　(2) $\begin{pmatrix}3&2&4\\2&0&2\\4&2&3\end{pmatrix}$

(3) $\begin{pmatrix}1&2&2\\2&1&-2\\-2&-2&1\end{pmatrix}$　　(4) $\begin{pmatrix}2&-1&2\\5&-3&3\\-1&0&-2\end{pmatrix}$

(5) $A=\alpha\beta^T=\begin{pmatrix}a_1\\a_2\\\vdots\\a_n\end{pmatrix}(b_1,b_2,\cdots b_n)$，其中 $\alpha=\begin{pmatrix}a_1\\a_2\\\vdots\\a_n\end{pmatrix}$，$\beta=\begin{pmatrix}b_1\\b_2\\\vdots\\b_n\end{pmatrix}$，$(a_1\neq0,b_1\neq0)$ 且 $\alpha^T\beta=0$．

5. 设

$$A=\begin{pmatrix}-1&2&2\\2&-1&-2\\2&-2&-1\end{pmatrix}$$

(1) 求 A 的特征值与特征向量；

(2) 求 $E+A^{-1}$ 特征值与特征向量．

6. 已知 12 是矩阵 $A=\begin{pmatrix} 7 & 4 & -1 \\ 4 & 7 & -1 \\ -4 & a & 4 \end{pmatrix}$ 的一个特征值，求 a 的值.

7. 已知 $X=\begin{pmatrix} 1 \\ k \\ 1 \end{pmatrix}$ 是矩阵 $A=\begin{pmatrix} 2 & 1 & 1 \\ 1 & 2 & 1 \\ 1 & 1 & 2 \end{pmatrix}$ 的一个特征向量. 求 k 及 X 所对应的特征值.

7.2　相似矩阵与矩阵的相似对角化

7.2.1　相似矩阵及其性质

定义 7.5　设 A，B 为 n 阶矩阵，若存在可逆矩阵 P，使得

$$B=P^{-1}AP$$

则称 A 与 B 相似. 记作 $A\backsim B$. 并称 P 为相似变换矩阵.

矩阵的相似关系满足：

1°　反身性. $A\backsim A$.

2°　对称性. 若 $A\backsim B$，则 $B\backsim A$.

3°　传递性. 若 $A\backsim B$，$B\backsim C$ 则 $A\backsim C$.

证　1°　因为 $A=E^{-1}AE$，所以 $A\backsim A$.

2°　因为 $A\backsim B$，所以存在可逆矩阵 P，使得

$$B=P^{-1}AP$$

所以

$$A=PBP^{-1}=(P^{-1})^{-1}BP^{-1}$$

因 P^{-1} 可逆，于是 $B\backsim A$.

3°　因为 $A\backsim B$，$B\backsim C$，所以存在可逆矩阵 P_1，P_2，使得

$$B=P_1^{-1}AP_1,\qquad C=P_2^{-1}BP_2$$

所以

$$C=P_2^{-1}BP_2=P_2^{-1}P_1^{-1}AP_1P_2=(P_1P_2)^{-1}AP_1P_2$$

因 P_1P_2 可逆，于是 $A\backsim C$.

相似矩阵还具有以下性质：

设 A、B 为 n 阶矩阵，若 $A\backsim B$，则

(1) $|A|=|B|$；

(2) $R(A)=R(B)$；

(3) A, B 或者都可逆或者都不可逆. 当 A, B 都可逆时, $A^{-1}\backsim B^{-1}$;

(4) 设 $f(x)=a_m x^m+a_{m-1}x^{m-1}+\cdots+a_1 x+a_0$ 为一个多项式, 则 $f(A)\backsim f(B)$;

(5) A 与 B 具有相同的特征值.

证 因为 $A\backsim B$, 所以存在可逆矩阵 P, 使得

$$B=P^{-1}AP \tag{7.14}$$

(1)

$$|B|=|P^{-1}AP|=|P^{-1}||A||P|=|A|$$

(2) 由 (7.14) 式和矩阵乘积的行列式与乘积中各因子行列式的关系有

$$R(B)\leqslant R(A)$$

又

$$A=PBP^{-1}$$

所以

$$R(A)\leqslant R(B)$$

于是

$$R(A)=R(B)$$

(3) 由性质 (1) 有 $|A|=|B|$, 所以 $|A|$ 与 $|B|$ 同时为零或同时不为零, 因此 A 与 B 同时可逆或同时不可逆.

若 A 与 B 均可逆, 则由 (7.14) 式可得

$$B^{-1}=(P^{-1}AP)^{-1}=P^{-1}A^{-1}(P^{-1})^{-1}=P^{-1}A^{-1}P$$

即

$$A^{-1}\backsim B^{-1}$$

(4) 由 (7.14) 式可得

$$B^k=(P^{-1}AP)^k=P^{-1}APP^{-1}AP\cdots P^{-1}AP=P^{-1}A^kP$$

所以

$$\begin{aligned}f(B)&=a_mB^m+a_{m-1}B^{m-1}+\cdots+a_1B+a_0E\\&=a_mP^{-1}A^mP+a_{m-1}P^{-1}A^{m-1}P+\cdots+a_1P^{-1}AP+a_0P^{-1}P\\&=P^{-1}(a_mA^m+a_{m-1}A^{m-1}+\cdots+a_1A+a_0E)P\end{aligned}$$

于是

$$f(A)\backsim f(B)$$

(5) 因

$$\begin{aligned}&|\lambda E-B|=|\lambda E-P^{-1}AP|=|P^{-1}(\lambda E)P-P^{-1}AP|\\&=|P^{-1}(\lambda E-A)P|=|P^{-1}|\cdot|\lambda E-A|\cdot|P|=|\lambda E-A|\end{aligned}$$

即 A 与 B 有相同的特征多项式，从而 A 与 B 具有相同的特征值.

例 1 设 A，B 分别为线性变换 T 在 n 维线性空间 V 的两组基 α_1，α_2，…，α_n 与 β_1，β_2，…，β_n 下的矩阵，证明 A 与 B 相似.

证 设 C 为由基 α_1，α_2，…，α_n 到基 β_1，β_2，…，β_n 的过渡矩阵，则 C 可逆，且

$$(\beta_1, \beta_2, \cdots, \beta_n) = (\alpha_1, \alpha_2, \cdots, \alpha_n) C$$
$$(\alpha_1, \alpha_2, \cdots, \alpha_n) = (\beta_1, \beta_2, \cdots, \beta_n) C^{-1}$$

根据题设有

$$T(\alpha_1, \alpha_2, \cdots, \alpha_n) = (\alpha_1, \alpha_2, \cdots, \alpha_n) A$$
$$T(\beta_1, \beta_2, \cdots, \beta_n) = (\beta_1, \beta_2, \cdots, \beta_n) B$$

由于

$$\begin{aligned} T(\beta_1, \beta_2, \cdots, \beta_n) &= T[(\alpha_1, \alpha_2, \cdots, \alpha_n) C] \\ &= [T(\alpha_1, \alpha_2, \cdots, \alpha_n)] C = (\alpha_1, \alpha_2, \cdots, \alpha_n) AC \\ &= (\beta_1, \beta_2, \cdots, \beta_n) C^{-1}AC \end{aligned}$$

于是 $C^{-1}AC$ 也是线性变换 T 在基 β_1，β_2，…，β_n 下的矩阵，由线性变换在一组基下的矩阵的唯一性知

$$C^{-1}AC = B$$

所以 A 与 B 相似。

由该例我们得到结论：**线性变换在不同基下的矩阵是相似的，其相似变换矩阵正是两组基间的过渡矩阵。**

尽管一个 n 维线性空间的线性变换在不同基下对应不同的 n 阶矩阵，但这些矩阵是相似的，它们具有相同的特征值，于是一个 n 维线性空间 V 的线性变换在复数域上恰有 n 个特征值。

7.2.2 n 阶矩阵 A 相似对角化的条件

对 n 阶矩阵 A，任给一个 n 阶非奇异矩阵 P，则 $P^{-1}AP$ 就与 A 相似，所以与 A 相似的矩阵有无穷多个. 由于相似矩阵具有很多共同性质，所以我们只要从与 A 相似的矩阵中找到一个特别简单的矩阵，通过对这个简单矩阵的性质的研究就可知道 A 的不少性质. 对角矩阵是一种很简单的矩阵. 那么，什么样的 n 阶矩阵才能与对角矩阵相似呢？如果一个矩阵与对角阵相似，则称这个矩阵能相似对角化. 问题即是什么样的矩阵才能相似对角化？下面就来研究 n 阶矩阵 A 相似对角化的条件.

定理 7.5 n 阶矩阵 A 与对角矩阵 Λ 相似的充分必要条件是 A 有 n 个线性无关的特征向量.

证 必要性：设 $A \backsim \Lambda = \mathrm{diag}(\lambda_1,\lambda_2,\cdots,\lambda_n)$，则存在可逆矩阵 P，使得

$$P^{-1}AP = \Lambda \tag{7.15}$$

将 P 按列分块：

$$P = (X_1, X_2, \cdots, X_n)$$

因 P 可逆，所以 X_1，X_2，…，X_n 线性无关. 用 P 左乘（7.15）式两端得

$$AP = P\Lambda$$

即

$$A(X_1,X_2,\cdots,X_n) = (X_1,X_2,\cdots,X_n)\begin{pmatrix}\lambda_1 & & & \\ & \lambda_2 & & \\ & & \ddots & \\ & & & \lambda_n\end{pmatrix}$$

于是

$$(AX_1,AX_2,\cdots,AX_n) = (\lambda_1X_1,\lambda_2X_2,\cdots,\lambda_nX_n)$$

由上式两边的分块矩阵相等，得

$$AX_i = \lambda_iX_i \qquad (i=1,2,\cdots,n)$$

所以 X_1，X_2，…，X_n 是 A 分别属于特征值 λ_1，λ_2，…，λ_n 的线性无关特征向量.

充分性：设 X_1，X_2，…，X_n 是 A 的 n 个线性无关特征向量，X_i 对应的特征值为 $\lambda_i(i=1,2,\cdots,n)$. 记

$$P = (X_1,X_2,\cdots,X_n)$$

则 P 为非奇异矩阵. 因

$$AX_i = \lambda_iX_i \ (i=1, 2, \cdots, n)$$

故

$$\begin{aligned}AP &= A(X_1,X_2,\cdots,X_n) = (AX_1,AX_2,\cdots,AX_n) = (\lambda_1X_1,\lambda_2X_2,\cdots,\lambda_nX_n)\\ &= (X_1,X_2,\cdots,X_n)\begin{pmatrix}\lambda_1 & & & \\ & \lambda_2 & & \\ & & \ddots & \\ & & & \lambda_n\end{pmatrix} = P\Lambda\end{aligned}$$

即

$$AP = P\Lambda$$

用 P^{-1} 左乘上式两端得

$$P^{-1}AP = \Lambda$$

所以

$$A \backsim \Lambda$$

由于每个特征值必对应有特征向量，再综合定理 7.2 即可得知：A 的单特征值恰有一个线性无关的特征向量．于是当 n 阶矩阵 A 的 n 个特征值都是单根时，A 必有 n 个线性无关的特征向量．所以有定理 7.5 的如下推论：

推论　若 n 阶矩阵 A 的 n 个特征根都是单根，则 A 与对角矩阵相似．

定理 7.5 的证明过程表明，当 n 阶矩阵 A 与对角阵相似时，对角阵 Λ 的主对角元恰是 A 的 n 个特征值；满足 $P^{-1}AP=\Lambda$ 的可逆矩阵 P 的列向量则是 A 的 n 个线性无关特征向量．与矩阵 A 相似的对角阵一般不唯一（对角阵 Λ 中主对角元的顺序可以变动），相应地，可逆矩阵 P 也不唯一，矩阵 P 中列向量的顺序应与对角阵对角元的排列顺序相对应．

在 7.1 例 3 中的 3 阶矩阵 A 有 3 个线性无关的特征向量，故 A 相似于对角阵．即存在可逆矩阵 P，使得 $P^{-1}AP=\Lambda$．其中

$$\Lambda=\begin{pmatrix}2 & & \\ & -1 & \\ & & -1\end{pmatrix},\quad P=\begin{pmatrix}1 & -1 & -1\\ 1 & 1 & 0\\ 1 & 0 & 1\end{pmatrix}$$

7.1 例 4 中的 3 阶矩阵 A 只有 2 个线性无关的特征向量，故 A 不与任何对角阵相似．

n 阶矩阵 A 是否与对角阵相似的关键在于 A 的 k 重特征值对应的线性无关特征向量是否恰有 k 个．对此我们有下面的定理：

定理 7.6　n 阶矩阵 A 与对角阵相似的充要条件是 A 的每个 k 重特征值 λ 恰好对应有 k 个线性无关的特征向量．

证　必要性：因 n 阶矩阵 A 与对角阵相似，由定理 7.5 知，A 恰有 n 个线性无关的特征向量．又因 A 的 k 重特征值对应有且仅有不超过 k 个线性无关的特征向量，而复数域 F 上的 n 阶矩阵 A 的所有特征值的重数之和恰为 n，所以 A 的 k 重特征值恰对应有 k 个线性无关的特征向量．

充分性：因 n 阶矩阵 A 的每个 k 重特征值恰对应有 k 个线性无关的特征向量，所以 A 的所有特征值对应的线性无关的特征向量合起来刚好有 n 个．由定理 7.5，A 与对角阵相似．

例 2　设

$$A=\begin{pmatrix}2 & a & 2\\ 5 & b & 3\\ -1 & 1 & -1\end{pmatrix}$$

已知 A 有特征值 1 和 -1.

（1）求 a，b.

（2）问 A 能否相似对角化?

解 因 1 和 -1 是 A 的特征值，故

$$|E-A|=0,\quad |-E-A|=0$$

即

$$|A-E|=0,\quad |E+A|=0$$

由

$$\begin{cases} |A-E|=\begin{vmatrix} 1 & a & 2 \\ 5 & b-1 & 3 \\ -1 & 1 & -2 \end{vmatrix}=7(1+a)=0 \\ |A+E|=\begin{vmatrix} 3 & a & 2 \\ 5 & b+1 & 3 \\ -1 & 1 & 0 \end{vmatrix}=-(3a-2b-3)=0 \end{cases}$$

解得 $a=-1$，$b=-3$

设 A 还有一个特征值为 λ，于是由

$$1+(-1)+\lambda=2+(-3)+(-1)$$

得

$$\lambda=-2$$

由于 A 的 3 个特征值都是单根，所以 A 可对角化.

例 3 设

$$A=\begin{pmatrix} 1 & -1 & 1 \\ 2 & 4 & -2 \\ -3 & -3 & 5 \end{pmatrix}$$

（1）判断 A 能否与对角阵相似；

（2）若 A 能与对角阵相似，求与 A 相似的对角矩阵和相似变换矩阵 P；

（3）求 A^k.

解（1）

$$|\lambda E-A|=\begin{vmatrix} \lambda-1 & 1 & -1 \\ -2 & \lambda-4 & 2 \\ 3 & 3 & \lambda-5 \end{vmatrix}=(\lambda-2)^2(\lambda-6)$$

A 的特征值为 $\lambda_1=\lambda_2=2$，$\lambda_3=6$.

对 $\lambda_1=\lambda_2=2$，由

$$2E-A=\begin{pmatrix}1 & 1 & -1\\ -2 & -2 & 2\\ 3 & 3 & -3\end{pmatrix}\xrightarrow{\text{初等行变换}}\begin{pmatrix}1 & 1 & -1\\ 0 & 0 & 0\\ 0 & 0 & 0\end{pmatrix}$$

知

$$R(2E-A)=1$$

由此可知方程组 $(2E-A)X=\mathbf{0}$ 的基础解系含有 2 个解向量，即 A 属于二重特征值 2 的线性无关的特征向量有 2 个，所以 A 与对角阵相似.

（2）解得方程组 $(2E-A)X=\mathbf{0}$ 的基础解系为

$$X_1=\begin{pmatrix}-1\\ 1\\ 0\end{pmatrix},\ X_2=\begin{pmatrix}1\\ 0\\ 1\end{pmatrix}$$

对 $\lambda_3=6$，解方程组 $(6E-A)X=\mathbf{0}$

得基础解系

$$X_3=\begin{pmatrix}1\\ -2\\ 3\end{pmatrix}$$

可得与 A 相似的对角矩阵为

$$\Lambda=\begin{pmatrix}2 & & \\ & 2 & \\ & & 6\end{pmatrix}$$

相似变换矩阵为

$$P=\begin{pmatrix}-1 & 1 & 1\\ 1 & 0 & -2\\ 0 & 1 & 3\end{pmatrix}$$

（3）因

$$P^{-1}AP=\Lambda$$

所以

$$A=P\Lambda P^{-1}$$

于是

$$A^k=P\Lambda^kP^{-1}=P\begin{pmatrix}2 & & \\ & 2 & \\ & & 6\end{pmatrix}^kP^{-1}$$

经计算得

$$P^{-1}=\frac{1}{4}\begin{pmatrix}-2 & 2 & 2\\ 3 & 3 & 1\\ -1 & -1 & 1\end{pmatrix}$$

所以

$$A^k=\begin{pmatrix}-1 & 1 & 1\\ 1 & 0 & -2\\ 0 & 1 & 3\end{pmatrix}\begin{pmatrix}2^k & & \\ & 2^k & \\ & & 6^k\end{pmatrix}\cdot\frac{1}{4}\begin{pmatrix}-2 & 2 & 2\\ 3 & 3 & 1\\ -1 & -1 & 1\end{pmatrix}$$

$$=\frac{1}{4}\begin{pmatrix}5\times 2^k-6^k & 2^k-6^k & -2^k+6^k\\ -2^{k+1}+2\times 6^k & 2^{k+1}+2\times 6^k & 2^{k+1}-2\times 6^k\\ 3\times 2^k-3\times 6^k & 3\times 2^k-3\times 6^k & 2^k+3\times 6^k\end{pmatrix}$$

例 4 设

$$A=\begin{pmatrix}0 & a & 1\\ 0 & 2 & 0\\ 4 & b & 0\end{pmatrix}$$

已知 A 与对角阵相似，求 a，b 满足的条件.

解

$$|\lambda E-A|=\begin{vmatrix}\lambda & -a & -1\\ 0 & \lambda-2 & 0\\ -4 & -b & \lambda\end{vmatrix}=(\lambda-2)^2(\lambda+2)$$

A 的特征值为 $\lambda_1=\lambda_2=2$，$\lambda_3=-2$.

因 A 相似于对角阵，所以 A 有三个线性无关的特征向量，因此 A 的二重特征根 2 对应的线性无关的特征向量有两个，所以齐次方程组 $(2E-A)X=\mathbf{0}$ 的基础解系中所含解向量的个数为 2，于是

$$R(2E-A)=1$$

因

$$2E-A=\begin{pmatrix}2 & -a & -1\\ 0 & 0 & 0\\ -4 & -b & 2\end{pmatrix}\to\begin{pmatrix}2 & -a & -1\\ 0 & -2a-b & 0\\ 0 & 0 & 0\end{pmatrix}$$

由

$$R(2E-A)=1$$

知

$$-2a-b=0 \text{ 即 } 2a+b=0$$

例5 设

$$A=\begin{pmatrix}1 & -1 & 1\\ x & 4 & -2\\ -3 & -3 & 5\end{pmatrix},\ B=\begin{pmatrix}2 & 0 & 0\\ 0 & 2 & 0\\ 0 & 0 & y\end{pmatrix}$$

已知矩阵 A 与 B 相似.

（1）求 x，y 的值；

（2）求一个满足 $P^{-1}AP=B$ 的可逆矩阵 P.

解 （1）因 A 与 B 相似，故 $|\lambda E-A|=|\lambda E-B|$，即

$$\begin{vmatrix}\lambda-1 & 1 & -1\\ -x & \lambda-4 & 2\\ 3 & 3 & \lambda-5\end{vmatrix}=\begin{vmatrix}\lambda-2 & 0 & 0\\ 0 & \lambda-2 & 0\\ 0 & 0 & \lambda-y\end{vmatrix}$$

计算两边的行列式得

$$(\lambda-2)(\lambda^2-8\lambda+10+x)=(\lambda-2)\{\lambda^2-(2+y)\lambda+2y\}$$

比较上式两边 λ 的同次项系数，得

$$\begin{cases}2+y=8\\ 10+x=2y\end{cases}$$

解得 $x=2$，$y=6$.

解法2 因 A 与 B 相似，故 B 的特征值就是 A 的特征值，易知 B 的特征值为 2，2，y，所以 A 的特征值也是 2，2，y. 于是

$$\begin{cases}2+2+y=1+4+5\\ 2\times 2\times y=|A|=2x+20\end{cases}$$

解得 $x=2$，$y=6$.

（2）将 $x=2$，$y=6$ 代入矩阵 A 知该矩阵正是例3中的矩阵，所以由例3的计算知，满足 $P^{-1}AP=B$ 的可逆矩阵为

$$P=\begin{pmatrix}-1 & 1 & 1\\ 1 & 0 & -2\\ 0 & 1 & 3\end{pmatrix}$$

7.2.3 若当标准形简介

由前面的知识我们知道，并不是所有的 n 阶矩阵都相似于对角阵，如果一个 n 阶矩阵不相似于对角阵，那么它能否与一个比较简单的矩阵相似呢？这种简单的矩阵就是下面要介绍的若当形矩阵.

定义 7.6 形如

$$\begin{pmatrix} \lambda & 1 & 0 & \cdots & 0 & 0 \\ 0 & \lambda & 1 & \cdots & 0 & 0 \\ 0 & 0 & \lambda & \cdots & 0 & 0 \\ \cdots & \cdots & \cdots & \cdots & \cdots & \cdots \\ 0 & 0 & 0 & \cdots & \lambda & 1 \\ 0 & 0 & 0 & \cdots & 0 & \lambda \end{pmatrix}$$

的 t 阶矩阵称为 t 阶若当（Jordan）块.

例如

$$\begin{pmatrix} -2 & 1 & 0 \\ 0 & -2 & 1 \\ 0 & 0 & -2 \end{pmatrix}, \begin{pmatrix} 0 & 1 & 0 & 0 \\ 0 & 0 & 1 & 0 \\ 0 & 0 & 0 & 1 \\ 0 & 0 & 0 & 0 \end{pmatrix}, \begin{pmatrix} i & 1 \\ 0 & i \end{pmatrix}$$

都是若当块.

注：一阶矩阵即一个数也是若当块.

定义 7.7 $J_i(i=1,2,\cdots,k)$ 为若当块时，准对角阵

$$\begin{pmatrix} J_1 & & & \\ & J_2 & & \\ & & \ddots & \\ & & & J_k \end{pmatrix}$$

称为若当形矩阵.

例如

$$\begin{pmatrix} -1 & 1 & 0 & 0 & 0 \\ 0 & -1 & 0 & 0 & 0 \\ 0 & 0 & \sqrt{2} & 1 & 0 \\ 0 & 0 & 0 & \sqrt{2} & 1 \\ 0 & 0 & 0 & 0 & \sqrt{2} \end{pmatrix}, \begin{pmatrix} 2 & 1 & 0 & 0 & 0 & 0 \\ 0 & 2 & 0 & 0 & 0 & 0 \\ 0 & 0 & 4 & 0 & 0 & 0 \\ 0 & 0 & 0 & -2 & 1 & 0 \\ 0 & 0 & 0 & 0 & -2 & 1 \\ 0 & 0 & 0 & 0 & 0 & -2 \end{pmatrix}$$

都是若当形矩阵.

注：对角阵是若当形矩阵.

定理 7.7 任一 n 阶复矩阵 A 必相似于一个若当形矩阵，该若当形矩阵的主对角线元是 A 的全部特征值，且主对角线元是 λ_i 的若当块的总数为

$$N(\lambda_i)=n-R(\lambda_i E-A)$$

证略.

定义 7.8 与 A 相似的若当形矩阵称为 A 的若当标准形.

例 6 写出 7.1 例 4 中的矩阵 A 的若当标准形.

解 7.1 例 4 中的矩阵为

$$A=\begin{pmatrix}-3 & 1 & -1\\ -7 & 5 & -1\\ -6 & 6 & -2\end{pmatrix}$$

A 的特征值为 $\lambda_1=4$，$\lambda_2=\lambda_3=-2$. 因 A 只有 2 个线性无关的特征向量，故 A 不与对角阵相似.

因 $R(4E-A)=2$，所以对角线元为 4 的若当块只有 1 个，因 $R(-2E-A)=2$，所以对角线元为 -2 的若当块亦只有 1 个，A 的若当标准形为

$$\begin{pmatrix}4 & 0 & 0\\ 0 & -2 & 1\\ 0 & 0 & -2\end{pmatrix}$$

或

$$\begin{pmatrix}-2 & 1 & 0\\ 0 & -2 & 0\\ 0 & 0 & 4\end{pmatrix}$$

习题 7.2

1. 判断习题 7.1 第 4 题中各矩阵能否与对角矩阵相似. 如果相似，求出相似变换矩阵与对角矩阵.

2. 判断下列矩阵是否与对角阵相似，若相似，求出可逆矩阵 P，使 $P^{-1}AP$ 为对角阵.

(1) $A=\begin{pmatrix}-2 & 1 & 1\\ 0 & 2 & 0\\ -4 & 1 & 3\end{pmatrix}$　　(2) $A=\begin{pmatrix}1 & 1 & -2\\ 0 & 1 & 0\\ 0 & 0 & 1\end{pmatrix}$

3. 设 A 是一个 3 阶矩阵，已知 A 的特征值为 1，-1，0，A 属于这 3 个特征值的特征向量分别为

$$X_1=\begin{pmatrix}1\\ 2\\ 1\end{pmatrix},\ X_2=\begin{pmatrix}0\\ -2\\ 1\end{pmatrix},\ X_3=\begin{pmatrix}1\\ 1\\ 2\end{pmatrix}$$

求 A.

4. 计算$\begin{pmatrix}1&2&2\\2&1&2\\2&2&1\end{pmatrix}^k$（$k$ 为正整数）.

5. 设

$$A=\begin{pmatrix}-2&0&0\\2&a&2\\3&1&1\end{pmatrix},\ B=\begin{pmatrix}-1&&\\&2&\\&&b\end{pmatrix}$$

A 与 B 相似.

（1）求 a，b 的值；

（2）求可逆矩阵 P，使 $P^{-1}AP=B$.

6. 设 $A=\begin{pmatrix}0&0&1\\x&1&y\\1&0&0\end{pmatrix}$与对角阵相似，求 x，y 满足的条件.

7. 设 A 与 B 相似，$f(x)=a_0x^n+a_1x^{n-1}+\cdots+a_{n-1}x+a_n(a_0\neq 0)$，证明 $f(A)$与$f(B)$相似.

8. 若 A 与 B 相似，C 与 D 相似，证明$\begin{pmatrix}A&O\\O&C\end{pmatrix}$与$\begin{pmatrix}B&O\\O&D\end{pmatrix}$相似.

7.3 实对称矩阵的相似对角化

虽然并不是所有的 n 阶矩阵都相似于对角阵，但本节将要得出的结论是：实对称矩阵必相似于对角阵，不仅如此，其相似变换矩阵还可以是一个正交矩阵.

7.3.1 实对称矩阵的特征值与特征向量的性质

定理 7.8 实对称矩阵的特征值都是实数.

证 设 A 为实对称矩阵，λ 是它的特征值

$$X=\begin{pmatrix}x_1\\x_2\\\vdots\\x_n\end{pmatrix}$$

是 A 属于 λ 的特征向量(其中 $x_k=a_k+b_ki,k=1,2,\cdots,n$). 由

$$AX=\lambda X$$

两边取共轭①得

$$\overline{AX}=\overline{\lambda X}$$

由共轭复数的运算性质知

$$\bar{A}\bar{X}=\bar{\lambda}\bar{X}$$

即

$$A\bar{X}=\bar{\lambda}\bar{X}$$

两边取转置，于是有

$$\bar{X}^TA=\bar{\lambda}\bar{X}^T$$

用 X 右乘上式两端得

$$\bar{X}^TAX=\bar{\lambda}\bar{X}^TX$$

即

$$\lambda\bar{X}^TX=\bar{\lambda}\bar{X}^TX$$

于是

$$(\lambda-\bar{\lambda})\bar{X}^TX=0$$

又因 $X\neq\theta$ 故

$$\bar{X}^TX=(\bar{x}_1,\bar{x}_2,\cdots,\bar{x}_n)\begin{pmatrix}x_1\\x_2\\\vdots\\x_n\end{pmatrix}=\bar{x}_1x_1+\bar{x}_2x_2+\cdots+\bar{x}_nx_n=\sum_{k=1}^{n}(a_k^2+b_k^2)\neq0$$

从而

$$\lambda=\bar{\lambda}$$

即 λ 是实数.

注意：一般实 n 阶矩阵的特征值则不一定是实数.

例如，设

$$A=\begin{pmatrix}0&1\\-1&0\end{pmatrix}$$

则

$$|\lambda E-A|=\begin{vmatrix}\lambda&-1\\1&\lambda\end{vmatrix}=\lambda^2+1$$

所以实矩阵 A 的特征值为 i 与 $-i$，不是实数.

---

① 若 $A_{m\times n}=(a_{ij})_{m\times n}$，定义其共轭矩阵 $\bar{A}_{m\times n}=(\bar{a}_{ij})_{m\times n}$，其中 $\bar{a}_{ij}$ 是 a_{ij} 的共轭复数；由复数的计算易知：$\overline{AB}=\bar{A}\bar{B}$

定理 7.9 实对称矩阵的不同特征值对应的特征向量是正交的.

证 设 λ_1，λ_2 是实对称矩阵 A 的两个不同特征值，X_1，X_2 分别是 A 属于 λ_1，λ_2 的特征向量. 即

$$\lambda_1 X_1 = AX_1,\ \lambda_2 X_2 = AX_2$$

因

$$(\lambda_1 X_1)^T = (AX_1)^T$$

即

$$\lambda_1 X_1^T = X_1^T A$$

用 X_2 右乘上式两端得

$$\lambda_1 X_1^T X_2 = X_1^T AX_2 = X_1^T \lambda_2 X_2 = \lambda_2 X_1^T X_2$$

所以

$$(\lambda_1 - \lambda_2) X_1^T X_2 = 0$$

由于

$$\lambda_1 \neq \lambda_2$$

所以

$$X_1^T X_2 = 0$$

即 X_1 与 X_2 正交.

7.3.2 实对称矩阵的相似对角化

定理 7.10 对于任意一个 n 阶实对称矩阵 A，都存在一个 n 阶正交矩阵 Q，使得 $Q^TAQ = Q^{-1}AQ$ 为对角阵.

证略.

推论 实对称矩阵 A 的属于 k 重特征值 λ_0 的线性无关的特征向量恰有 k 个.

定理 7.10 说明：

（1）实对称矩阵必与对角阵相似即实对称矩阵必能相似对角化；

（2）实对称矩阵相似对角化的相似变换矩阵可以是正交矩阵.

将 n 阶实对称阵 A 的每个 k 重特征值 λ 对应的 k 个线性无关的特征向量用施密特正交化方法正交化，再单位化，它们仍是 A 的属于特征值 λ 的特征向量，且是正交向量组，再将 A 的不同特征值对应的标准正交特征向量合在一起，这就是 R^n 的标准正交基，用其构成正交矩阵 Q，则有

$$Q^{-1}AQ = \Lambda$$

其中 $\Lambda = \mathrm{diag}(\lambda_1, \lambda_2, \cdots, \lambda_n)$，$\lambda_i (i = 1, 2, \cdots, n)$ 为 A 的 n 个特征值.

求正交矩阵 Q 的步骤为：

(1) 求出 n 阶实对称矩阵 A 的全部特征值；

(2) 设 λ_1，λ_2，…，λ_s 是 A 的全部互异特征值，对每个 λ_i，求出齐次线性方程组$(\lambda_i E-A)X=\mathbf{0}$ 的基础解系，它们就是 A 的属于 λ_i 的线性无关特征向量；

(3) 若 λ_i 为重根，则先将其对应的线性无关的特征向量正交化，再单位化使之成为一组单位正交向量组（它们仍然是 A 的属于 λ_i 的特征向量）；若 λ_i 为单特征值，则只需将其所对应的特征向量单位化；

(4) A 的所有属于不同特征值的已单位正交化的特征向量合起来是 R^n 的一组标准正交基，用它们作为列向量构成正交矩阵 Q.

上述方法得到的正交矩阵 Q 满足

$$Q^{-1}AQ=\Lambda=\mathrm{diag}(\lambda_1,\lambda_2,\cdots,\lambda_n)$$

例 1 设

$$A=\begin{pmatrix}1&2&3\\2&1&3\\3&3&6\end{pmatrix}$$

求正交矩阵 Q，使 $Q^{-1}AQ$ 为对角阵.

解

$$|\lambda E-A|=\begin{vmatrix}\lambda-1&-2&-3\\-2&\lambda-1&-3\\-3&-3&\lambda-6\end{vmatrix}=\lambda(\lambda+1)(\lambda-9)$$

A 的特征值为 $\lambda_1=0$，$\lambda_2=-1$，$\lambda_3=9$.

由$(0E-A)X=\mathbf{0}$ 得 A 属于特征值 $\lambda_1=0$ 的线性无关特征向量为：

$$X_1=\begin{pmatrix}-1\\-1\\1\end{pmatrix}$$

由$(-E-A)X=\mathbf{0}$ 得 A 属于特征值 $\lambda_2=-1$ 的线性无关特征向量为：

$$X_2=\begin{pmatrix}-1\\1\\0\end{pmatrix}$$

由$(9E-A)X=\mathbf{0}$ 得 A 属于特征值 $\lambda_3=9$ 的线性无关特征向量为：

$$X_3=\begin{pmatrix}1\\1\\2\end{pmatrix}$$

将 X_1，X_2，X_3 单位化得

$$\eta_1=\begin{pmatrix}-\frac{1}{\sqrt{3}}\\-\frac{1}{\sqrt{3}}\\\frac{1}{\sqrt{3}}\end{pmatrix},\ \eta_2=\begin{pmatrix}-\frac{1}{\sqrt{2}}\\\frac{1}{\sqrt{2}}\\0\end{pmatrix},\ \eta_3=\begin{pmatrix}\frac{1}{\sqrt{6}}\\\frac{1}{\sqrt{6}}\\\frac{2}{\sqrt{6}}\end{pmatrix}$$

构成正交矩阵

$$Q=(\eta_1,\quad \eta_2,\quad \eta_3)=\begin{pmatrix}-\frac{1}{\sqrt{3}} & -\frac{1}{\sqrt{2}} & \frac{1}{\sqrt{6}}\\-\frac{1}{\sqrt{3}} & \frac{1}{\sqrt{2}} & \frac{1}{\sqrt{6}}\\\frac{1}{\sqrt{3}} & 0 & \frac{2}{\sqrt{6}}\end{pmatrix}$$

满足

$$Q^{-1}AQ=\begin{pmatrix}0 & & \\ & -1 & \\ & & 9\end{pmatrix}$$

例2 设

$$A=\begin{pmatrix}1 & 2 & 2\\2 & 1 & 2\\2 & 2 & 1\end{pmatrix}$$

求正交矩阵 Q，使 $Q^{-1}AQ$ 为对角阵.

解

$$|\lambda E-A|=\begin{vmatrix}\lambda-1 & -2 & -2\\-2 & \lambda-1 & -2\\-2 & -2 & \lambda-1\end{vmatrix}=(\lambda-5)(\lambda+1)^2$$

A 的特征值为 $\lambda_1=\lambda_2=-1$，$\lambda_3=5$.

对 $\lambda_1=\lambda_2=-1$，解齐次线性方程组 $(-E-A)X=\mathbf{0}$，得 A 属于特征值 $\lambda_1=\lambda_2=-1$，的线性无关特征向量

$$X_1=\begin{pmatrix}-1\\1\\0\end{pmatrix},\ X_2=\begin{pmatrix}-1\\0\\1\end{pmatrix}$$

用施密特方法正交化：

$$\beta_1 = X_1 = \begin{pmatrix} -1 \\ 1 \\ 0 \end{pmatrix}$$

$$\beta_2 = X_2 - \frac{(\beta_1, X_2)}{(\beta_1, \beta_1)}\beta_1 = \begin{pmatrix} -\frac{1}{2} \\ -\frac{1}{2} \\ 1 \end{pmatrix}$$

单位化得

$$\eta_1 = \begin{pmatrix} -\frac{1}{\sqrt{2}} \\ \frac{1}{\sqrt{2}} \\ 0 \end{pmatrix}, \quad \eta_2 = \begin{pmatrix} -\frac{1}{\sqrt{6}} \\ -\frac{1}{\sqrt{6}} \\ \frac{2}{\sqrt{6}} \end{pmatrix}$$

对 $\lambda_3 = 5$，解齐次线性方程组 $(5E - A)X = \mathbf{0}$，得 A 的属于特征值 $\lambda_3 = 5$ 的线性无关特征向量

$$X_3 = \begin{pmatrix} 1 \\ 1 \\ 1 \end{pmatrix}$$

单位化得

$$\eta_3 = \begin{pmatrix} \frac{1}{\sqrt{3}} \\ \frac{1}{\sqrt{3}} \\ \frac{1}{\sqrt{3}} \end{pmatrix}$$

构成正交矩阵

$$Q = (\eta_1, \eta_2, \eta_3) = \begin{pmatrix} -\frac{1}{\sqrt{2}} & -\frac{1}{\sqrt{6}} & \frac{1}{\sqrt{3}} \\ \frac{1}{\sqrt{2}} & -\frac{1}{\sqrt{6}} & \frac{1}{\sqrt{3}} \\ 0 & \frac{2}{\sqrt{6}} & \frac{1}{\sqrt{3}} \end{pmatrix}$$

有

$$Q^{-1}AQ=\begin{pmatrix}-1&0&0\\0&-1&0\\0&0&5\end{pmatrix}$$

例 3 设 3 阶实对称矩阵 A 的特征值为 $\lambda_1=-1$，$\lambda_2=\lambda_3=1$，A 属于特征值 $\lambda_1=-1$ 的特征向量是 $X_1=(0,1,1)^T$，求 A 及 A 属于特征值 $\lambda_2=\lambda_3=1$ 的特征向量.

解 (1) 设 A 的属于特征值 $\lambda_2=\lambda_3=1$ 的特征向量为 $X=(x_1,x_2,x_3)^T$，因实对称阵的属于不同特征值的特征向量相互正交，于是 $X_1{}^TX=0$，即

$$X_1{}^TX=(0,1,1)\begin{pmatrix}x_1\\x_2\\x_3\end{pmatrix}=x_2+x_3=0$$

解之得基础解系

$$X_2=\begin{pmatrix}1\\0\\0\end{pmatrix},\ X_3=\begin{pmatrix}0\\1\\-1\end{pmatrix}$$

构成可逆矩阵

$$P=(X_1,X_2,X_3)=\begin{pmatrix}0&1&0\\1&0&1\\1&0&-1\end{pmatrix}$$

计算得

$$P^{-1}=\frac{1}{2}\begin{pmatrix}0&1&1\\2&0&0\\0&1&-1\end{pmatrix}$$

由

$$P^{-1}AP=\Lambda=\begin{pmatrix}-1&0&0\\0&1&0\\0&0&1\end{pmatrix}$$

得

$$A=P\Lambda P^{-1}=\begin{pmatrix}0&1&0\\1&0&1\\1&0&-1\end{pmatrix}\begin{pmatrix}-1&&\\&1&\\&&1\end{pmatrix}\cdot\frac{1}{2}\begin{pmatrix}0&1&1\\2&0&0\\0&1&-1\end{pmatrix}=\begin{pmatrix}1&0&0\\0&0&-1\\0&-1&0\end{pmatrix}$$

A 属于特征值 $\lambda_2=\lambda_3=1$ 的线性无关的特征向量为 X_2，X_3，A 属于特征值

$\lambda_2=\lambda_3=1$ 的全体特征向量为

$$k_2X_2+k_3X_3 \qquad (k_2,k_3\text{不全为}0)$$

例 4 判断 n 阶矩阵 A，B 是否相似，其中

$$A=\begin{pmatrix}1 & 1 & \cdots & 1\\ 1 & 1 & \cdots & 1\\ \cdots & \cdots & \cdots & \cdots\\ 1 & 1 & \cdots & 1\end{pmatrix},\ B=\begin{pmatrix}n & 0 & \cdots & 0\\ 1 & 0 & \cdots & 0\\ \cdots & \cdots & \cdots & \cdots\\ 1 & 0 & \cdots & 0\end{pmatrix}.$$

解 由

$$|\lambda E-A|=\begin{vmatrix}\lambda-1 & -1 & \cdots & -1\\ -1 & \lambda-1 & \cdots & -1\\ \cdots & \cdots & \cdots & \cdots\\ -1 & -1 & \cdots & \lambda-1\end{vmatrix}=(\lambda-n)\lambda^{n-1}$$

得 A 的特征值为 $\lambda_1=n$，$\lambda_2=\lambda_3=\cdots=\lambda_n=0$.

因 A 是实对称矩阵，故 A 必与对角阵 $\Lambda=\operatorname{diag}(n,0,\cdots,0)$ 相似.

又

$$|\lambda E-B|=(\lambda-n)\lambda^{n-1}$$

可见 B 与 A 有相同的特征值.

对 B 的 $n-1$ 重特征根 $\lambda=0$，因为

$$R(0E-B)=R(-B)=R(B)=1$$

所以 B 属于 $n-1$ 重特征根 $\lambda=0$ 的线性无关的特征向量有 $n-1$ 个，因此 B 也与对角阵 $\Lambda=\operatorname{diag}(n,0,\cdots,0)$ 相似. 由相似关系的对称性与传递性知 A 与 B 相似.

习题 7.3

1. 求正交矩阵 Q，使 $Q^{-1}AQ$ 为对角阵.

(1) $A=\begin{pmatrix}2 & -2 & 0\\ -2 & 1 & -2\\ 0 & -2 & 0\end{pmatrix}$ (2) $A=\begin{pmatrix}2 & -1 & -1\\ -1 & 2 & -1\\ -1 & -1 & 2\end{pmatrix}$

2. 已知 $\lambda_1=6$，$\lambda_2=\lambda_3=3$ 是实对称矩阵 A 的三个特征值，A 的属于 $\lambda_2=\lambda_3=3$ 的特征向量为 $X_2=\begin{pmatrix}-1\\ 0\\ 1\end{pmatrix}$，$X_3=\begin{pmatrix}1\\ -2\\ 1\end{pmatrix}$，求 A 的属于 $\lambda_1=6$ 的特征向量及

矩阵 A.

3. 设3阶实对称矩阵 A 的秩为2，$\lambda_1=\lambda_2=6$ 是 A 的二重特征值，若 $\alpha_1=(1,1,0)^T$，$\alpha_2=(2,1,1)^T$ 都是 A 属于特征值6的特征向量.

(1) 求 A 的另一特征值和对应的特征向量；

(2) 求 A.

习题七

（A）

一、填空题

1. 已知3阶矩阵 A 的特征值为1，3，-2，则 $A-E$ 的特征值为________，A^* 的特征值为________，$(A^*)^2+E$ 的特征值为________.

2. n 阶矩阵 A 的特征值为1，2，3，…，n，则 $|A-(n+1)E|$________.

3. 已知3阶矩阵 A 的特征值为1，3，5，则 $|A^*+E|=$________.

4. 设 A 为3阶方阵，且 $|A+2E|=|A-E|=|A-2E|=0$，则 $|A|=$________，$|A^{-1}+2E|=$________，$|A^2+E|=$________.

5. 若3阶方阵 A 与 B 相似，A 的特征值为 $\frac{1}{2}$，$\frac{1}{3}$，$\frac{1}{4}$，则 $\begin{vmatrix} B^{-1}-E & E \\ O & A^{-1} \end{vmatrix}=$________.

6. 已知3阶矩阵 A^{-1} 的特征值为1，2，3，则 A^* 的特征值为________.

7. 已知矩阵 $A=\begin{pmatrix} 1 & -1 & 0 \\ 2 & x & 0 \\ 4 & 2 & 1 \end{pmatrix}$ 的特征值为1，2，3，则 $x=$________.

8. 已知3阶矩阵 A 的矩阵的特征值为1，3，2，则 $\left(\frac{1}{3}A^2\right)^{-1}$ 的特征值为________.

9. 设 A，B 均为3阶方阵，A 的特征值为1，2，3，$|B|=-1$，则 $|A^*B+B|=$________.

10. 设

$$A=\begin{pmatrix} 1 & b & 1 \\ b & a & 1 \\ 1 & 1 & 1 \end{pmatrix},\ B=\begin{pmatrix} 0 & 0 & 0 \\ 0 & 1 & 0 \\ 0 & 0 & 4 \end{pmatrix}$$

高等代数

有相同的特征值，则 $a=$ ________，$b=$ ________.

11. 已知矩阵 A 的各行元素之和为 2，则 A 有一个特征值为________.

12. 已知 0 是 $A=\begin{pmatrix}1&0&1\\0&2&0\\1&0&a\end{pmatrix}$ 的一个特征值，则 $a=$ ________.

二、单项选择题

1. 若 4 阶方阵 A 与 B 相似，A 的特征值为 $\frac{1}{2}$，$\frac{1}{3}$，$\frac{1}{4}$，$\frac{1}{5}$，则 $|B^{-1}-E|=$ (　　).

(A) 24　　(B) -24　　(C) -32　　(D) 32

2. 设 A 为 n 阶矩阵，λ 为 A 的一个特征值，则 A 的伴随矩阵 A^* 的一个特征值为 (　　).

(A) $\frac{|A|^n}{\lambda}$　　(B) $\frac{|A|}{\lambda}$　　(C) $\lambda|A|$　　(D) $\lambda|A|^n$

3. 设 A 为 n 阶矩阵，X 为 A 属于 λ 的一个特征向量，则与 A 相似的矩阵 $B=P^{-1}AP$ 的属于 λ 的一个特征向量为 (　　).

(A) PX　　(B) $P^{-1}X$　　(C) P^TX　　(D) P^nX

4. 已知 $X=\begin{pmatrix}1\\-1\\2\end{pmatrix}$ 是矩阵 $A=\begin{pmatrix}2&1&2\\2&b&a\\1&a&3\end{pmatrix}$ 的一个特征向量，则 a，b 的值分别为 (　　).

(A) 5，2　　(B) -1，3　　(C) 1，-3　　(D) -3，1

5. 下列结论正确的是 (　　).

(A) X_1，X_2 是方程组 $(\lambda E-A)X=\mathbf{0}$ 的一个基础解系，则 $k_1X_1+k_2X_2$ 是 A 的属于 λ 的全部特征向量，其中 k_1，k_2 是全不为零的常数

(B) 若 A，B 有相同的特征值，则 A 与 B 相似

(C) 如果 $|A|=0$，则 A 至少有一个特征值为零

(D) 若 λ 同是方阵 A 与 B 的特征值，则 λ 也是 $A+B$ 的特征值

6. 设 λ_1，λ_2 是矩阵 A 的两个不相同的特征值，ξ，η 是 A 的分别属于 λ_1，λ_2 的特征向量，则 (　　).

(A) 对任意 $k_1\neq0$，$k_2\neq0$，$k_1\xi+k_2\eta$ 是 A 的特征向量

(B) 存在常数 $k_1\neq0$，$k_2\neq0$，使 $k_1\xi+k_2\eta$ 是 A 的特征向量

(C) 当 $k_1\neq0$，$k_2\neq0$ 时，$k_1\xi+k_2\eta$ 不可能是 A 的特征向量

(D) 存在唯一的一组常数 $k_1 \neq 0$，$k_2 \neq 0$，使 $k_1\xi + k_2\eta$ 是 A 的特征向量

7. 与矩阵 $\begin{pmatrix} 1 & & \\ & 1 & \\ & & 2 \end{pmatrix}$ 相似的矩阵是（　　）.

(A) $\begin{pmatrix} 1 & 1 & 0 \\ 0 & 1 & 0 \\ 0 & 0 & 2 \end{pmatrix}$　(B) $\begin{pmatrix} 1 & 0 & 1 \\ 0 & 2 & 0 \\ 0 & 0 & 1 \end{pmatrix}$　(C) $\begin{pmatrix} 1 & 0 & 0 \\ 0 & 1 & 1 \\ 0 & 0 & 2 \end{pmatrix}$　(D) $\begin{pmatrix} 1 & 0 & 0 \\ 1 & 2 & 0 \\ 1 & -1 & 1 \end{pmatrix}$

8. 下列矩阵中，不能相似对角化的是（　　）.

(A) $\begin{pmatrix} 1 & 1 & 0 \\ 0 & 2 & 1 \\ 0 & 0 & 3 \end{pmatrix}$　(B) $\begin{pmatrix} 1 & 1 & 0 \\ 0 & 1 & 0 \\ 0 & 0 & 2 \end{pmatrix}$　(C) $\begin{pmatrix} 1 & 0 & 1 \\ 0 & 1 & 0 \\ 1 & 0 & 1 \end{pmatrix}$　(D) $\begin{pmatrix} 1 & 0 & 0 \\ 0 & 1 & 1 \\ 0 & 0 & 2 \end{pmatrix}$

9. 若 A 与 B 相似，则（　　）.

(A) $\lambda E - A = \lambda E - B$　　(B) $|\lambda E - A| = |\lambda E - B|$

(C) $A = B$　　(D) $A^* = B^*$

10. 设向量 $\alpha = (a_1, a_2, \cdots, a_n)^T, \beta = (b_1, b_2, \cdots, b_n)^T$ 都是非零向量，且满足条件 $\alpha^T\beta = 0$，记 n 阶矩阵 $A = \alpha\beta^T$，则（　　）.

(A) A 是可逆矩阵　　(B) A^2 不是零矩阵

(C) A 的特征值全为 0　　(D) A 的特征值不全为 0

(B)

1. 设 3 阶矩阵 A 的特征值为 1，2，3，对应的特征向量分别为

$$\alpha_1 = \begin{pmatrix} 1 \\ 1 \\ 1 \end{pmatrix},\ \alpha_2 = \begin{pmatrix} 1 \\ 2 \\ 4 \end{pmatrix},\ \alpha_3 = \begin{pmatrix} 1 \\ 3 \\ 9 \end{pmatrix}$$

又设向量

$$\beta = \begin{pmatrix} 1 \\ 1 \\ 3 \end{pmatrix}$$

(1) 求 A；

(2) 将 β 用 α_1，α_2，α_3 线性表示；

(3) 求 $A^n\beta$.

2. 设 A 为 4 阶方阵，且 $|A + \sqrt{3}E| = 0$，$|A| = 9$.

(1) 求 A^* 的一个特征值；

(2) 求 $|A|^2A^{-1}$ 的一个特征值.

3. 已知向量 $X=\begin{pmatrix}1\\b\\1\end{pmatrix}$ 是可逆矩阵 $A=\begin{pmatrix}2&1&1\\1&2&1\\1&1&a\end{pmatrix}$ 的伴随矩阵 A^* 的一个特征向量，求 a，b 与 X 所对应的特征值 λ.

4. 设 A 是奇数阶正交矩阵，$|A|=1$，证明 1 是 A 的特征值.

5. 设 A 是正交矩阵，λ 是 A 的特征值，证明 $\frac{1}{\lambda}$ 也是 A 的特征值.

6. 已知矩阵 $A=\begin{pmatrix}3&-2&1\\a&-a&a\\3&-6&5\end{pmatrix}$，$\lambda_0$ 是 A 的 3 重特征值，求 a 及 λ_0.

7，已知 $A=\begin{pmatrix}-1&1&0\\-2&2&0\\4&x&1\end{pmatrix}$ 可相似对角化，求与它相似的对角阵 Λ 和 A^n.

8. 设 A 是 3 阶方阵，A 有 3 个不同的特征值 λ_1，λ_2，λ_3，对应的特征向量依次为 α_1，α_2，α_3，令 $\beta=\alpha_1+\alpha_2+\alpha_3$，证明：$\beta$，$A\beta$，$A^2\beta$ 线性无关.

9. 若 A 与 B 相似且 A 可逆，证明：A^* 与 B^* 相似.

10. 设 $A=\begin{pmatrix}2&0&0\\0&0&1\\0&1&0\end{pmatrix}$，$B=\begin{pmatrix}1&0&0\\0&-1&0\\0&-6&2\end{pmatrix}$，试判断 A、B 是否相似，若相似，求出可逆矩阵 P，使得 $B=P^{-1}AP$.

11. 设矩阵 $A=\begin{pmatrix}1&2&-3\\-1&4&-3\\1&a&5\end{pmatrix}$ 有一个 2 重特征根，求 a 的值并讨论 A 可否相似对角化.

12. A 是 3 阶矩阵，α_1，α_2，α_3 是线性无关的 3 维列向量组，且满足

$$A\alpha_1=\alpha_1+\alpha_2+\alpha_3，A\alpha_2=2\alpha_2+\alpha_3，A\alpha_3=2\alpha_2+3\alpha_3$$

(1) 求矩阵 B，使 $A(\alpha_1,\alpha_2,\alpha_3)=(\alpha_1,\alpha_2,\alpha_3)B$；

(2) 求 A 的特征值.

13. 设矩阵 $B=\begin{pmatrix}0&0&1\\0&1&0\\1&0&0\end{pmatrix}$，已知矩阵 A 与 B 相似，计算 $R(A-2E)+R$

$(A-E)$.

14. A 是 3 阶实对称矩阵，A 的特征值为 1，0，-1，A 属于 1 与 0 的特征向量分别为 $(1,a,1)^T$ 和 $(a,a+1,1)^T$，求 A.

15. 设 A 是 3 阶实对称矩阵，满足 $A^3-3A^2+3A-2E=O$，求 A 的特征值.

16. 设 3 阶实对称矩阵 A 的特征值 $\lambda_1=1$，$\lambda_2=\lambda_3=-2$，$\alpha_1=(1,-1,1)^T$ 是 A 属于 λ_1 的一个特征向量，$B=A^5-4A^3+E$. 求 B 的特征值和特征向量.

第八章　二次型

在平面解析几何中，以原点为中心的有心二次曲线的一般方程是

$$ax^2+bxy+cy^2=d \tag{8.1}$$

这个方程的左边是一个二元二次齐次多项式，由于它含有交叉乘积 xy 项，所以不容易识别曲线的类型，但在适当地选择 θ 后，令

$$\begin{cases} x=x'\cos\theta-y'\sin\theta \\ y=x'\sin\theta+y'\cos\theta \end{cases}$$

就可以消去（8.1）的交叉乘积 xy 项，使其只含平方项，从而将它化为标准方程

$$Ax'^2+By'^2=D$$

由这个标准方程就容易识别曲线的类型. 这种将一个二次齐次多项式化为只含平方项的问题在数学、物理、经济管理及工程技术等众多学科中经常遇到. 本章就以矩阵作为工具来讨论这个问题.

8.1　二次型

8.1.1　二次型的概念

定义 8.1　含有 n 个变量 x_1，x_2，…，x_n 的系数在数域 P 中的二次齐次多项式

$$\begin{aligned} f(x_1,\cdots,x_n)=a_{11}x_1^2&+2a_{12}x_1x_2+\cdots+2a_{1n}x_1x_n \\ &+a_{22}x_2^2+\cdots+2a_{2n}x_2x_n \\ &+\cdots\cdots\cdots\cdots\cdots\cdots \\ &+a_{nn}x_n^2 \end{aligned} \tag{8.2}$$

称为数域 P 上的 n 元二次型，简称二次型. 实数域上的二次型简称实二次型，复数域上的二次型简称复二次型.

若令

$$a_{ij}=a_{ji}$$

由于

$$x_ix_j=x_jx_i$$

则

$$2a_{ij}x_ix_j=a_{ij}x_ix_j+a_{ij}x_ix_j=a_{ij}x_ix_j+a_{ji}x_jx_i$$

所以（8.2）式可写成

$$\begin{aligned}f(x_1,x_2,\cdots,x_n)&=a_{11}x_1^2+a_{12}x_1x_2+\cdots+a_{1n}x_1x_n\\&\quad+a_{21}x_2x_1+a_{22}x_2^2+\cdots+a_{2n}x_2x_n\\&\quad+\cdots\cdots\cdots\cdots\cdots\cdots\cdots\cdots\\&\quad+a_{n1}x_nx_1+a_{n2}x_nx_2+\cdots+a_{nn}x_n^2\\&=\sum_{i=1}^{n}\sum_{j=1}^{n}a_{ij}x_ix_j\end{aligned}\tag{8.3}$$

将（8.3）式的系数排成的 $n\times n$ 矩阵

$$A=\begin{pmatrix}a_{11}&a_{12}&\cdots&a_{1n}\\a_{21}&a_{22}&\cdots&a_{2n}\\\cdots&\cdots&\cdots&\cdots\\a_{n1}&a_{n2}&\cdots&a_{nn}\end{pmatrix}\qquad(a_{ij}=a_{ji})$$

称为**二次型的矩阵**，二次型的矩阵的秩称为**二次型的秩**.

由于，$a_{ij}=a_{ji}(i,j=1,2,\cdots,n)$，所以二次型的矩阵是对称矩阵.

再令

$$X=\begin{pmatrix}x_1\\x_2\\\vdots\\x_n\end{pmatrix}$$

得到二次型的矩阵形式：

$$f(x_1,x_2,\cdots,x_n)=X^TAX\qquad(A^T=A)\tag{8.4}$$

显然，二次型和它的矩阵相互唯一确定. 因此二次型的某些性质往往被其矩阵所决定. 因此对二次型的讨论常可以转化为对其矩阵的讨论.

例 1 写出二次型

$$f(x_1,x_2,x_3,x_4)=x_1^2-2x_1x_2+6x_1x_4-2x_2^2+2x_2x_3+8x_2x_4+3x_3^2+4x_3x_4+x_4^2$$

的矩阵并将此二次型写成矩阵形式.

解 二次型 $f(x_1,x_2,x_3,x_4)$ 的矩阵为

$$A=\begin{pmatrix}1 & -1 & 0 & 3\\ -1 & -2 & 1 & 4\\ 0 & 1 & 3 & 2\\ 3 & 4 & 2 & 1\end{pmatrix}$$

令

$$X=\begin{pmatrix}x_1\\ x_2\\ x_3\\ x_4\end{pmatrix}$$

得

$$f(x_1,x_2,x_3,x_4)=X^TAX=(x_1,\quad x_2,\quad x_3,\quad x_4)\begin{pmatrix}1 & -1 & 0 & 3\\ -1 & -2 & 1 & 4\\ 0 & 1 & 3 & 2\\ 3 & 4 & 2 & 1\end{pmatrix}\begin{pmatrix}x_1\\ x_2\\ x_3\\ x_4\end{pmatrix}$$

例 2 对二次型

$$f(x_1,x_2,x_3)=x_1^2+5x_2^2+5x_3^2+4x_1x_2-2x_1x_3-8x_2x_3$$

作变换

$$\begin{cases}x_1=y_1-2y_2-3y_3\\ x_2=\qquad y_2+2y_3\\ x_3=\qquad\qquad y_3\end{cases}$$

求经过变换后的二次型.

解 将变换式代入原二次型得

$$\begin{aligned}f&=(y_1-2y_2-3y_3)^2+5(y_2+2y_3)^2+5y_3^2+4(y_1-2y_2-3y_3)(y_2+2y_3)\\ &\quad-2(y_1-2y_2-3y_3)y_3-8(y_2+2y_3)y_3\\ &=y_1^2+y_2^2+0\cdot y_3^2=y_1^2+y_2^2\end{aligned}$$

在上例中，变换后的二次型只含平方项. 什么样的变换能使二次型变得如此简单，如何找出这种变换，这正是我们以下要研究的问题.

8.1.2　线性变换

在 6.1 例 3 中我们知道

$$\begin{cases} x_1 = c_{11}y_1 + c_{12}y_2 + \cdots + c_{1n}y_n \\ x_2 = c_{21}y_1 + c_{22}y_2 + \cdots + c_{2n}y_n \\ \quad \cdots \qquad \cdots \qquad \cdots \\ x_n = c_{n1}y_1 + c_{n2}y_2 + \cdots + c_{nn}y_n \end{cases} \quad \text{即} \quad X = CY \tag{8.5}$$

为 R^n 的一个线性变换.

其中

$$C = \begin{pmatrix} c_{11} & c_{12} & \cdots & c_{1n} \\ c_{21} & c_{22} & \cdots & c_{2n} \\ \cdots & \cdots & \cdots & \cdots \\ c_{n1} & c_{n2} & \cdots & c_{nn} \end{pmatrix},\quad X = \begin{pmatrix} x_1 \\ x_2 \\ \vdots \\ x_n \end{pmatrix},\quad Y = \begin{pmatrix} y_1 \\ y_2 \\ \vdots \\ y_n \end{pmatrix}$$

C 称为线性变换（8.5）的系数矩阵.

定义 8.2　若线性变换的系数矩阵 C 为可逆矩阵，则称线性变换 $X = CY$ 为可逆（非奇异）线性变换，并称 $Y = C^{-1}X$ 为线性变换 $X = CY$ 的逆变换.

在 6.3 例 1 中我们还知道，当线性变换的系数矩阵为正交矩阵时，$X = CY$ 为正交变换. 由于正交矩阵可逆，所以正交变换必是可逆线性变换.

8.1.3　矩阵的合同

下面我们讨论经可逆线性变换后的二次型的矩阵与原二次型的矩阵间的关系.

将可逆线性变换 $X = CY$ 代入二次型矩阵形式得

$$f = X^TAX = (CY)^TA(CY) = Y^T(C^TAC)Y \qquad (A^T = A) \tag{8.6}$$

因

$$(C^TAC)^T = C^TA^T(C^T)^T = C^TAC$$

所以 C^TAC 为对称矩阵，这就说明可逆线性变换把二次型仍然变为二次型，而逆变换 $Y = C^{-1}X$ 又将所得的二次型还原.

因 C^TAC 是原二次型 $f = X^TAX$ 经可逆线性变换 $X = CY$ 后所得的新二次型的矩阵. 以 B 表示该新二次型的矩阵，则

$$B = C^TAC \tag{8.7}$$

这就是前后两个二次型的矩阵的关系. 这种关系就是下面我们要介绍的矩阵的合同关系.

定义 8.3　设 A，B 为 n 阶矩阵，若存在可逆矩阵 C，使得

$$B=C^TAC$$

则称 A 与 B 合同.

可见二次型经可逆线性变换后，前后两个二次型的矩阵合同.

矩阵的合同关系满足：

(1) 反身性：n 阶矩阵 A 与 A 合同；

(2) 对称性：若 A 与 B 合同，则 B 与 A 合同；

(3) 传递性：若 A 与 B 合同，B 与 C 合同，则 A 与 C 合同.

证 (1) 因为

$$A=E^TAE$$

所以 A 与 A 合同.

(2) 因为 A 与 B 合同，所以存在可逆矩阵 C，使得

$$B=C^TAC$$

于是

$$A=(C^T)^{-1}BC^{-1}=(C^{-1})^TBC^{-1}$$

因 C^{-1} 可逆，故 B 与 A 合同.

(3) 若 A 与 B 合同，B 与 C 合同，则存在可逆矩阵 C_1，C_2，使得

$$B=C_1^TAC_1,\quad C=C_2^TBC_2,$$

所以

$$C=C_2^TBC_2=C_2^TC_1^TAC_1C_2=(C_1C_2)^TA(C_1C_2)$$

因 C_1C_2 可逆，于是 A 与 C 合同.

合同矩阵还具有如下性质：

定理 8.1 若 A 与 B 合同，则 $R(A)=R(B)$.

证 因

$$B=C^TAC$$

故

$$R(B)\leqslant R(A)$$

又因 C 为非奇异矩阵，有

$$A=(C^T)^{-1}BC^{-1}$$

从而

$$R(A)\leqslant R(B)$$

于是 $R(A)=R(B)$.

由于二次型经可逆线性变换后，新二次型的矩阵与原二次型的矩阵合同，所以经可逆线性变换后，二次型的秩不变.

习题 8.1

1. 写出下列二次型的矩阵.

(1) $f(x_1,x_2,x_3)=x_1^2+x_2^2+x_3^2+x_1x_2+x_1x_3+x_2x_3$

(2) $f(x_1,x_2,x_3,x_4)=x_1x_2-x_2x_3$

(3) $f(x_1,x_2,x_3)=X^T\begin{pmatrix}1&3&5\\2&4&6\\7&8&5\end{pmatrix}X$

2. 将二次型

$$f(x_1,x_2,x_3)=x_1^2+3x_2^2-2x_3^2+8x_1x_2-10x_2x_3$$

表成矩阵形式，并求该二次型的秩.

3. 设

$$A=\begin{pmatrix}a_1&0&0\\0&a_2&0\\0&0&a_3\end{pmatrix},\qquad B=\begin{pmatrix}a_2&0&0\\0&a_3&0\\0&0&a_1\end{pmatrix}$$

证明 A 与 B 合同，并求可逆矩阵 C，使得 $B=C^TAC$.

4. 如果 n 阶实对称矩阵 A 与 B 合同，C 与 D 合同，证明 $\begin{pmatrix}A&O\\O&C\end{pmatrix}$ 与 $\begin{pmatrix}B&O\\O&D\end{pmatrix}$ 合同.

8.2 标准形

8.2.1 标准形

定义 8.4 经可逆线性变换所得的只含平方项的二次型称为原二次型的标准形.

例如，8.1 例 2 中，线性变换

$$\begin{cases}x_1=y_1-2y_2-3y_3\\x_2=\qquad y_2+2y_3\\x_3=\qquad\qquad y_3\end{cases}$$

其变换矩阵

$$C=\begin{pmatrix}1&-2&-3\\0&1&2\\0&0&1\end{pmatrix}$$

由于$|C|\neq 0$，因此相应的变换$X=CY$为可逆线性变换，它将原二次型化为

$$f=y_1^2+y_2^2$$

这就是原二次型在所给可逆线性变换$X=CY$下的标准形. 该标准形的矩阵为

$$\begin{pmatrix}1 & & \\ & 1 & \\ & & 0\end{pmatrix}$$

它与原二次型的矩阵合同，它的秩为2，从而标准形的秩为2，因此原二次型$f(x_1,x_2,x_3)$的秩也为2.

对于任意一个二次型是否一定能找到适当的可逆线性变换使其化为标准形呢？对此我们有下面的结论.

定理 8.2 数域P上任意一个n元二次型必可经可逆线性变换化为标准形.

***证** 对变量的个数n使用数学归纳法.

1° $n=1$时，二次型为

$$f(x_1)=a_{11}x_1^2.$$

这已经是标准形了.

2° 假设对$n-1$元的二次型，定理的结论成立.

3° 设n元二次型

$$f(x_1,x_2,\cdots,x_n)=\sum_{i=1}^{n}\sum_{j=1}^{n}a_{ij}x_ix_j,\qquad (a_{ij}=a_{ji})$$

下面对含有x_1的项的系数分三种情形进行证明：

(1)$a_{11}\neq 0$.

这时集中含x_1的所有各项,进行配方：

$$\begin{aligned}f(x_1,x_2,\cdots,x_n)&=a_{11}x_1^2+\sum_{j=2}^{n}a_{1j}x_1x_j+\sum_{i=2}^{n}a_{i1}x_ix_1+\sum_{i=2}^{n}\sum_{j=2}^{n}a_{ij}x_ix_j\\&=a_{11}x_1^2+2\sum_{j=2}^{n}a_{1j}x_1x_j+\sum_{i=2}^{n}\sum_{j=2}^{n}a_{ij}x_ix_j\\&=a_{11}\Big(x_1+\sum_{j=2}^{n}a_{11}^{-1}a_{1j}x_j\Big)^2-a_{11}^{-1}\Big(\sum_{j=2}^{n}a_{1j}x_j\Big)^2+\sum_{i=2}^{n}\sum_{j=2}^{n}a_{ij}x_ix_j\\&=a_{11}\Big(x_1+\sum_{j=2}^{n}a_{11}^{-1}a_{1j}x_j\Big)^2+\sum_{i=2}^{n}\sum_{j=2}^{n}b_{ij}x_ix_j\end{aligned}$$

其中,$\sum\limits_{i=2}^{n}\sum\limits_{j=2}^{n}b_{ij}x_ix_j=-a_{11}^{-1}\Big(\sum\limits_{j=2}^{n}a_{1j}x_j\Big)^2+\sum\limits_{i=2}^{n}\sum\limits_{j=2}^{n}a_{ij}x_ix_j$是一个含$x_2,x_3,\cdots,x_n$的$n-1$元二次型.

令

$$\begin{cases} y_1 = x_1 + \sum_{j=2}^{n} a_{11}^{-1} a_{1j} x_j \\ y_2 = x_2 \\ \cdots\cdots \\ y_n = x_n \end{cases}$$

则

$$\begin{cases} x_1 = y_1 - \sum_{j=2}^{n} a_{11}^{-1} a_{1j} y_j \\ x_2 = y_2 \\ \cdots\cdots \\ x_n = y_n \end{cases}$$

这是一个可逆线性变换，将它代入原二次型得

$$f(x_1,x_2,\cdots,x_n) = a_{11}y_1^2 + \sum_{i=2}^{n}\sum_{j=2}^{n} b_{ij}y_iy_j$$

由归纳法假定，对 $n-1$ 元二次型 $\sum_{i=2}^{n}\sum_{j=2}^{n} b_{ij}y_iy_j$，有可逆线性变换

$$\begin{cases} y_2 = c_{22}z_2 + c_{23}z_3 + \cdots + c_{2n}z_n \\ y_3 = c_{32}z_2 + c_{33}z_3 + \cdots + c_{3n}z_n \\ \cdots\cdots\cdots\cdots\cdots\cdots\cdots\cdots\cdots\cdots \\ y_n = c_{n2}z_2 + c_{n3}z_3 + \cdots + c_{nn}z_n \end{cases}$$

使它化为标准形

$$d_2z_2^2 + d_3z_3^2 + \cdots + d_nz_n^2$$

于是有可逆线性变换

$$\begin{cases} y_1 = z_1 \\ y_2 = c_{22}z_2 + \cdots + c_{2n}z_n \\ \cdots\cdots\cdots\cdots\cdots\cdots\cdots \\ y_n = c_{n2}z_2 + \cdots + c_{nn}z_n \end{cases}$$

使原二次型 $f(x_1,x_2,\cdots,x_n)$ 化为了标准形

$$f(x_1,x_2,\cdots,x_n) = a_{11}z_1^2 + d_2z_2^2 + \cdots + d_nz_n^2$$

（2）$a_{11}=0$，但至少有一 $a_{1j}\neq 0$（$j>1$）.

不失一般性，设 $a_{12}\neq 0$. 令

$$\begin{cases} x_1 = y_1 + y_2 \\ x_2 = y_1 - y_2 \\ x_3 = y_3 \\ \cdots\cdots \\ x_n = y_n \end{cases}$$

它是可逆线性变换，且使

$$\begin{aligned} f(x_1,x_2,\cdots,x_n) &= 2a_{12}x_1x_2 + \cdots \\ &= 2a_{12}(y_1+y_2)(y_1-y_2) + \cdots \\ &= 2a_{12}y_1^2 - 2a_{12}y_2^2 + \cdots \end{aligned}$$

这时上式右端是含变量 y_1，y_2，…，y_n 的二次型，且 y_1^2 的系数不为零，这属于已证明的第一种情况，于是结论成立；

(3) $a_{11} = a_{12} = \cdots = a_{1n} = 0$

由对称性，有

$$a_{21} = a_{31} = \cdots = a_{n1} = 0$$

即含 x_1 的各项全为0，于是二次型为

$$f(x_1,x_2,\cdots,x_n) = \sum_{i=2}^{n}\sum_{j=2}^{n} a_{ij}x_ix_j$$

这是一个含 x_2，x_3，…，x_n 的 $n-1$ 元二次型，由归纳法假设，定理的结论成立.

由于二次型与对称矩阵一一对应，所以用矩阵的语言，定理（8.2）又可叙述为：数域 P 上的任意一个对称矩阵都合同于对角阵．即对任一对称矩阵 A，必可找到一个可逆矩阵 C，使得 C^TAC 为对角阵.

8.2.2 化二次型为标准形的方法

下面介绍两种化二次型为标准形的方法.

1. 正交变换法

正交变换法是化实二次型为标准形的一种方法．如前所述，化二次型为标准形的问题，实质上就是对称矩阵合同于对角阵的问题．对 n 元实二次型 $f = X^TAX$，因矩阵 A 是 n 阶实对称矩阵，在7.3中我们知道实对称矩阵 A 必与对角阵正交相似，即存在正交矩阵 Q，使得

$$Q^{-1}AQ = \Lambda = diag(\lambda_1,\lambda_2,\cdots,\lambda_n)$$

其中 λ_1，λ_2，…，λ_n 为 A 的 n 个特征值.

因为 Q 为正交矩阵，所以

$$Q^{-1} = Q^T$$

因此

$$Q^TAQ=\Lambda$$

即实对称阵 A 必与由 A 的特征值构成的对角阵 Λ 合同. 于是对实二次型，我们利用正交矩阵 Q 作正交变换

$$X=QY$$

在此变换下，实二次型

$$f=X^TAX=(QY)^TA(QY)=Y^TQ^TAQY=Y^T\Lambda Y=\lambda_1y_1^2+\lambda_2y_2^2+\cdots+\lambda_ny_n^2$$

由此立即得到：

定理 8.3 任意一个实二次型 $f=X^TAX$ 都可经正交变换化为标准形，且标准形中平方项的系数就是矩阵 A 的全部特征值.

注：实二次型 f 经正交变换所化成的标准形中系数非零的平方项的个数，恰为 A 的非零特征值的个数，亦为 A 的秩.

化实二次型为标准形的正交变换法的步骤是：

1° 计算实二次型 f 的系数矩阵 A 的全部特征值 λ_1，λ_2，…，λ_n；

2° 求出使 A 与对角阵正交相似的正交矩阵 Q，令正交变换 $X=QY$；

3° 在正交变换 $X=QY$ 下，二次型 f 的标准形为

$$f=\lambda_1y_1^2+\lambda_2y_2^2+\cdots+\lambda_ny_n^2$$

例 1 用正交变换法化实二次型

$$f(x_1,x_2,x_3)=5x_1^2+5x_2^2+3x_3^2-2x_1x_2+6x_1x_3-6x_2x_3$$

为标准形，求出相应的正交变换，并指出 $f(x_1,x_2,x_3)=1$ 表示何种曲面.

解 二次型 f 的矩阵为

$$A=\begin{pmatrix}5&-1&3\\-1&5&-3\\3&-3&3\end{pmatrix}$$

A 的特征多项式

$$|\lambda E-A|=\begin{vmatrix}\lambda-5&1&-3\\1&\lambda-5&3\\-3&3&\lambda-3\end{vmatrix}=\lambda(\lambda-4)(\lambda-9)$$

A 的三个特征根为 $\lambda_1=0$，$\lambda_2=4$，$\lambda_3=9$.

对 $\lambda_1=0$，解齐次线性方程组 $(0E-A)X=\mathbf{0}$，得基础解系

$$X_1=\begin{pmatrix}-1\\1\\2\end{pmatrix}$$

对 $\lambda_2=4$，解齐次线性方程组 $(4E-A)X=\mathbf{0}$，得基础解系

$$X_2=\begin{pmatrix}1\\1\\0\end{pmatrix}$$

对 $\lambda_3=9$，解齐次线性方程组 $(9E-A)X=\mathbf{0}$，得基础解系

$$X_3=\begin{pmatrix}1\\-1\\1\end{pmatrix}$$

由于 A 的 3 个特征根都是单根，因此 X_1，X_2，X_3 两两正交. 于是将 X_1，X_2，X_3 单位化得

$$\eta_1=\begin{pmatrix}-\frac{1}{\sqrt{6}}\\\frac{1}{\sqrt{6}}\\\frac{2}{\sqrt{6}}\end{pmatrix},\ \eta_2=\begin{pmatrix}\frac{1}{\sqrt{2}}\\\frac{1}{\sqrt{2}}\\0\end{pmatrix},\ \eta_3=\begin{pmatrix}\frac{1}{\sqrt{3}}\\-\frac{1}{\sqrt{3}}\\\frac{1}{\sqrt{3}}\end{pmatrix}$$

构成正交矩阵

$$Q=\begin{pmatrix}-\frac{1}{\sqrt{6}}&\frac{1}{\sqrt{2}}&\frac{1}{\sqrt{3}}\\\frac{1}{\sqrt{6}}&\frac{1}{\sqrt{2}}&-\frac{1}{\sqrt{3}}\\\frac{2}{\sqrt{6}}&0&\frac{1}{\sqrt{3}}\end{pmatrix}$$

令正交变换

$$X=QY$$

即

$$\begin{pmatrix}x_1\\x_2\\x_3\end{pmatrix}=\begin{pmatrix}-\frac{1}{\sqrt{6}}&\frac{1}{\sqrt{2}}&\frac{1}{\sqrt{3}}\\\frac{1}{\sqrt{6}}&\frac{1}{\sqrt{2}}&-\frac{1}{\sqrt{3}}\\\frac{2}{\sqrt{6}}&0&\frac{1}{\sqrt{3}}\end{pmatrix}\begin{pmatrix}y_1\\y_2\\y_3\end{pmatrix}$$

或

$$\begin{cases} x_1 = -\frac{1}{\sqrt{6}}y_1 + \frac{1}{\sqrt{2}}y_2 + \frac{1}{\sqrt{3}}y_3 \\ x_2 = \frac{1}{\sqrt{6}}y_1 + \frac{1}{\sqrt{2}}y_2 - \frac{1}{\sqrt{3}}y_3 \\ x_3 = \frac{2}{\sqrt{6}}y_1 \qquad\qquad + \frac{1}{\sqrt{3}}y_3 \end{cases}$$

在此变换下原实二次型f化为标准形：

$$f = 4y_2^2 + 9y_3^2$$

$f(x_1,x_2,x_3)=1$ 即 $4y_2^2+9y_3^2=1$ 表示椭圆柱面.

例2 用正交变换法化实二次型

$$f(x_1,x_2,x_3,x_4) = 2x_1x_2 + 2x_1x_3 - 2x_1x_4 - 2x_2x_3 + 2x_2x_4 + 2x_3x_4$$

为标准形，并求出相应的正交变换.

解 二次型f的矩阵

$$A = \begin{pmatrix} 0 & 1 & 1 & -1 \\ 1 & 0 & -1 & 1 \\ 1 & -1 & 0 & 1 \\ -1 & 1 & 1 & 0 \end{pmatrix}$$

A 的特征多项式

$$|\lambda E - A| = \begin{vmatrix} \lambda & -1 & -1 & 1 \\ -1 & \lambda & 1 & -1 \\ -1 & 1 & \lambda & -1 \\ 1 & -1 & -1 & \lambda \end{vmatrix} = (\lambda+3)(\lambda-1)^3$$

A 的特征值 $\lambda_1=\lambda_2=\lambda_3=1$，$\lambda_4=-3$

对 $\lambda_1=\lambda_2=\lambda_3=1$，解齐次线性方程组 $(E-A)X=\mathbf{0}$，得基础解系

$$X_1 = \begin{pmatrix} 1 \\ 1 \\ 0 \\ 0 \end{pmatrix}, \quad X_2 = \begin{pmatrix} 1 \\ 0 \\ 1 \\ 0 \end{pmatrix}, \quad X_3 = \begin{pmatrix} -1 \\ 0 \\ 0 \\ 1 \end{pmatrix}$$

将它们正交化得

$$\beta_1 = X_1 = \begin{pmatrix} 1 \\ 1 \\ 0 \\ 0 \end{pmatrix}$$

$$\beta_2 = X_2 - \frac{(\beta_1, X_2)}{(\beta_1, \beta_1)}\beta_1 = \begin{pmatrix} \frac{1}{2} \\ -\frac{1}{2} \\ 1 \\ 0 \end{pmatrix}$$

$$\beta_3 = X_3 - \frac{(\beta_1, X_3)}{(\beta_1, \beta_1)}\beta_1 - \frac{(\beta_2, X_3)}{(\beta_2, \beta_2)}\beta_2 = \begin{pmatrix} -\frac{1}{3} \\ \frac{1}{3} \\ \frac{1}{3} \\ 1 \end{pmatrix}$$

对 $\lambda_4 = -3$，解齐次线性方程组 $(-3E - A)X = \mathbf{0}$，得基础解系

$$X_4 = \begin{pmatrix} 1 \\ -1 \\ -1 \\ 1 \end{pmatrix}$$

β_1，β_2，β_3，X_4 两两正交，将它们单位化得

$$\eta_1 = \begin{pmatrix} \frac{1}{\sqrt{2}} \\ \frac{1}{\sqrt{2}} \\ 0 \\ 0 \end{pmatrix}, \ \eta_2 = \begin{pmatrix} \frac{1}{\sqrt{6}} \\ -\frac{1}{\sqrt{6}} \\ \frac{2}{\sqrt{6}} \\ 0 \end{pmatrix}, \ \eta_3 = \begin{pmatrix} -\frac{1}{\sqrt{12}} \\ \frac{1}{\sqrt{12}} \\ \frac{1}{\sqrt{12}} \\ \frac{3}{\sqrt{12}} \end{pmatrix}, \ \eta_4 = \begin{pmatrix} \frac{1}{2} \\ -\frac{1}{2} \\ -\frac{1}{2} \\ \frac{1}{2} \end{pmatrix}$$

构成正交矩阵

$$Q=\begin{pmatrix}\frac{1}{\sqrt{2}} & \frac{1}{\sqrt{6}} & -\frac{1}{\sqrt{12}} & \frac{1}{2}\\ \frac{1}{\sqrt{2}} & -\frac{1}{\sqrt{6}} & \frac{1}{\sqrt{12}} & -\frac{1}{2}\\ 0 & \frac{2}{\sqrt{6}} & \frac{1}{\sqrt{12}} & -\frac{1}{2}\\ 0 & 0 & \frac{3}{\sqrt{12}} & \frac{1}{2}\end{pmatrix}$$

令正交变换

$$X=QY$$

在此变换下原实二次型 f 化为标准形：

$$f=y_1^2+y_2^2+y_3^2-3y_4^2$$

例 3 设实二次型 $f(x_1,x_2,x_3)=2x_1^2+3x_2^2+3x_3^2+2ax_2x_3$ 经正交变换 $X=QY$ 化为标准形 $f=y_1^2+2y_2^2+5y_3^2$，求 a.

解 变换前后实二次型的矩阵分别为

$$A=\begin{pmatrix}2 & 0 & 0\\ 0 & 3 & a\\ 0 & a & 3\end{pmatrix},\ B=\begin{pmatrix}1 & & \\ & 2 & \\ & & 5\end{pmatrix}$$

因存在正交矩阵，使

$$B=Q^TAQ=Q^{-1}AQ$$

即 A 与 B 相似，故有

$$|\lambda E-A|=|\lambda E-B|$$

从而

$$\begin{vmatrix}\lambda-2 & 0 & 0\\ 0 & \lambda-3 & -a\\ 0 & -a & \lambda-3\end{vmatrix}=\begin{vmatrix}\lambda-1 & & \\ & \lambda-2 & \\ & & \lambda-5\end{vmatrix}$$

即

$$(\lambda-2)(\lambda^2-6\lambda+9-a^2)=(\lambda-2)(\lambda^2-6\lambda+5)$$

比较两边 λ 的同次项系数可得

$$9-a^2=5$$

解之得

$$a=\pm 2$$

2. 配方法

配方法通常也称之为拉格朗日配方法，适用于任意二次型化为标准形. 在变量不太多时，此法简便易行. 这种方法的步骤是：首先集中含有平方项的一个变量的各项进行配方，然后再集中含有平方项的另一变量的各项配方，如此继续下去，直到配成完全平方为止.

例 4 化二次型

$$f(x_1,x_2,x_3)=x_1^2+x_2^2+3x_3^2+4x_1x_2+2x_1x_3+2x_2x_3$$

为标准形，并求出所用的可逆线性变换.

解 因变量 x_1 有平方项，所以先集中含 x_1 的各项进行配方. 然后按变量的顺序继续下去，直到配成完全平方为止.

$$\begin{aligned}
f(x_1,x_2,x_3)&=x_1^2+x_2^2+3x_3^2+4x_1x_2+2x_1x_3+2x_2x_3\\
&=x_1^2+2(2x_2+x_3)x_1+x_2^2+3x_3^2+2x_2x_3\\
&=[x_1^2+2(2x_2+x_3)x_1+(2x_2+x_3)^2]-(2x_2+x_3)^2+x_2^2+3x_3^2+2x_2x_3\\
&=(x_1+2x_2+x_3)^2-4x_2^2-x_3^2-4x_2x_3+x_2^2+3x_3^2+2x_2x_3\\
&=(x_1+2x_2+x_3)^2-3x_2^2+2x_3^2-2x_2x_3\\
&=(x_1+2x_2+x_3)^2-3\left(x_2^2+\frac{2}{3}x_2x_3\right)+2x_3^2\\
&=(x_1+2x_2+x_3)^2-3\left(x_2^2+\frac{2}{3}x_2x_3+\frac{1}{9}x_3^2-\frac{1}{9}x_3^2\right)+2x_3^2\\
&=(x_1+2x_2+x_3)^2-3\left(x_2+\frac{1}{3}x_3\right)^2+\frac{1}{3}x_3^2+2x_3^2\\
&=(x_1+2x_2+x_3)^2-3\left(x_2+\frac{1}{3}x_3\right)^2+\frac{7}{3}x_3^2
\end{aligned}$$

令

$$\begin{cases}y_1=x_1+2x_2+x_3\\ y_2=\quad x_2+\frac{1}{3}x_3\\ y_3=\quad x_3\end{cases}$$

于是

$$\begin{cases}x_1=y_1-2y_2-\frac{1}{3}y_3\\ x_2=\quad y_2-\frac{1}{3}y_3\\ x_3=\quad y_3\end{cases}$$

即

$$X=CY$$

其中变换矩阵

$$C=\begin{pmatrix}1 & -2 & -\frac{1}{3}\\ 0 & 1 & -\frac{1}{3}\\ 0 & 0 & 1\end{pmatrix},\quad |C|\neq 0$$

从而所用的线性变换是可逆线性变换，在此变换下，原二次型化为标准形

$$f=y_1^2-3y_2^2+\frac{7}{3}y_3^2$$

上面的配方是按变量的顺序进行的. 也可按配方的难易程度来选择顺序. 例如先按 x_1 配方后，再将 x_3 的各项集中进行配方，即

$$\begin{aligned}f(x_1,x_2,x_3)&=x_1^2+x_2^2+3x_3^2+4x_1x_2+2x_1x_3+2x_2x_3\\&=(x_1+2x_2+x_3)^2-3x_2^2+2x_3^2-2x_2x_3\\&=(x_1+2x_2+x_3)^2+2(x_3^2-x_2x_3)-3x_2^2\\&=(x_1+2x_2+x_3)^2+2\left(x_3^2-x_2x_3+\frac{1}{4}x_2^2-\frac{1}{4}x_2^2\right)-3x_2^2\\&=(x_1+2x_2+x_3)^2+2\left(x_3-\frac{1}{2}x_2\right)^2-\frac{1}{2}x_2^2-3x_2^2\\&=(x_1+2x_2+x_3)^2+2\left(x_3-\frac{1}{2}x_2\right)^2-\frac{7}{2}x_2^2\end{aligned}$$

令

$$\begin{cases}y_1=x_1+2x_2+x_3\\ y_2=\quad -\frac{1}{2}x_2+x_3\\ y_3=\quad x_2\end{cases}$$

于是

$$\begin{cases}x_1=y_1-y_2-\frac{5}{2}y_3\\ x_2=\quad y_3\\ x_3=\quad y_2+\frac{1}{2}y_3\end{cases}$$

即

$$X=CY$$

其中变换矩阵

$$C=\begin{pmatrix}1 & -1 & -\frac{5}{2}\\ 0 & 0 & 1\\ 0 & 1 & \frac{1}{2}\end{pmatrix},\quad |C|\neq 0$$

从而所用的线性变换是可逆线性变换，在此变换下，原二次型化为标准形

$$f=y_1^2+2y_2^2-\frac{7}{2}y_3^2$$

由此可见，二次型的标准形不是唯一的.

例 5　化二次型 $f(x_1,x_2,x_3)=x_1x_2+x_1x_3+x_2x_3$ 为标准形，并求出所用的可逆线性变换.

解　f 中没有平方项，为出现平方项，先作可逆线性变换

$$\begin{cases}x_1=y_1+y_2\\ x_2=y_1-y_2\\ x_3=\qquad\qquad y_3\end{cases}$$

得

$$\begin{aligned}f&=(y_1+y_2)(y_1-y_2)+(y_1+y_2)y_3+(y_1-y_2)y_3\\&=y_1^2-y_2^2+2y_1y_3\\&=(y_1^2+2y_1y_3+y_3^2)-y_3^2-y_2^2\\&=(y_1+y_3)^2-y_2^2-y_3^2\end{aligned}$$

再作可逆线性变换

$$\begin{cases}z_1=y_1\qquad +y_3\\ z_2=\qquad y_2\\ z_3=\qquad\qquad y_3\end{cases}$$

即

$$\begin{cases}y_1=z_1\qquad -z_3\\ y_2=\qquad z_2\\ y_3=\qquad\qquad z_3\end{cases}$$

为得到由 x_1，x_2，x_3 到 z_1，z_2，z_3 的可逆线性变换，将后一个变换代入前一个变换，整理得

$$\begin{cases} x_1 = z_1 + z_2 - z_3 \\ x_2 = z_1 - z_2 - z_3 \\ x_3 = \qquad\qquad z_3 \end{cases}$$

即

$$X = CZ$$

其中

$$C = \begin{pmatrix} 1 & 1 & -1 \\ 1 & -1 & -1 \\ 0 & 0 & 1 \end{pmatrix},\quad |C| = -2 \neq 0$$

故 $X = CZ$ 为可逆线性变换. 在此变换下，原二次型 f 化为标准形

$$f = z_1^2 - z_2^2 - z_3^2$$

也可用矩阵表示两次可逆变换，若 $X = C_1Y$，$Y = C_2Z$，则 $X = C_1Y = C_1C_2Z = CZ$，其中变换矩阵 $C = C_1C_2$. 本例中有

$$C = C_1C_2 = \begin{pmatrix} 1 & 1 & 0 \\ 1 & -1 & 0 \\ 0 & 0 & 1 \end{pmatrix}\begin{pmatrix} 1 & 0 & -1 \\ 0 & 1 & 0 \\ 0 & 0 & 1 \end{pmatrix} = \begin{pmatrix} 1 & 1 & -1 \\ 1 & -1 & -1 \\ 0 & 0 & 1 \end{pmatrix},\ (|C| = -2 \neq 0)$$

本题若用正交变换法，则因二次型 f 的矩阵为

$$A = \begin{pmatrix} 0 & \frac{1}{2} & \frac{1}{2} \\ \frac{1}{2} & 0 & \frac{1}{2} \\ \frac{1}{2} & \frac{1}{2} & 0 \end{pmatrix}$$

$$|\lambda E - A| = \begin{vmatrix} \lambda & -\frac{1}{2} & -\frac{1}{2} \\ -\frac{1}{2} & \lambda & -\frac{1}{2} \\ -\frac{1}{2} & -\frac{1}{2} & \lambda \end{vmatrix} = (\lambda - 1)\left(\lambda + \frac{1}{2}\right)^2$$

A 的特征值 $\lambda_1 = 1$，$\lambda_2 = \lambda_3 = -\frac{1}{2}$.

因此，在正交变换下，二次型的标准形为

$$f = z_1^2 - \frac{1}{2}z_2^2 - \frac{1}{2}z_3^2$$

这再一次说明二次型的标准形不唯一. 但可以证明，标准形中正项的个数和负项的个数是唯一确定的.

注意：1° 用配方法所得的标准形与用正交变换法所得的标准形不一定相同；

2° 用配方法所得的标准形的系数不一定是二次型矩阵的特征值.

8.2.3 二次型的规范形

1. 复二次型的规范形

设$f(x_1,x_2,\cdots,x_n)$是复二次型，它经适当的可逆线性变换后化为标准形，设它的标准形为

$$d_1y_1^2+d_2y_2^2\cdots+d_ry_r^2 \tag{8.8}$$

其中r是二次型$f(x_1,x_2,\cdots,x_n)$的秩.

因为复数总可以开平方，因此再作可逆线性变换

$$\begin{cases} y_1=\dfrac{1}{\sqrt{d_1}}z_1 \\ \cdots\cdots\cdots\cdots \\ y_r=\dfrac{1}{\sqrt{d_r}}z_r \\ y_{r+1}=z_{r+1} \\ \cdots\cdots\cdots \\ y_n=z_n \end{cases} \tag{8.9}$$

代入（8.8）得到

$$f=z_1^2+z_2^2\cdots+z_r^2 \tag{8.10}$$

定义 8.5 平方项的系数为 1 或 0 的标准形称为复二次型的规范形.

（8.10）式就是复二次型的规范形. 显然，复二次型的规范形完全被原二次型的秩所确定.

定理 8.4 任一复二次型总可经适当的可逆线性变换化为规范形，且规范形唯一.

2. 实二次型的规范形

由前面的讨论我们知道，任一实二次型$f(x_1,x_2,\cdots,x_n)$都可经适当的可逆线性变换化为标准形，不妨设标准形为：

$$d_1y_1^2+\cdots+d_py_p^2-d_{p+1}y_{p+1}^2-\cdots-d_ry_r^2 \tag{8.11}$$

其中$d_i>0$，$(i=1,\ \cdots,\ r)$，r是$f(x_1,x_2,\cdots,x_n)$的秩.

因为在实数域中，正实数总可以开平方，所以再作可逆线性变换

$$\begin{cases} y_1 = \dfrac{1}{\sqrt{d_1}} z_1 \\ \cdots\cdots\cdots\cdots\cdots \\ y_r = \dfrac{1}{\sqrt{d_r}} z_r \\ y_{r+1} = z_{r+1} \\ \cdots\cdots\cdots\cdots \\ y_n = z_n \end{cases} \tag{8.12}$$

将上述变换代入（8.11）得

$$f = z_1^2 + \cdots + z_p^2 - z_{p+1}^2 - \cdots - z_r^2 \tag{8.13}$$

定义 8.6 系数为 1、-1 或 0 的标准形称为实二次型的规范形.

（8.13）式就是原实二次型的规范形.

显然，实二次型的规范形完全被二次型矩阵的秩 r 与标准形中正项的个数 p 所决定。对此我们有下面的重要定理：

定理 8.5 （惯性定理）任一实二次型都可经可逆线性变换化为规范形，且规范形唯一.

证 定理的前一半由前面所进行的变换已经证明，下证唯一性.

设实二次型经可逆线性变换 $X = BY$ 化为规范形

$$f = y_1^2 + \cdots + y_p^2 - y_{p+1}^2 - \cdots - y_r^2 \tag{8.14}$$

又经可逆线性变换 $X = CZ$ 化为规范形

$$f = z_1^2 + \cdots + z_q^2 - z_{q+1}^2 - \cdots - z_r^2 \tag{8.15}$$

下面证明 $p = q$.

先证 $p \leqslant q$. 用反证法. 假设 $p > q$.

因

$$y_1^2 + \cdots + y_p^2 - y_{p+1}^2 - \cdots - y_r^2 = z_1^2 + \cdots + z_q^2 - z_{q+1}^2 - \cdots - z_r^2 \tag{8.16}$$

又

$$BY = CZ$$

于是

$$Z = C^{-1}BY$$

设

$$C^{-1}B=G=\begin{pmatrix} g_{11} & g_{12} & \cdots & g_{1n} \\ g_{21} & g_{22} & \cdots & g_{2n} \\ \cdots & \cdots & \cdots & \cdots \\ g_{n1} & g_{n2} & \cdots & g_{nn} \end{pmatrix}$$

即有

$$\begin{cases} z_1=g_{11}y_1+g_{12}y_2+\cdots+g_{1n}y_n \\ z_2=g_{21}y_1+g_{22}y_2+\cdots+g_{2n}y_n \\ \quad\cdots \quad\quad \cdots \quad\quad\quad \cdots \\ z_n=g_{n1}y_1+g_{n2}y_2+\cdots+g_{nn}y_n \end{cases} \tag{8.17}$$

考虑齐次线性方程组

$$\begin{cases} g_{11}y_1+g_{12}y_2+\cdots+g_{1n}y_n=0 \\ \cdots\cdots\cdots\cdots\cdots\cdots\cdots\cdots\cdots\cdots \\ g_{q1}y_1+g_{q2}y_2+\cdots g_{qn}y_n=0 \\ y_{p+1}=0 \\ \cdots\cdots\cdots \\ y_n=0 \end{cases} \tag{8.18}$$

由假设 $p>q$ 可知，这个齐次线性方程组的方程个数

$$q+(n-p)=n-(p-q)<n$$

即方程个数小于未知数个数，所以（8.18）有非零解．设

$$(y_1,\cdots,y_p,y_{p+1},\cdots,y_n)$$

为（8.18）的一个非零解，由方程组（8.18）的后 $n-p$ 个方程知

$$y_{p+1}=\cdots=y_n=0$$

所以 y_1，…，y_p 不全为零，于是将该非零解代入（8.14）式得二次型的值

$$f=y_1^2+\cdots+y_p^2>0$$

再由方程组（8.18）的前 p 个方程及（8.17）知

$$z_1=z_2=\cdots=z_q=0$$

于是将非零解$(y_1,\cdots,y_p,y_{p+1},\cdots,y_n)$所对应的 Z 值代入（8.15）式又得二次型的值为

$$f=-z_{q+1}^2-\cdots-z_r^2\leqslant 0$$

这就出现矛盾，所以假设 $p>q$ 不成立．于是 $p\leqslant q$.

类似可证：$p\geqslant q$.

从而 $p=q$．即规范形中正平方项的个数 p 唯一确定，由于二次型的秩 r 唯一确

定，因此规范形中负平方项的个数 $r-p$ 也唯一确定，从而规范形唯一.

定义 8.7 在实二次型 $f(x_1,x_2,\cdots,x_n)$ 的规范形中，正平方项的个数 p 称为 $f(x_1,x_2,\cdots,x_n)$ 的正惯性指数；负平方项的个数 $r-p$ 称为 $f(x_1,x_2,\cdots,x_n)$ 的负惯性指数；它们的差 $p-(r-p)=2p-r$ 称为 $f(x_1,x_2,\cdots,x_n)$ 的符号差.

应该指出，虽然实二次型的标准形不是唯一的，但是由上面化成规范形的过程可以看出，标准形中系数为正的平方项的个数与规范形中正平方项的个数是一致的. 因此，惯性定理也可以叙述为：实二次型的标准形中系数为正的平方项的个数是唯一确定的，它等于正惯性指数，系数为负的平方项的个数等于负惯性指数.

习题 8.2

1. 用正交变换法化下列实二次型为标准形，并求出所用的正交变换.

(1) $f(x_1,x_2,x_3)=2x_1^2+3x_2^2+3x_3^2+4x_2x_3$

(2) $f(x_1,x_2,x_3,x_4)=2x_1x_2-2x_3x_4$

(3) $f(x_1,x_2,x_3)=x_1^2+4x_2^2+4x_3^2-4x_1x_2+4x_1x_3-8x_2x_3$

2. 已知二次型 $f(x_1,x_2,x_3)=2x_1^2+x_2^2+x_3^2+2cx_1x_2+2x_2x_3$ 的秩为 2.

(1) 求 c；

(2) 求一正交变换化二次型为标准形.

3. 已知二次型 $f(x_1,x_2,x_3)=4x_2^2-3x_3^2+2ax_1x_2-4x_1x_3+8x_2x_3$ 经正交变换化为标准形 $f=y_1^2+6y_2^2+by_3^2$，求 a，b 的值与所用正交变换.

4. 已知二次曲面方程 $x^2+ay^2+z^2+2bxy+2xz+2yz=4$ 可经正交变换 $\begin{pmatrix}x\\y\\z\end{pmatrix}=Q\begin{pmatrix}\xi\\\eta\\\zeta\end{pmatrix}$ 化为椭圆柱面方程 $\eta^2+4\zeta^2=4$，求 a，b 的值与正交矩阵 Q.

5. 用配方法化下列二次型为标准形，并求出所用的可逆线性变换.

(1) $f(x_1,x_2,x_3)=x_1^2+2x_2^2+5x_3^2+2x_1x_2+2x_1x_3+8x_2x_3$

(2) $f(x_1,x_2,x_3)=x_1x_2-5x_1x_3+x_2x_3$

(3) $f(x_1,x_2,x_3)=x_1^2+5x_2^2+5x_3^2+4x_1x_2-2x_1x_3-8x_2x_3$

6. 在二次型 $f(x_1,x_2,x_3)=(x_1-x_2)^2+(x_2-x_3)^2+(x_3-x_1)^2$ 中，令

$$\begin{cases}y_1=x_1-x_2\\y_2=x_2-x_3\\y_3=x_3-x_1\end{cases}$$

得　$f=y_1^2+y_2^2+y_3^2$

可否由此认定上式为原二次型 f 的标准形且原二次型的秩为3？为什么？若结论是否定的，请你将 f 化为标准形并确定 f 的秩.

7. 判断矩阵 $A=\begin{pmatrix}0&1\\1&2\end{pmatrix}$ 与 $B=\begin{pmatrix}1&1\\1&3\end{pmatrix}$ 是否合同.

8.3　正定二次型

8.3.1　正定二次型

定义 8.8　设 $f(x_1,x_2,\cdots,x_n)$ 为一个实二次型，若对任意一组不全为零的实数 c_1，c_2，…，c_n，实二次型的值

$$f(c_1,c_2,\cdots,c_n)>0 \tag{8.19}$$

则称 $f(x_1,x_2,\cdots,x_n)$ 为正定二次型，并称正定二次型的矩阵为正定矩阵.

若将（8.19）式中的大于号“>”分别改作“<”、“≥”和“≤”，则相应的实二次型依次称为负定、半正定和半负定二次型，其对应的矩阵分别称为负定、半正定和半负定矩阵；若一些不全为零的实数 c_1，c_2，…，c_n 使得实二次型的值 $f(c_1,c_2,\cdots,c_n)>0$，而另外一些不全为零的实数 b_1，b_2，…，b_n 使得实二次型的值 $f(b_1,b_2,\cdots,b_n)<0$，则称实二次型 f 为不定二次型，不定二次型的矩阵称为不定矩阵.

例如，三元实二次型 $f(x_1,x_2,x_3)=x_1^2+x_2^2+3x_3^2$ 是正定二次型，三元实二次型 $f(x_1,x_2,x_3)=x_1^2+2x_2^2+0x_3^2$ 是半正定二次型，而三元实二次型 $f(x_1,x_2,x_3)=x_1^2+2x_2^2-x_3^2$ 则是不定二次型.

上述三个实二次型之所以如此容易地看出其类型，显然是由于其本身就是标准形. 那么能否通过可逆线性变换将一个任意的实二次型化为标准形来判断其正定性呢？换一句话就是说，实二次型经可逆线性变换后，其正定性是否改变呢？下面就此进行讨论.

设正定二次型

$$f(x_1,x_2,\cdots,x_n) \tag{8.20}$$

经过可逆实线性变换

$$X=CY\qquad（C\text{ 为实矩阵}） \tag{8.21}$$

变成实二次型

$$g(y_1,y_2,\cdots,y_n) \tag{8.22}$$

令

$$y_1=k_1,\ y_2=k_2,\ \cdots,\ y_n=k_n \tag{8.23}$$

其中 k_1，k_2，…，k_n 为任意一组不全为零的实数.

将（8.23）代入（8.21）的右端，即得 x_1，x_2，…，x_n 对应的一组值，设为 c_1，c_2，…，c_n，即

$$X=\begin{pmatrix} c_1 \\ c_2 \\ \vdots \\ c_n \end{pmatrix}$$

于是

$$\begin{pmatrix} c_1 \\ c_2 \\ \vdots \\ c_n \end{pmatrix}=C\begin{pmatrix} k_1 \\ k_2 \\ \vdots \\ k_n \end{pmatrix} \tag{8.24}$$

因矩阵 C 可逆，故

$$\begin{pmatrix} k_1 \\ k_2 \\ \vdots \\ k_n \end{pmatrix}=C^{-1}\begin{pmatrix} c_1 \\ c_2 \\ \vdots \\ c_n \end{pmatrix} \tag{8.25}$$

由（8.24）和（8.25）式可知，c_1，c_2，…，c_n 是一组不全为零的实数的充要条件是 k_1，k_2，…，k_n 是一组不全为零的实数. 于是

$$g(k_1,k_2,\cdots,k_n)=f(c_1,c_2,\cdots,c_n)>0$$

这表明实二次型 $g(y_1,y_2,\cdots,y_n)$ 亦是正定的.

定理 8.6　若正定二次型 $f=X^TAX$ 经可逆实线性变换 $X=CY$ 变成实二次型 $f=Y^TBY$，则 Y^TBY 必为正定二次型.

因为实二次型（8.22）也可以经可逆实线性变换 $Y=C^{-1}X$ 变回到实二次型（8.20），所以当（8.22）正定时（8.20）也正定. 由此可知：可逆实线性变换保持实二次型的正定性不变.

下面给出判定实二次型正定的几个充要条件.

定理 8.7　设 $f=X^TAX$ 为 n 元实二次型，则下面 5 个条件等价：

(1) f 为正定二次型；

(2) A 的特征值全为正；

(3) f 的正惯性指数为 n；

(4) A 合同于单位阵 E;

(5) 存在 n 阶可逆矩阵 C，使得 $A=C^TC$.

证 用循环证法（即（1）⇒（2）⇒（3）⇒（4）⇒（5）⇒（1））.

（1）⇒（2）:

设 A 的特征值为 λ_i，A 的属于 λ_i 的特征向量为 $X_i \quad (i=1,2,\cdots,n)$. 因 A 为实对称矩阵，故 $\lambda_i(i=1,2,\cdots,n)$ 为实数，$X_i(i=1,2,\cdots,n)$ 为实向量.

由 f 的正定性，注意到 $X_i\neq\theta$，将 X_i 代入二次型有

$$f=X_i{}^TAX_i=X_i^T(AX_i)=X_i^T(\lambda_iX_i)=\lambda_iX_i^TX_i>0$$

因 $X_i^TX_i>0$，故

$$\lambda_i>0 \qquad (i=1,\ 2,\ \cdots,\ n)$$

即 A 的特征值全为正.

（2）⇒（3）:

由定理 7.3，存在正交变换 $X=QY$ 使二次型 $f=X^TAX$ 化为标准形：

$$f=\lambda_1y_1^2+\lambda_2y_2^2+\cdots+\lambda_ny_n^2$$

其中 $\lambda_i(i=1,2,\cdots,n)$ 为 A 的特征值.

由（2），$\lambda_i>0(i=1,2,\cdots,n)$，故二次型 f 的正惯性指数为 n.

（3）⇒（4）:

当（3）成立时，二次型 $f=X^TAX$ 的规范形为

$$f=y_1^2+y_2^2+\cdots+y_n^2=Y^TEY$$

因为可逆线性变换前后两个二次型的矩阵合同，所以 A 合同于 E.

（4）⇒（5）:

由（4），即存在 n 阶可逆矩阵 P 使得 $P^TAP=E$，于是

$$A=(P^T)^{-1}P^{-1}=(P^{-1})^TP^{-1}$$

令 $C=P^{-1}$，则 C 可逆，于是

$$A=C^TC$$

（5）⇒（1）:

由 $A=C^TC$（C 可逆），对任意 $X\neq\theta$，有 $CX\neq\theta$，从而

$$f=X^TAX=X^T(C^TC)X=(CX)^TCX>0$$

故 $f=X^TAX$ 为正定二次型.

直接由实二次型 f 的矩阵 A 也可判定其正定性. 为介绍这种方法，先引入下面的定义.

定义 8.9 设 n 阶矩阵

$$A=\begin{pmatrix} a_{11} & a_{12} & \cdots & a_{1n} \\ a_{21} & a_{22} & \cdots & a_{2n} \\ \cdots & \cdots & \cdots & \cdots \\ a_{n1} & a_{n2} & \cdots & a_{nn} \end{pmatrix}$$

称 A 的子式

$$P_i=\begin{vmatrix} a_{11} & a_{12} & \cdots & a_{1i} \\ a_{21} & a_{22} & \cdots & a_{2i} \\ \cdots & \cdots & \cdots & \cdots \\ a_{i1} & a_{i2} & \cdots & a_{ii} \end{vmatrix} \quad (i=1,2,\cdots,n)$$

为 A 的 $i(i=1,2,\cdots,n)$ 阶顺序主子式. A 的顺序主子式一共有 n 个.

定理 8.8 实二次型 $f(x_1,x_2,\cdots,x_n)=X^TAX$ 为正定二次型的充要条件是 A 的各阶顺序主子式全大于零；$f=X^TAX$ 为负定二次型的充要条件是 A 的全部奇数阶顺序主子式小于零，且全部偶数阶顺序主子式大于零.

证略.

例 1 判定实二次型 $f(x_1,x_2,x_3)=5x_1^2+6x_2^2+4x_3^2-4x_1x_2-4x_2x_3$ 是否正定.

解 二次型的矩阵为

$$A=\begin{pmatrix} 5 & -2 & 0 \\ -2 & 6 & -2 \\ 0 & -2 & 4 \end{pmatrix}$$

A 的各阶顺序主子式

$$P_1=5>0$$

$$P_2=\begin{vmatrix} 5 & -2 \\ -2 & 6 \end{vmatrix}=26>0$$

$$P_3=\begin{vmatrix} 5 & -2 & 0 \\ -2 & 6 & -2 \\ 0 & -2 & 4 \end{vmatrix}=84>0$$

故 f 正定.

例 2 设实二次型

$$f(x_1,x_2,x_3)=tx_1^2+tx_2^2+tx_3^2+2x_1x_2+2x_1x_3-2x_2x_3$$

(1) t 为何值时 f 正定；

(2) t 为何值时 f 负定.

解 二次型的矩阵为

$$A=\begin{pmatrix} t & 1 & 1 \\ 1 & t & -1 \\ 1 & -1 & t \end{pmatrix}$$

A 的各阶顺序主子式

$$P_1=t$$

$$P_2=\begin{vmatrix} t & 1 \\ 1 & t \end{vmatrix}=t^2-1$$

$$P_3=\begin{vmatrix} t & 1 & 1 \\ 1 & t & -1 \\ 1 & -1 & t \end{vmatrix}=(t+1)^2(t-2)$$

由

$$\begin{cases} t>0 \\ t^2-1>0 \\ (t+1)^2(t-2)>0 \end{cases}$$

解得

$$t>2$$

于是 $t>2$ 时，二次型 f 正定；

又由

$$\begin{cases} t<0 \\ t^2-1>0 \\ (t+1)^2(t-2)<0 \end{cases}$$

解得

$$t<-1$$

于是 $t<-1$ 时，二次型 f 负定.

必须指出的是，矩阵的正定性只是对实对称矩阵而言，因此判定矩阵是否正定时，所讨论的矩阵首先必须是实对称矩阵.

例 3 设 A 为 3 阶实对称矩阵且 $A^3-2A^2+A-2E=O$，证明 A 是正定矩阵.

证 设 λ 是 A 的任一特征值，X 为 A 的属于 λ 的特征向量.

因 $\lambda^3-2\lambda^2+\lambda-2$ 是 A^3-2A^2+A-2E 的特征值，X 为 A^3-2A^2+A-2E 的属于 $\lambda^3-2\lambda^2+\lambda-2$ 的特征向量. 从而有

$$(A^3-2A^2+A-2E)X=(\lambda^3-2\lambda^2+\lambda-2)X$$

再由题设

$$A^3-2A^2+A-2E=O$$

得

$$(\lambda^3-2\lambda^2+\lambda-2)X=\theta$$

而 $X\neq\theta$，故

$$\lambda^3-2\lambda^2+\lambda-2=0$$

解之得 $\lambda=2$ 或 $\lambda=\pm i$

因为 A 为实对称矩阵，所以特征值一定是实数，故只有特征值 $\lambda=2$，即 A 的全部特征值为正，所以 A 是正定矩阵.

例 4 设 A 是 n 阶正定矩阵，证明 $|A+E|>1$.

证 设 λ_1，λ_2，…，λ_n 是 A 的特征值，因 A 正定，所以 λ_1，λ_2，…，λ_n 全大于零，于是矩阵 $A+E$ 的特征值 λ_1+1，λ_2+1，…，λ_n+1 全大于 1，所以

$$|A+E|=(\lambda_1+1)(\lambda_2+1)\cdots(\lambda_n+1)>1$$

8.3.2 正定矩阵的性质

（1）若 A 为正定矩阵，则 $|A|>0$；

（2）若 A 为正定矩阵，则 A^{-1}、A^*、A^k（k 为正整数）亦为正定矩阵；

（3）若 A 与 B 均为 n 阶正定矩阵，则 $A+B$ 亦为正定矩阵；

（4）若 $A=(a_{ij})$ 为 n 阶正定矩阵，则 $a_{ii}>0(i=1,2,\cdots,n)$；

若 $A=(a_{ij})$ 为 n 阶负定矩阵，则 $a_{ii}<0(i=1,2,\cdots,n)$.

证 （1）因为 A 为正定矩阵，所以 A 的各阶顺序主子式全为正，而 $|A|$ 是 A 的最高阶顺序主子式，所以 $|A|>0$.

（2）因为 A 为正定矩阵，所以 A 的特征值全为正，于是 A^{-1}、A^*、A^k（k 为正整数）的特征值全为正，所以 A^{-1}、A^*、A^k（k 为正整数）为正定矩阵；

（3）因

$$A^T=A,\ B^T=B$$

于是

$$(A+B)^T=A^T+B^T=A+B$$

即 $A+B$ 是实对称矩阵. 又因为 A 与 B 均为 n 阶正定矩阵，所以对任意的 $X\neq\theta$，有

$$X^T(A+B)X=X^TAX+X^TBX>0$$

故实二次型 $f=X^T(A+B)X$ 为正定二次型，所以 $A+B$ 为正定矩阵.

(4) 因 $A=(a_{ij})$ 为 n 阶正定矩阵，故 $f=X^TAX$ 为正定二次型，从而对

$$\varepsilon_i=(0,\cdots,1,\cdots,0)^T \qquad (i=1,2,\cdots,n)$$

有

$$f=\varepsilon_i^TA\varepsilon_i=a_{ii}>0 \qquad (i=1,2,\cdots,n)$$

即 A 的主对角元

$$a_{ii}>0\ (i=1,2,\cdots,n)$$

习题 8.3

1. 判定下列实二次型的正定性.

(1) $f(x_1,x_2,x_3)=2x_1^2+3x_2^2+4x_3^2-4x_1x_2-2x_2x_3$

(2) $f(x_1,x_2,x_3)=-2x_1^2-3x_2^2-x_3^2+2x_1x_2-2x_1x_3+2x_2x_3$

(3) $f(x_1,x_2,x_3)=x_1x_2+5x_1x_3-x_2x_3$

(4) $\sum\limits_{i=1}^n x_i^2+\sum\limits_{1\leqslant i<j\leqslant n}x_ix_j$

2. a 为何值时，实二次型 $f(x_1,x_2,x_3)=x_1^2+(2+a)x_2^2+ax_3^2+2x_1x_2-2x_1x_3-x_2x_3$ 是正定的.

3. 设矩阵 $A=\begin{pmatrix}1&0&1\\0&2&0\\1&0&1\end{pmatrix}$，$B=(kE+A)^2$，其中 k 为实数.

(1) 求对角阵 Λ，使 B 与 Λ 相似；

(2) 求参数 k 的值，使 B 为正定矩阵.

习题八

(A)

一、填空题

1. 二次型 $f(x_1,x_2,x_3)=2x_1^2+x_2^2-3x_3^2+2x_1x_2-4x_1x_3+6x_2x_3$ 的矩阵为________.

2. 二次型 $f(x_1,x_2,x_3)=(ax_1+bx_2+cx_3)^2$ 的矩阵为________.

3. 已知二次型的矩阵为 $\begin{pmatrix}1&2&-4\\2&1&-4\\-4&-4&7\end{pmatrix}$，则该二次型为________.

4. 二次型$f(x_1,x_2,x_3)=(x_1+x_2)^2+(x_2-x_3)^2+(x_3+x_1)^2$的秩为________.

5. 化二次型$f(x_1,x_2,x_3)=x_1^2+4x_2^2-3x_3^2$为规范形________，所用的可逆线性变换矩阵为________.

6. 二次型$f(x_1,x_2,x_3)=x_1x_2+x_1x_3+x_2x_3$的规范形为________.

7. 已知实对称矩阵A与矩阵$\begin{pmatrix}1&0&0\\0&-1&2\\0&2&2\end{pmatrix}$合同，则二次型$X^TAX$的规范形为________.

8. 已知$f(x_1,x_2,x_3)=2x_1^2+x_2^2+x_3^2+2x_1x_2+ax_2x_3$正定，则$a$________.

9. 当t满足________，$f(x_1,x_2,x_3)=-x_1^2-4x_2^2-2x_3^2+4tx_1x_2+2x_1x_3$是负定的.

10. 已知二次型$f(x_1,x_2,x_3)=x_1^2+ax_2^2+x_3^2+2x_1x_2-2ax_1x_3-2x_2x_3$的正、负惯性指数均为1，则$a=$________.

二、单项选择题

1. 已知二次型$f(x_1,x_2,x_3)=(1-a)x_1^2+(1-a)x_2^2+2x_3^2+2(1+a)x_1x_2$的秩为2，则$a=$（　　）.

（A）0　　（B）1　　（C）2　　（D）3

2. 设$A=\begin{pmatrix}1&0&0\\0&2&0\\0&0&-5\end{pmatrix}$，则下列矩阵中与$A$合同的矩阵是（　　）.

（A）$\begin{pmatrix}-1&0&0\\0&1&0\\0&0&1\end{pmatrix}$　　（B）$\begin{pmatrix}-1&0&0\\0&-2&0\\0&0&-1\end{pmatrix}$

（C）$\begin{pmatrix}2&0&0\\0&-1&0\\0&0&-5\end{pmatrix}$　　（D）$\begin{pmatrix}2&0&0\\0&1&0\\0&0&3\end{pmatrix}$

3. 如果n元二次型$f=X^TAX$（其中$A^T=A$）可经可逆线性变换$X=CY$化为$f=Y^TBY$，则下列结论不正确的是（　　）.

（A）A与B合同　　（B）A与B等价

（C）A与B相似　　（D）A与B的秩相等

4. 设A，B都是正定阵，则（　　）.

(A) AB，$A+B$ 一定都是正定阵

(B) AB 是正定阵，$A+B$ 不是正定阵

(C) AB 不一定是正定阵，$A+B$ 是正定阵

(D) AB，$A+B$ 都不是正定阵

5. 下列条件不能保证 n 阶实对称矩阵 A 为正定的是（　　）.

(A) A^{-1}正定

(B) 二次型$f=X^TAX$ 的负惯性指数为零

(C) 二次型$f=X^TAX$ 的正惯性指数为 n

(D) A 合同于单位矩阵

6. 二次型$f(x_1,x_2,x_3)=(x_1+ax_2-2x_3)^2+(2x_2+3x_3)^2+(x_1+3x_2+ax_3)^2$ 正定的充分条件是（　　）.

(A) $a<-1$　　(B) $a\neq-1$　　(C) $a\neq1$　　(D) $a>-1$

7. 已知 2 阶实对称矩阵 A 满足 $A^2-5A+6E=O$，则 A（　　）.

(A) 正定　　(B) 半正定　　(C) 负定　　(D) 不定

8. 已知二次型$f(x_1,x_2,x_3)=x_1^2-2x_2^2-2x_3^2+2ax_1x_2+4x_1x_3+8x_2x_3$ 经正交变换化为$f=2y_1^2+2y_2^2-7y_3^2$，则 $a=$（　　）.

(A) 1　　(B) -1　　(C) 2 或 -6　　(D) -2 或 -6

9. 下列矩阵合同于单位矩阵的是（　　）.

(A) $\begin{pmatrix}1&2&1\\2&4&2\\3&6&3\end{pmatrix}$　　(B) $\begin{pmatrix}1&0&-1\\0&4&0\\-1&0&-1\end{pmatrix}$

(C) $\begin{pmatrix}1&2&1\\2&7&1\\1&1&8\end{pmatrix}$　　(D) $\begin{pmatrix}2&-1&2\\-1&3&4\\2&4&4\end{pmatrix}$

10. 设矩阵$A=\begin{pmatrix}2&-1&-1\\-1&2&-1\\-1&-1&2\end{pmatrix}$与矩阵$B=\begin{pmatrix}1&&\\&1&\\&&0\end{pmatrix}$，则 A 与 B（　　）.

(A) 合同且相似　　(B) 合同但不相似

(C) 不合同但相似　　(D) 既不合同也不相似

(B)

1. 已知$B=\begin{pmatrix}2 & 2 & 0\\ 8 & 2 & 0\\ 0 & a & 6\end{pmatrix}$相似于对角阵.

(1) 求 a 的值;

(2) 求正交变换使二次型 X^TBX 为标准形.

2. 已知二次型 $f(x_1,x_2,x_3)=5x_1^2+5x_2^2+cx_3^2-2x_1x_2+6x_1x_3-6x_2x_3$ 的秩为 2.

(1) 求 c 和二次型矩阵的特征值;

(2) 指出方程 $f(x_1,x_2,x_3)=1$ 表示哪种二次曲面.

3. 已知实二次型 $f=X^TAX$ 中矩阵 A 的特征值为 1, 2, 5, A 属于特征值 1 与 2 的特征向量分别为 $\alpha_1=(0,1,-1)^T$, $\alpha_2=(1,0,0)^T$, 求该二次型.

4. 设实二次型 $f(x_1,x_2,x_3)$经正交变换

$$\begin{cases}x_1=\dfrac{1}{3}(2y_1+2y_2+y_3)\\ x_2=\dfrac{1}{3}(-2y_1+y_2+2y_3)\\ x_3=\dfrac{1}{3}(y_1-2y_2+2y_3)\end{cases}$$

化为了标准形 $f=4y_1^2+y_2^2-2y_3^2$, 求该二次型.

5. 设 A 是 n 阶对称矩阵, 如果对任一 n 维向量 X, 都有 $f=X^TAX=0$, 证明 $A=O$.

6. 设 $f=X^TAX$ 为 n 元实二次型, λ 与 μ 分别为其矩阵 A 的最大特征值与最小特征值, 证明对任一实 n 维向量 X, 总有 $\mu X^TX\leqslant X^TAX\leqslant\lambda X^TX$.

7. 试证: 若 A 是 n 阶方阵, 则 A^TA 是半正定矩阵.

8. 设 A 为 3 阶实对称矩阵且满足 $A^3+A^2+A=3E$, 证明 A 是正定矩阵.

9. 设实对称矩阵 A 与 B 合同, 若 A 是正定矩阵, 证明 B 是正定矩阵.

10. 设 A 是实对称矩阵. 证明: 当实数 t 充分大时, $tE+A$ 是正定矩阵.

11. 设 B 为可逆矩阵, $A=B^TB$, 证明 $f=X^TAX$ 为正定二次型.

习题参考答案

习题 1.1

1. （1）7，奇

（2）22，偶

（3）$n(n+1)/2$，当 $n=4k(k=1,2,\cdots)$ 或 $n=4k+3(k=0,1,2,\cdots)$ 时此排列为偶排列；当 $n=4k+1$ 或 $n=4k+2(k=0,1,2\cdots)$ 时此排列为奇排列

（4）n^2，n 为奇数时为奇排列；n 为偶数时为偶排列

2. （1）$i=7$，$j=5$　　（2）$i=8$，$j=2$

3. $\dfrac{n\ (n-1)}{2}-k$

4. （1）$i=6$，$j=8$　　（2）$i=5$，$j=9$

5. （1）x^2+2x+3　　（2）$-abcde$

（3）120　　（4）0　　（5）$(-1)^{n-1}n!$

习题 1.2

1. 1，-1，2，-2

2. （1）57　　（2）189　　（3）$4abcdef$　　（4）0

（5）a^4　　（6）$6\left(1-x^2-\dfrac{y^2}{2}-\dfrac{z^2}{3}\right)$

（7）$(-1)^n(n+1)a_1a_2\cdots a_n$　　（8）$(\sum\limits_{i=1}^{n}a_i-b)(-b)^{n-1}$

（9）$D_n=\begin{cases}a_1+b_1, & n=1\\(a_1-a_2)(b_2-b_1), & n=2\\0, & n\geqslant 3\end{cases}$

3. （1）$x_1=0$，$x_2=1$，$\cdots$，$x_{n-1}=n-2$

（2）$x_1=a_1$，$x_2=a_2$，$\cdots$，$x_n=a_n$

习题 1.3

1. (1) 0 (2) 34
2. 1
3. -12
4. (1) -85 (2) -102 (3) 900 (4) $-a(a-b)^3$
5. (1) 0 (2) $(a_2a_3-b_2b_3)(a_1a_4-b_1b_4)$

习题 1.4

1. (1) $1+(-1)^{n+1}$ (2) $(-1)^{n-1}\frac{1}{2}(n+1)!$

(3) $a_1a_2\cdots a_n+(-1)^{n+1}b_1b_2\cdots b_n$ (4) $a_1a_2a_3\cdots a_n\left(1+\sum_{i=1}^{n}\frac{1}{a_i}\right)$

(5) $-\sum_{i=1}^{n}a_ib_i$ (6) $a_1a_2a_3\cdots a_n\left(a_0-\sum_{i=1}^{n}\frac{1}{a_i}\right)$

(7) $x^n+a_{n-1}x^{n-1}+\cdots+a_1x+a_0$ (8) $\prod_{0\leqslant j<i\leqslant n}(i-j)$

(9) $\lambda^{n-1}(\lambda+\sum_{i=1}^{n}a_i)$ (10) $(a^2-b^2)^n$

习题 1.5

1. (1) $x_1=-1$，$x_2=4$，$x_3=-6$，$x_4=4$

(2) $x_1=2$，$x_2=-2$，$x_3=1$，$x_4=1$
2. $\lambda\neq1$ 且 $\mu\neq0$
3. $a\neq0$ 且 $b\neq3$，$x_1=\frac{2}{a}$，$x_2=\frac{15a-6ab-6}{2a(3-b)}$，$x_3=\frac{a+2}{a(3-b)}$
4. 4
5. (1) $a\neq2$ 且 $a\neq-4$ (2) $a\neq3$ 且 $a\neq4$ 且 $a\neq-1$

习题一

(A)

一、填空题

1. 6，8 2. $8d$ 3. $(x-a)^{n-1}$ 4. 7 5. x^4 6. $1-x^2-y^2-z^2$

7. 负　8. -3　9. 1，2，3　10. 1，$-(a_{11}+a_{22}+\cdots+a_{nn}),(-1)^n a$

二、单项选择题

1. C　2. D　3. A　4. D　5. D　6. B　7. D　8. B

(B)

1. $n!\left(1-\sum_{j=2}^{n}\frac{1}{j}\right)$

2. (1) $b_1b_2\cdots b_n\left(1+\sum_{j=1}^{n}\frac{a_j}{b_j}\right)$　(2) $1+x_1^2+x_2^2+\cdots+x_n^2$

(3) $a_1-a_2b_2-a_3b_3-\cdots-a_nb_n$　(4) $n+1$

(5) $(n+1)a^n$　(6) $\prod_{1\leqslant j<i\leqslant n}(a_i-a_j)$

(7) $(-1)^{\frac{n(n-1)}{2}}\frac{n+1}{2}n^{n-1}$

3. 是

4. $x_1=b$，$x_2=x_3=\cdots=x_n=0$

习题 2.1

1. $\begin{pmatrix}3 & 7 & 2\\ -1 & 4 & 2\\ 0 & -3 & 3\end{pmatrix}$

2. $a=2$，$b=c=d=0$

3. (1) 5　(2) $\begin{pmatrix}0 & 1 & -1\\ 0 & 0 & 0\\ 0 & 2 & -2\end{pmatrix}$

(3) $\begin{pmatrix}15 & -14\\ -15 & 14\end{pmatrix}$　(4) $\begin{pmatrix}5\\ -3\\ 4\end{pmatrix}$

(5) $a_{11}x_1^2+a_{22}x_2^2+a_{33}x_3^2+2a_{12}x_1x_2+2a_{13}x_1x_3+2a_{23}x_2x_3$

(6) $\begin{pmatrix}a_{11}+a_{12}+a_{13}\\ a_{21}+a_{22}+a_{23}\\ a_{31}+a_{32}+a_{33}\end{pmatrix}$　(7) $(a_{11}+a_{21}+a_{31},a_{12}+a_{22}+a_{32},a_{13}+a_{23}+a_{33})$

4. (1) $\begin{pmatrix}0 & 0\\ 0 & 0\end{pmatrix}$　(2) $\begin{pmatrix}1 & 1\\ 0 & 0\end{pmatrix}$

(3) $\begin{pmatrix}1 & n\\0 & 1\end{pmatrix}$　　(4) $\begin{pmatrix}\lambda^n & n\lambda^{n-1} & \frac{n(n-1)}{2}\lambda^{n-2}\\0 & \lambda^n & n\lambda^{n-1}\\0 & 0 & \lambda^n\end{pmatrix}$

(5) $\begin{cases}2^nE, & n\text{为偶数}\\2^{n-1}A, & n\text{为奇数}\end{cases}$

其中 A 为原矩阵.

5. $\begin{pmatrix}0 & 0\\0 & 0\end{pmatrix}$

6. $\begin{pmatrix}a & b\\0 & a\end{pmatrix}$，其中 a，b 为任意数.

11. (1) 3　　(2) $3^{n-1}\begin{pmatrix}1 & \frac{1}{2} & \frac{1}{3}\\2 & 1 & \frac{2}{3}\\3 & \frac{3}{2} & 1\end{pmatrix}$

习题 2.2

1. (1) $\frac{1}{ad-bc}\begin{pmatrix}d & -b\\-c & a\end{pmatrix}$　　(2) $-\frac{1}{3}\begin{pmatrix}-1 & 1 & -1\\0 & -3 & -6\\0 & 0 & 3\end{pmatrix}$

(3) $\frac{1}{6}\begin{pmatrix}5 & 2 & 1\\-10 & 2 & -2\\1 & -2 & -1\end{pmatrix}$　　(4) $\begin{pmatrix}-2 & 0 & 1\\0 & -3 & 4\\1 & 2 & -3\end{pmatrix}$

3. $\begin{pmatrix}1 & 0 & 0\\0 & 2^{100} & 0\\0 & 0 & 2^{100}\end{pmatrix}$

4. $\begin{pmatrix}3 & 0 & 0\\0 & 3 & 0\\0 & 0 & -1\end{pmatrix}$

5. $(A+E)^{-1}=-\frac{1}{2}(A-2E)$

6. (1) $\begin{pmatrix}-17 & -28\\-4 & -6\end{pmatrix}$　　(2) $\frac{1}{3}\begin{pmatrix}-5 & 6 & 1\\0 & 3 & 0\end{pmatrix}$　　(3) $\begin{pmatrix}2 & -1 & 0\\1 & 3 & -4\\1 & 0 & -2\end{pmatrix}$

7. $\begin{pmatrix}2&0&1\\0&3&0\\1&0&2\end{pmatrix}$ 8. $\begin{pmatrix}0&3&3\\-1&2&3\\1&1&0\end{pmatrix}$ 9. $(-1)^{n-1}\dfrac{5^n}{6}$

习题 2.3

1. $\begin{pmatrix}3&-6&21&30&36\\-3&9&18&38&46\\-9&6&-15&-22&-28\\0&0&0&13&2\\0&0&0&25&-5\end{pmatrix}$

2. 2

3. 10^{16}, $\begin{pmatrix}625&0&0&0\\0&625&0&0\\0&0&16&0\\0&0&64&16\end{pmatrix}$, $\begin{pmatrix}\frac{3}{25}&\frac{4}{25}&0&0\\\frac{4}{25}&-\frac{3}{25}&0&0\\0&0&\frac{1}{2}&0\\0&0&-\frac{1}{2}&\frac{1}{2}\end{pmatrix}$

4. (1) $\begin{pmatrix}O&B^{-1}\\A^{-1}&O\end{pmatrix}$ (2) $\begin{pmatrix}A^{-1}&-A^{-1}CB^{-1}\\O&B^{-1}\end{pmatrix}$

6. (1) $\begin{pmatrix}-\frac{1}{4}&\frac{3}{4}&0&0&0\\\frac{1}{2}&-\frac{1}{2}&0&0&0\\0&0&1&-1&0\\0&0&0&1&-1\\0&0&0&0&1\end{pmatrix}$

(2) $\begin{pmatrix}-2&1&0&0&0\\\frac{3}{2}&-\frac{1}{2}&0&0&0\\0&0&\frac{1}{3}&0&0\\0&0&0&5&-2\\0&0&0&-2&1\end{pmatrix}$

(3) $\begin{pmatrix} 0 & 0 & 0 & \cdots & 0 & \frac{1}{a_n} \\ \frac{1}{a_1} & 0 & 0 & \cdots & 0 & 0 \\ 0 & \frac{1}{a_2} & 0 & \cdots & 0 & 0 \\ \cdots & \cdots & \cdots & \cdots & \cdots & \cdots \\ 0 & 0 & 0 & \cdots & 0 & 0 \\ 0 & 0 & 0 & \cdots & \frac{1}{a_{n-1}} & 0 \end{pmatrix}$

(4) $\begin{pmatrix} 0 & 0 & \cdots & 0 & \frac{1}{n} & 0 & 0 \\ 1 & 0 & \cdots & 0 & 0 & 0 & 0 \\ 0 & \frac{1}{2} & \cdots & 0 & 0 & 0 & 0 \\ \cdots & \cdots & \cdots & \cdots & \cdots & \cdots & \cdots \\ 0 & 0 & \cdots & \frac{1}{n-1} & 0 & 0 & 0 \\ 0 & 0 & \cdots & 0 & 0 & 3 & -1 \\ 0 & 0 & \cdots & 0 & 0 & -5 & 2 \end{pmatrix}$

习题 2.4

1. (1) $\begin{pmatrix} 1 & 2 & -1 & 4 & 2 \\ 0 & -5 & 3 & -7 & -3 \\ 0 & 0 & 0 & 0 & 0 \end{pmatrix}$

(2) $\begin{pmatrix} 1 & -2 & 1 & 1 & -1 & 1 \\ 0 & 5 & -3 & -3 & 1 & 0 \\ 0 & 0 & -3 & 1 & 1 & -3 \\ 0 & 0 & 0 & 0 & -6 & -1 \\ 0 & 0 & 0 & 0 & 0 & 0 \end{pmatrix}$

2. (1) $\begin{pmatrix} 1 & 0 & 2 & 0 & 5 & 3 \\ 0 & 1 & -1 & 0 & 1 & 1 \\ 0 & 0 & 0 & 1 & -3 & -2 \end{pmatrix}$　　(2) $\begin{pmatrix} 1 & & \\ & 1 & \\ & & 1 \end{pmatrix}$

3. (1) 2　　(2) 3　　(3) 3　　(4) 3

4. (1) $\begin{pmatrix}1&1&3\\3&2&7\\4&3&9\end{pmatrix}$ (2) $\begin{pmatrix}9&5&-3&-4\\1&1&0&0\\-2&-1&1&0\\-1&-1&0&1\end{pmatrix}$

5. (1) $\begin{pmatrix}\frac{5}{2}&0\\-\frac{1}{2}&0\\2&-3\end{pmatrix}$ (2) $\begin{pmatrix}-3&2&0\\-4&5&-2\\-5&3&0\end{pmatrix}$

6. $A=\begin{pmatrix}1&0&0\\0&1&0\\0&0&-1\end{pmatrix}\begin{pmatrix}1&0&0\\0&0&1\\0&1&0\end{pmatrix}\begin{pmatrix}1&0&0\\0&1&0\\2&0&1\end{pmatrix}\begin{pmatrix}1&0&0\\0&1&0\\0&0&-1\end{pmatrix}$

习题二

(A)

一、填空题

1. 216　　2. $(-1)^n 3$　　3. $-\frac{2^{2n-1}}{3}$　　4. $\frac{1}{8}\begin{pmatrix}2&4&5\\0&1&3\\0&0&4\end{pmatrix}$

5. $\begin{pmatrix}0&0&-1&-\frac{3}{2}\\0&0&1&1\\4&3&0&0\\1&1&0&0\end{pmatrix}$

6. $\frac{1}{5}(A-E)$　　7. 1　　8. -3　　9. $2^n a^{n-1}$　　10. 0

二、单项选择题

1. D　2. B　3. C　4. C　5. D　6. A　7. B　8. C　9. B　10. B　11. A
12. C　13. D　14. C　15. D　16. D　17. D　18. D

(B)

1. $A^{-1}=\frac{1}{7}(A+E)$；$(A+3E)^{-1}=A-2E$；$(A-2E)^{-1}=A+3E$

3. (1) $\begin{pmatrix} 2 & & \\ & 1 & \\ & & 2 \end{pmatrix}$；(2) $\begin{pmatrix} 2-2^k & 10(2^k-1) & 6(2^k-1) \\ 2^k-1 & 5-2^{k+2} & 3(1-2^k) \\ 2-2^{k+1} & 10(2^k-1) & 7\times 2^k-6 \end{pmatrix}$

4. $\begin{pmatrix} 2 & & \\ & 3 & \\ & & 1 \end{pmatrix}$

5. $\frac{1}{18}\begin{pmatrix} -5 & -2 & 1 \\ 1 & -5 & -2 \\ -2 & 1 & -5 \end{pmatrix}$

7. 1

8. (1) $\begin{pmatrix} A & O \\ O & D-CA^{-1}B \end{pmatrix}$

10. $k\neq 1$ 且 $k\neq 1-n$ 时，$R(A)=n$；$k=1$ 时，$R(A)=1$；$k=1-n$ 时，$R(A)=n-1$

习题 3.1

1. (1) $\begin{cases} x_1=8 \\ x_2=0 \\ x_3=-5 \end{cases}$ (2) $\begin{cases} x_1=\frac{7}{2}+\frac{c}{2} \\ x_2=c \\ x_3=-2 \end{cases}$ (c 为任意常数)

(3) 无解 (4) $\begin{cases} x_1=-2+c_1+c_2+5c_3 \\ x_2=3-2c_1-2c_2-6c_3 \\ x_3=c_1 \\ x_4=c_2 \\ x_5=c_3 \end{cases}$ (c 为任意常数)

2. $t=-1$ 时无解；$t=4$ 时有解且有无穷多解，一般解为 $\begin{cases} x_1=-3c \\ x_2=4-c，c \text{ 为任意常数；} \\ x_3=c \end{cases}$

$t\neq -1$ 且 $t\neq 4$ 时，有唯一解 $\begin{cases} x_1 = \dfrac{t^2+2t}{t+1} \\ x_2 = \dfrac{t^2+2t+4}{t+1} \\ x_3 = \dfrac{-2t}{t+1} \end{cases}$

3. （1）$a\neq 2$ 时有唯一解；（2）$a=2$ 且 $b\neq 1$ 时无解；

（3）$a=2$ 且 $b=1$ 时有无穷多解，一般解为 $\begin{cases} x_1 = -8 \\ x_2 = 3-2c \\ x_3 = c \\ x_4 = 2 \end{cases}$

习题 3.2

1. （1）$(-2, 0, -1, 1)$　　（2）$(3, -11, -2, 3)$
2. $(a_1, a_2, \cdots, a_n)$
3. $(3, 3, 6, -4, 1)$
4. $\left(\dfrac{3}{2}, -\dfrac{1}{2}, 2\right)$
5. $(10, -5, -9, 2)$，$(-7, 4, 7, -1)$

习题 3.3

1. （1）不能　（2）能，$\beta = \dfrac{5}{4}\alpha_1 + \dfrac{1}{4}\alpha_2 - \dfrac{1}{4}\alpha_3 - \dfrac{1}{4}\alpha_4$

（3）能，$\beta = (3-c)\alpha_1 + (2c-8)\alpha_2 + c\alpha_3 + 6\alpha_4$（$c$ 为任意常数）

2. （1）$b\neq 2$（2）$b=2$ 且 $a\neq 1$，$\beta = -\alpha_1 + 2\alpha_2 + 0\alpha_3$

   （3）$b=2$ 且 $a=1$，$\beta = -(2c+1)\alpha_1 + (c+2)\alpha_2 + c\alpha_3$
3. （1）线性相关　（2）线性无关　（3）线性无关　（4）线性相关

   （5）线性相关　（6）线性相关　（7）线性无关
4. （1）$a=0$ 或 $a=-10$；（2）$a\neq 0$ 且 $a\neq -10$
5. $a=5$ 且 $b=12$ 时线性相关，其余线性无关.

习题 3.4

1. （1）秩为 3，α_1，α_2，α_3 为一个极大无关组

   （2）秩为 3，α_1，α_2，α_4 为一个极大无关组

(3) 秩为4，α_1，α_2，α_3，α_5 为一个极大无关组

2. (1) 秩为2，α_1，α_2 为一个极大无关组，$\alpha_3=-\alpha_1+2\alpha_2$，$\alpha_4=4\alpha_2$

(2) 秩为3，α_1，α_2，α_4 为一个极大无关组，$\alpha_3=2\alpha_1-\alpha_2$，$\alpha_5=-2\alpha_1+3\alpha_2+4\alpha_4$

(3) 秩为3，α_1，α_2，α_5 为一个极大无关组，$\alpha_3=3\alpha_1+2\alpha_2$，$\alpha_4=2\alpha_1-\alpha_2$

3. 当 $a=2$，$b=-3$ 时，秩为2，α_1，α_2 为一个极大无关组；当 $a\neq2$，$b=-3$ 时，秩为3，α_1，α_2，α_3 为一个极大无关组；当 $a=2$，$b\neq-3$ 时，秩为3，α_1，α_2，α_4 为一个极大无关组；当 $a\neq2$ 且 $b\neq-3$ 时，秩为4，α_1，α_2，α_3，α_4 即向量组本身为一个极大无关组.

习题 3.5

1. (1) 基础解系为 $\eta=\begin{pmatrix}-1\\2\\1\\0\end{pmatrix}$，通解为 $k\eta$ (k 为任意常数).

(2) 基础解系为 $\eta_1=\begin{pmatrix}-1\\-1\\1\\2\\0\end{pmatrix}$，$\eta_2=\begin{pmatrix}7\\5\\-5\\0\\8\end{pmatrix}$，通解为 $k_1\eta_1+k_2\eta_2$ (k_1，k_2 为任意常数).

2. $\lambda=1$ 或 $\lambda=3$ 时有非零解，$\lambda=1$ 时，全部解为 $k\begin{pmatrix}-2\\0\\1\end{pmatrix}$；$\lambda=3$ 时，全部解为 $k\begin{pmatrix}\frac{1}{2}\\-\frac{1}{2}\\1\end{pmatrix}$ (k 为任意常数)

3. 基础解系为 $\eta=(1,1,\cdots,1)^T$；通解为 $k\eta$ (k 为任意常数).

4. 1

5. $c=1$，通解为 $X=k_1(1,-1,1,0)^T+k_2(0,-1,0,1)^T$ (k_1，k_2 为任意常数).

6. 3

习题 3.6

1. (1) $\begin{pmatrix}-1\\2\\0\end{pmatrix}+k\begin{pmatrix}-2\\1\\1\end{pmatrix}$（$k$ 为任意常数）

(2) $\begin{pmatrix}\frac{1}{2}\\0\\\frac{1}{2}\\0\end{pmatrix}+k_1\begin{pmatrix}1\\1\\0\\0\end{pmatrix}+k_2\begin{pmatrix}1\\0\\2\\1\end{pmatrix}$ （k_1，k_2 为任意常数）

2. -1

3. (1) $\lambda\neq-8$ 时有无穷多解；$\lambda=-8$ 且 $\mu=1$ 时有无穷多解；(2) $\lambda=-8$ 且 $\mu\neq1$ 时无解.

4. $a\neq0$ 或 $b\neq2$ 时无解；$a=0$ 且 $b=2$ 时有无穷多解，通解为

$$\begin{pmatrix}-2\\3\\0\\0\\0\end{pmatrix}+k_1\begin{pmatrix}1\\-2\\1\\0\\0\end{pmatrix}+k_2\begin{pmatrix}1\\-2\\0\\1\\0\end{pmatrix}+k_3\begin{pmatrix}5\\-6\\0\\0\\1\end{pmatrix}\quad（k_1，k_2，k_3 \text{ 为任意常数}）$$

5. $b=0$ 或 $a=1$ 且 $b\neq\frac{1}{2}$ 时无解；$b\neq0$ 且 $a\neq1$ 时有唯一解，唯一解为 $\begin{pmatrix}\frac{2b-1}{b(a-1)}\\\frac{1}{b}\\\frac{1+2ab-4b}{b(a-1)}\end{pmatrix}$；$a=1$ 且 $b=\frac{1}{2}$ 时，有无穷多解，全部解为 $\begin{pmatrix}2\\2\\0\end{pmatrix}+k\begin{pmatrix}-1\\0\\1\end{pmatrix}$.（$k$ 为任意常数）

6. 通解为 $\gamma_0+k_1\eta_1+k_2\eta_2$，其中，$\eta_1=\begin{pmatrix}0\\2\\2\\3\end{pmatrix}$，$\eta_2=\begin{pmatrix}-1\\0\\-1\\-2\end{pmatrix}$，$\gamma_0=\begin{pmatrix}\frac{1}{2}\\\frac{3}{2}\\1\\\frac{1}{2}\end{pmatrix}$

7. $\begin{pmatrix}0\\k^2\\0\end{pmatrix}+c\begin{pmatrix}-k^2\\0\\1\end{pmatrix}$（$c$ 为任意常数）

8. $\begin{pmatrix}a_1+a_2+a_3+a_4\\a_2+a_3+a_4\\a_3+a_4\\a_4\\0\end{pmatrix}+c\begin{pmatrix}1\\1\\1\\1\\1\end{pmatrix}$（$c$ 为任意常数）

习题三

（A）

一、填空题

1. $\lambda=-2$ 或 $\lambda=1$；$\lambda\neq-2$ 且 $\lambda\neq1$　　2. $t=-1$ 或 $t=-2$

3. $ml\neq1$　　4. $\neq-2$

5. $abc\neq0$　　6. $\frac{1}{2}$　　7. 0　　8. 3　　9. -3

10. -2，0　　11. $a\neq-1$　　12. 无关

二、单项选择题

1. D　2. B　3. C　4. C　5. D　6. D　7. A　8. C　9. B　10. C　11. A　12. D　13. D　14. C　15. C　16. B　17. B

（B）

1. $a=b$ 且 $a\neq\frac{1}{2}$ 或 $b\neq\frac{1}{2}$.

4. （1）$p\neq2$，$\beta=2\alpha_1+\frac{3p-4}{p-2}\alpha_2+\alpha_3+\frac{1-p}{p-2}\alpha_4$；（2）$p=2$，秩为 3，$\alpha_1$，$\alpha_2$，$\alpha_3$ 为一个极大无关组.

5. $k=1$ 时，秩为 2，α_1，α_3 为一个极大无关组；$k\neq1$ 时，秩为 3，向量组本身为一个极大无关组

7. $a=15$，$b=5$

8. $a=-2$

9. （1）$a\neq b\neq c$；

（2）a，b，c 至少有两个相等时有非零解且：

① $a=b\neq c$ 时，$X=k(-1,1,0)^T$

② $a=c\neq b$ 时，$X=k(-1,0,1)^T$

③ $a\neq b=c$ 时，$X=k(0,-1,1)^T$

④ $a=b=c$ 时，$X=k_1(-1,1,0)^T+k_2(-1,0,1)^T$

$(k,k_1,k_2\in R)$

11. s 为偶数时，$t_1\neq t_2$；s 为奇数时，$t_1\neq -t_2$

12. （1）$\eta_1=(5,-3,1,0)^T$，　$\eta_2=(-3,2,0,1)^T$

（2）当 $a=-1$ 时，（Ⅰ）与（Ⅱ）有非零公共解：$k_1\begin{pmatrix}5\\-3\\1\\0\end{pmatrix}+k_2\begin{pmatrix}-3\\2\\0\\1\end{pmatrix}$　k_1，k_2 不全为零.

15. $\begin{pmatrix}2\\0\\0\\2\end{pmatrix}+k\begin{pmatrix}-4\\0\\0\\2\end{pmatrix}$（$k$ 为任意常数）.

16. $a=1$，公共解是 $c\begin{pmatrix}1\\0\\-1\end{pmatrix}$（$c$ 为任意常数）；$a=2$ 时，公共解为 $\begin{pmatrix}0\\1\\-1\end{pmatrix}$.

习题 4.1

1. 3，8

2. $a=-\frac{6}{5}$，$b=-\frac{13}{5}$，$c=\frac{6}{5}$

习题 4.2

1. （1）$q(x)=2x-1$，$r(x)=4x+4$

（2）$q(x)=x^2-x+4$，$r(x)=-4x+2$

（3）$q(x)=3x+13$，$r(x)=31x-7$

2. $m=-6$，$p=3$

习题 4.3

1. （1）$(f(x),g(x))=1$　（2）$u(x)=-\frac{1}{8}x$，$v(x)=\frac{1}{8}(x^2+x-4)$

2. （1）$(f(x),g(x))=x-2$　（2）$u(x)=-\frac{9}{17}$，$v(x)=\frac{1}{17}(3x+8)$

习题 4.4

1. (1) 有，$x-2$ 是 3 重因式　(2) 没有
2. $a=b=0$ 或 $a\neq 0$ 且 $27a^4-b^3=0$

习题 4.5

1. $t=-3$　2. $a=-4$，$b=4$

习题 4.6

1. (1) -1　(2) $-\frac{1}{2}$　(3) -2，$\frac{1}{3}$

2. (1) 不可约　(2) 不可约　(3) 有有理根$\frac{1}{2}$，所以可约

习题四

(A)

一、填空题

1. $\frac{1}{4}$，1，$-\frac{1}{4}$　2. $m+n$　3. -7，4

4. $x^3-6x^2+12x-6$　5. $a=b$

二、单项选择题

1. B　2. D　3. A　4. D　5. D　6. D

(B)

1. $\begin{cases}k=0\\l=m+1\end{cases}$ 或 $\begin{cases}m=1\\l=2-k^2\end{cases}$

2. 不可约. 提示，作变换 $x=y+1$ 后再判断.
3. 提示：用反证法.

习题 5.1

1. 是　2. 是　3. 否，不满足加法交换律.

4. 否，对 $P^{2\times 2}$ 的加法不封闭.

习题 5.2

1. $a\neq -3$ 且 $a\neq 1$ 时线性无关；$a=-3$ 或 $a=1$ 时线性相关.
2. (1，0，-1，0)
3. (-7，11，-21，30)
4. （1）$\begin{pmatrix} 2 & 3 & 4 \\ 0 & -1 & 0 \\ -1 & 0 & -1 \end{pmatrix}$；（2）$\begin{pmatrix} \frac{3}{2} \\ 0 \\ -\frac{1}{2} \end{pmatrix}$；（3）$\begin{pmatrix} 7 \\ 1 \\ -3 \end{pmatrix}$；（4）$k\begin{pmatrix} -1 \\ 0 \\ 7 \end{pmatrix}$（$k$ 为任意常数）.
5. （1）$\begin{pmatrix} 1 & 1 & 1 & 0 \\ 0 & 0 & -1 & 1 \\ 0 & 1 & 1 & -2 \\ -1 & -1 & -1 & 3 \end{pmatrix}$；（2）$f(x)=0$

习题 5.3

提示：证明两个空间的维数相同.

习题 5.4

1. $\sqrt{15}$　2. $\sqrt{7}$　3. （1）$\frac{\pi}{2}$；（2）$\frac{\pi}{4}$；（3）$\arccos\frac{3}{\sqrt{77}}$

习题 5.5

1. $(\frac{1}{2}, \frac{1}{2}, \frac{1}{2}, \frac{1}{2})$
2. $\begin{pmatrix} \frac{1}{\sqrt{3}} \\ \frac{1}{\sqrt{3}} \\ \frac{1}{\sqrt{3}} \end{pmatrix}$，$\begin{pmatrix} -\frac{1}{\sqrt{6}} \\ \frac{2}{\sqrt{6}} \\ -\frac{1}{\sqrt{6}} \end{pmatrix}$，$\begin{pmatrix} -\frac{1}{\sqrt{2}} \\ 0 \\ \frac{1}{\sqrt{2}} \end{pmatrix}$

3. $\frac{1}{\sqrt{2}}\begin{pmatrix}-1\\1\\0\\0\\0\end{pmatrix}$, $\frac{2}{\sqrt{6}}\begin{pmatrix}\frac{1}{2}\\\frac{1}{2}\\1\\0\\0\end{pmatrix}$, $\frac{\sqrt{3}}{2\sqrt{13}}\begin{pmatrix}-\frac{1}{3}\\-\frac{1}{3}\\\frac{1}{3}\\4\\1\end{pmatrix}$

习题五

(A)

一、填空题

1. $k\neq 2$ 且 $k\neq 6$
2. 1
3. $(33, -82, 154)$
4. $\begin{pmatrix}-2&-1&-2\\1&0&-5\\3&1&-1\end{pmatrix}$
5. ± 1
6. 2
7. $a=\frac{1}{2}$

二、单项选择题

1. C 2. A 3. B 4. C 5. B 6. C 7. B

(B)

1. (1) $\begin{pmatrix}1&0&0&0\\-1&1&0&0\\0&-1&1&0\\0&0&-1&1\end{pmatrix}$; (2) $k\alpha_4$

2. (2) $\begin{pmatrix}0&1&0\\-1&-1&2\\1&0&0\end{pmatrix}$; (3) $\begin{pmatrix}2\\-5\\1\end{pmatrix}$

3. (1) $\alpha_1=\begin{pmatrix}-1\\1\\0\\0\end{pmatrix}$, $\alpha_2=\begin{pmatrix}3\\0\\0\\0\end{pmatrix}$, $\alpha_3=\begin{pmatrix}0\\0\\0\\3\end{pmatrix}$, $\alpha_4=\begin{pmatrix}0\\0\\1\\-7\end{pmatrix}$; (2) $\begin{pmatrix}0\\1\\12\\-7\end{pmatrix}$

4. (1, 2, 3)

5. $\begin{cases}a=\dfrac{1}{\sqrt{2}}\\b=\dfrac{1}{\sqrt{2}}\\c=-\dfrac{1}{\sqrt{2}}\end{cases}$; $\begin{cases}a=\dfrac{1}{\sqrt{2}}\\b=-\dfrac{1}{\sqrt{2}}\\c=\dfrac{1}{\sqrt{2}}\end{cases}$; $\begin{cases}a=-\dfrac{1}{\sqrt{2}}\\b=\dfrac{1}{\sqrt{2}}\\c=\dfrac{1}{\sqrt{2}}\end{cases}$; $\begin{cases}a=-\dfrac{1}{\sqrt{2}}\\b=-\dfrac{1}{\sqrt{2}}\\c=-\dfrac{1}{\sqrt{2}}\end{cases}$

习题 6.1

1. (1) 是;(2) 否;(3) 是

2. $B\neq O$ 时 T 不是线性变换,$B=O$ 时 T 是线性变换.

3. (1) $\begin{pmatrix}1\\2\\4\end{pmatrix}$, $\begin{pmatrix}1\\3\\5\end{pmatrix}$是 T 的像集的一组基,T 的秩为 2;

(2) $\begin{pmatrix}4\\-3\\1\end{pmatrix}$是 T 的核的一组基,T 的零度为 1.

习题 6.2

1. $\begin{pmatrix}-1&0&2\\2&-1&3\\1&1&1\end{pmatrix}$　2. $\begin{pmatrix}7&-3\\4&-2\end{pmatrix}$

3. (1) $\begin{pmatrix}2&1&0\\1&-1&0\\0&0&3\end{pmatrix}$ (2) $\begin{pmatrix}1&3&3\\1&0&-3\\0&0&3\end{pmatrix}$

4. $\begin{pmatrix}0&1&0\\0&0&1\\0&0&0\end{pmatrix}$　5. $(8, 1, -2)^T$

6. (1) $\begin{pmatrix}2 & -1 & 0\\0 & 1 & 1\\1 & 0 & 0\end{pmatrix}$ (2) $\begin{pmatrix}\frac{1}{2} & \frac{1}{2} & \frac{1}{2}\\-2 & 2 & 1\\-\frac{1}{2} & \frac{3}{2} & \frac{1}{2}\end{pmatrix}$

习题 6.3

(2) 第二类正交变换

习题六

(A)

一、填空题

1. 2　　2. $\begin{pmatrix}1 & 2 & 1\\2 & 3 & 4\\-1 & 1 & 3\end{pmatrix}$　　3. 2，1　　4. $(0, 3, 3)^T$

5. $\begin{pmatrix}0\\2\\-2\end{pmatrix}$　　6. $2AB+A^3$

二、单项选择题

1. A　2. A　3. B　4. A

(B)

1. $T(V)$的维数为 3，一组基为

$T(\alpha_1)=3\alpha_1+2\alpha_2+\alpha_3+4\alpha_4$,

$T(\alpha_3)=13\alpha_1+9\alpha_2+3\alpha_3+17\alpha_4$,

$T(\alpha_4)=25\alpha_1+15\alpha_2+13\alpha_3+35\alpha_4$

$\ker V$ 的维数为 1，一组基为 $-2\alpha_1+\alpha_2$.

2. $\begin{pmatrix}1 & 0 & 2 & 0\\0 & 1 & 0 & 2\\3 & 0 & 4 & 0\\0 & 3 & 0 & 4\end{pmatrix}$

3. $\begin{pmatrix}2 & 3 & 5\\-1 & 0 & -1\\-1 & 1 & 0\end{pmatrix}$; $\begin{pmatrix}-5\\2\\-9\end{pmatrix}$, $\begin{pmatrix}-20\\-1\\18\end{pmatrix}$, $\begin{pmatrix}-25\\1\\9\end{pmatrix}$

习题 7.1

3. 特征值为 a（n 重），A 属于 a 的全部特征向量为 $k_1(1,0,\cdots,0)^T+k_2(0,1,\cdots,0)^T+k_n(0,0,\cdots,1)^T$，（$k_1$，$k_2$，…，$k_n$ 不全为0）

4. （1）特征值为1，1，2；A 属于特征值1的全部特征向量为 $k(1,0,0)^T$，（$k\neq0$）；A 属于特征值2的全部特征向量为 $k(1,2,1)^T$，（$k\neq0$）.

（2）特征值为 -1，-1，8；A 属于 $\lambda_1=\lambda_2=-1$ 的全部特征向量为 $k_1(-1,2,0)^T+k_2(-1,0,1)^T$，（$k_1$，$k_2$ 不全为0）；A 属于 $\lambda_3=8$ 的全部特征向量为 $k(2,1,2)^T$，（$k\neq0$）.

（3）特征值为 -1，1，3；A 属于特征值 -1 的全部特征向量为 $k(1,-1,0)^T$，（$k\neq0$）；A 属于特征值1的全部特征向量为 $k(1,-1,1)^T$，（$k\neq0$）；A 属于特征值3的全部特征向量为 $k(0,1,-1)^T$，（$k\neq0$）.

（4）特征值为 -1，-1，-1；A 属于特征值 -1 的全部特征向量为 $k(1,1,-1)^T$，（$k\neq0$）.

（5）特征值为0（n 重）；A 属于 n 重特征值0的全部特征向量为：

$$k_1\begin{pmatrix}-\dfrac{b_2}{b_1}\\1\\0\\\vdots\\0\end{pmatrix}+k_2\begin{pmatrix}-\dfrac{b_3}{b_1}\\0\\1\\\vdots\\0\end{pmatrix}+\cdots+k_{n-1}\begin{pmatrix}-\dfrac{b_n}{b_1}\\0\\0\\\vdots\\1\end{pmatrix}\quad(k_1,k_2,\cdots,k_{n-1}\text{不全为零}).$$

5. （1）A 的特征值为1，1，-5；A 属于特征值1的全部特征向量为 $k_1(1,1,0)^T+k_2(1,0,1)^T$，（$k_1$，$k_2$ 不全为0）；A 属于特征值 -5 的全部特征向量为 $k(-1,1,1)^T$，（$k\neq0$）.

（2）$E+A^{-1}$ 的特征值为2，2，$\dfrac{4}{5}$；$E+A^{-1}$ 属于2的特征向量为 $k_1(1,1,0)^T+k_2(1,0,1)^T$（$k_1$，$k_2$ 不全为0），$E+A^{-1}$ 属于 $\dfrac{4}{5}$ 的特征向量为 $k(-1,1,1)^T$，（$k\neq0$）.

6. -4

7. $k=-2$，X 所对应的特征值为1；$k=1$，X 所对应的特征值为4.

习题 7.2

1. （1）不能

(2) 能，$P=\begin{pmatrix}-1 & -1 & 2\\ 2 & 0 & 1\\ 0 & 1 & 2\end{pmatrix}$，

$\Lambda=\begin{pmatrix}-1 & & \\ & -1 & \\ & & 8\end{pmatrix}$

(3) 能，$P=\begin{pmatrix}1 & 1 & 0\\ -1 & -1 & 1\\ 0 & 1 & -1\end{pmatrix}$，$\Lambda=\begin{pmatrix}-1 & & \\ & 1 & \\ & & 3\end{pmatrix}$

(4) 不能

(5) 不能

2. (1) 能；$P=\begin{pmatrix}1 & 1 & 1\\ 4 & 0 & 0\\ 0 & 4 & 1\end{pmatrix}$　　(2) 不能

3. $A=\begin{pmatrix}5 & -1 & -2\\ 16 & -4 & -6\\ 2 & 0 & -1\end{pmatrix}$

4. $\frac{1}{3}\begin{pmatrix}(-1)^k\times 2+5^k & (-1)^{k+1}+5^k & (-1)^{k+1}+5^k\\ (-1)^{k+1}\times 2+5^k & (-1)^k\times 2+5^k & (-1)^{k+1}+5^k\\ (-1)^{k+1}\times 2+5^k & (-1)^{k+1}+5^k & (-1)^k\times 2+5^k\end{pmatrix}$

5. (1) $a=0$，$b=-2$；(2) $P=\begin{pmatrix}0 & 0 & -1\\ -2 & 1 & 0\\ 1 & 1 & 1\end{pmatrix}$

6. $x+y=0$

习题 7.3

1. 求正交矩阵 Q，使 $Q^{-1}AQ$ 为对角阵.

(1) $Q=\begin{pmatrix}\frac{2}{3} & \frac{2}{3} & \frac{1}{3}\\ -\frac{2}{3} & \frac{1}{3} & \frac{2}{3}\\ \frac{1}{3} & -\frac{2}{3} & \frac{2}{3}\end{pmatrix}$，$Q^{-1}AQ=\begin{pmatrix}4 & & \\ & 1 & \\ & & -2\end{pmatrix}$

(2) $Q=\begin{pmatrix}\frac{1}{\sqrt{3}} & -\frac{1}{\sqrt{2}} & -\frac{1}{\sqrt{6}}\\ \frac{1}{\sqrt{3}} & \frac{1}{\sqrt{2}} & -\frac{1}{\sqrt{6}}\\ \frac{1}{\sqrt{3}} & 0 & \frac{2}{\sqrt{6}}\end{pmatrix}$, $Q^{-1}AQ=\begin{pmatrix}0 & & \\ & 3 & \\ & & 3\end{pmatrix}$

2. $k\begin{pmatrix}1\\1\\1\end{pmatrix}$ $(k\neq0)$；$\begin{pmatrix}4&1&1\\1&4&1\\1&1&4\end{pmatrix}$

3. (1) 0，$k(-1,1,1)^T$，$(k\neq0)$　　(2) $\begin{pmatrix}4&2&2\\2&4&-2\\2&-2&4\end{pmatrix}$

习题七

(A)

一、填空题

1. 0，2，-3；-6，-2，3；37，5，10　2. $(-1)^n n!$　3. 384

4. -4，$\frac{45}{4}$；50　5. 144　6. $\frac{1}{6}$，$\frac{1}{3}$，$\frac{1}{2}$　7. 4　8. 3，$\frac{1}{3}$，$\frac{3}{4}$

9. -84　10. 3，1　11. 2　12. 1

二、单项选择题

1. A　2. B　3. B　4. D　5. C　6. C　7. C　8. B　9. B　10. C

(B)

1. (1) $\begin{pmatrix}0&1&0\\0&0&1\\6&-11&6\end{pmatrix}$；(2) $\beta=2\alpha_1-2\alpha_2+\alpha_3$；(3) $\begin{pmatrix}2-2^{n+1}+3^n\\2-2^{n+2}+3^{n+1}\\2-2^{n+3}+3^{n+2}\end{pmatrix}$

2. (1) $-3\sqrt{3}$；(2) $-27\sqrt{3}$

3. $\begin{cases}a=2\\b=1\\\lambda=1\end{cases}$或$\begin{cases}a=2\\b=-2\\\lambda=4\end{cases}$

6. 2，2

7. $\Lambda = \begin{pmatrix} 1 & & \\ & 1 & \\ & & 0 \end{pmatrix}$，$A^n = \begin{pmatrix} -1 & 1 & 0 \\ -2 & 2 & 0 \\ 4 & -2 & 1 \end{pmatrix}$

10. 相似，$P = \begin{pmatrix} 0 & -2 & 1 \\ 1 & 1 & 0 \\ 1 & -1 & 0 \end{pmatrix}$

11. 若 2 是 A 的 2 重特征根，则 $a = -2$，此时 A 可相似对角化；

若 2 不是 A 的 2 重特征根，则 $a = -\dfrac{2}{3}$，此时 A 不可相似对角化.

12. (1) $\begin{pmatrix} 1 & 0 & 0 \\ 1 & 2 & 2 \\ 1 & 1 & 3 \end{pmatrix}$；(2) 1，1，4　　13. 4

14. $\dfrac{1}{6}\begin{pmatrix} 1 & -4 & 1 \\ -4 & -2 & -4 \\ 1 & -4 & 1 \end{pmatrix}$　　15. 2

16. B 的特征值为 $\mu_1 = -2$，$\mu_2 = \mu_3 = 1$，B 属于 $\mu_1 = -2$ 的全部特征向量为 $k\alpha_1$，($k \neq 0$)，B 属于 $\mu_2 = \mu_3 = 1$ 的全部特征向量为 $k_1\begin{pmatrix} 1 \\ 1 \\ 0 \end{pmatrix} + k_2\begin{pmatrix} -1 \\ 0 \\ 1 \end{pmatrix}$，($k_1, k_2$不全为0)

习题 8.1

1. (1) $\begin{pmatrix} 1 & \frac{1}{2} & \frac{1}{2} \\ \frac{1}{2} & 1 & \frac{1}{2} \\ \frac{1}{2} & \frac{1}{2} & 1 \end{pmatrix}$；(2) $\begin{pmatrix} 0 & \frac{1}{2} & 0 & 0 \\ \frac{1}{2} & 0 & -\frac{1}{2} & 0 \\ 0 & -\frac{1}{2} & 0 & 0 \\ 0 & 0 & 0 & 0 \end{pmatrix}$；

(3) $\begin{pmatrix} 1 & \frac{5}{2} & 6 \\ \frac{5}{2} & 4 & 7 \\ 6 & 7 & 5 \end{pmatrix}$

2. $f(x_1, x_2, x_3) = X^T AX = (x_1, x_2, x_3)\begin{pmatrix} 1 & 4 & 0 \\ 4 & 3 & -5 \\ 0 & -5 & -2 \end{pmatrix}\begin{pmatrix} x_1 \\ x_2 \\ x_3 \end{pmatrix}$，秩为 3

3. $C=\begin{pmatrix}0&0&1\\1&0&0\\0&1&0\end{pmatrix}$

习题 8.2

1. (1) $f=y_1^2+2y_2^2+5y_3^2$，$X=QY$，其中 $Q=\begin{pmatrix}0&1&0\\\frac{1}{\sqrt{2}}&0&\frac{1}{\sqrt{2}}\\-\frac{1}{\sqrt{2}}&0&\frac{1}{\sqrt{2}}\end{pmatrix}$

(2) $f=y_1^2+y_2^2-y_3^2-y_4^2$，$X=QY$，其中 $Q=\begin{pmatrix}\frac{1}{\sqrt{2}}&0&\frac{1}{\sqrt{2}}&0\\\frac{1}{\sqrt{2}}&0&-\frac{1}{\sqrt{2}}&0\\0&\frac{1}{\sqrt{2}}&0&\frac{1}{\sqrt{2}}\\0&-\frac{1}{\sqrt{2}}&0&\frac{1}{\sqrt{2}}\end{pmatrix}$

(3) $f=9y_1^2$，$X=QY$，其中 $Q=\frac{1}{3}\begin{pmatrix}1&-2&2\\-2&1&2\\2&2&1\end{pmatrix}$

2. (1) 0；(2) $X=QY$，其中 $Q=\begin{pmatrix}1&0&0\\0&\frac{1}{\sqrt{2}}&-\frac{1}{\sqrt{2}}\\0&\frac{1}{\sqrt{2}}&\frac{1}{\sqrt{2}}\end{pmatrix}$，化二次型为 $f=2y_1^2+2y_2^2$

3. $a=2$，$b=-6$；$Q=\begin{pmatrix}\frac{2}{\sqrt{5}}&\frac{1}{\sqrt{30}}&\frac{1}{\sqrt{6}}\\0&\frac{5}{\sqrt{30}}&-\frac{1}{\sqrt{6}}\\-\frac{1}{\sqrt{5}}&\frac{2}{\sqrt{30}}&\frac{2}{\sqrt{6}}\end{pmatrix}$，所用正交变换为 $X=QY$

4. $a=3$，$b=1$；$Q=\begin{pmatrix}\frac{1}{\sqrt{2}} & \frac{1}{\sqrt{3}} & \frac{1}{\sqrt{6}}\\ 0 & -\frac{1}{\sqrt{3}} & \frac{2}{\sqrt{6}}\\ -\frac{1}{\sqrt{2}} & \frac{1}{\sqrt{3}} & \frac{1}{\sqrt{6}}\end{pmatrix}$

5. (1) $f=y_1^2+y_2^2-5y_3^2$，$X=CY$，其中 $C=\begin{pmatrix}1 & -1 & 2\\ 0 & 1 & -3\\ 0 & 0 & 1\end{pmatrix}$

(2) $f=z_1^2+2z_2^2+5z_3^2$，$X=CZ$，其中 $C=\begin{pmatrix}1 & 1 & -1\\ 1 & -1 & 5\\ 0 & 0 & 1\end{pmatrix}$

(3) $f=y_1^2+y_2^2$，$X=CY$，其中 $C=\begin{pmatrix}1 & -2 & -3\\ 0 & 1 & 2\\ 0 & 0 & 1\end{pmatrix}$

6. 不能，$f=2y_1^2+\frac{3}{2}y_2^2$，$f$ 的秩为 2.

7. 不合同.

习题 8.3

1. (1) 正定 (2) 负定 (3) 不定 (4) 正定

2. $a>\frac{\sqrt{5}}{2}$

3. (1) $\Lambda=\begin{pmatrix}(k+2)^2 & & \\ & (k+2)^2 & \\ & & k^2\end{pmatrix}$；(2) $k\neq-2$ 且 $k\neq0$

习题八

(A)

一、填空题

1. $\begin{pmatrix}2 & 1 & -2\\ 1 & 1 & 3\\ -2 & 3 & -3\end{pmatrix}$ 2. $\begin{pmatrix}a^2 & ab & ac\\ ab & b^2 & bc\\ ac & bc & c^2\end{pmatrix}$

3. $f(x_1, x_2, x_3)=x_1^2+x_2^2+7x_3^2+4x_1x_2-8x_1x_3-8x_2x_3$

4. 2　5. $f=y_1^2+y_2^2-y_3^2$, $\begin{pmatrix}1 & & \\ & \frac{1}{2} & \\ & & \frac{1}{\sqrt{3}}\end{pmatrix}$　6. $y_1^2-y_2^2-y_3^2$　7. $y_1^2+y_2^2-y_3^2$

8. $|a|<\sqrt{2}$　9. $|t|<\frac{1}{\sqrt{2}}$　10. -2

二、单项选择题

1. A 2. A 3. C 4. C 5. B 6. C 7. A 8. D 9. C 10. B

（B）

1. （1）0；（2）$X=QY$，$Q=\begin{pmatrix}0 & \frac{1}{\sqrt{2}} & -\frac{1}{\sqrt{2}} \\ 0 & \frac{1}{\sqrt{2}} & \frac{1}{\sqrt{2}} \\ 1 & 0 & 0\end{pmatrix}$，标准形为$6y_1^2+7y_2^2-3y_3^2$.

2. （1）$c=3$，特征值为0，4，9；

   （2）标准方程为$4y_2^2+9y_3^2=1$，曲面为椭圆柱面.

3. $f(x_1,x_2,x_3)=2x_1^2+3x_2^2+3x_3^2+4x_2x_3$

4. $f(x_1,x_2,x_3)=2x_1^2+x_2^2-4x_1x_2-4x_2x_3$